I0474928

ARTIGOS SOBRE O DINAMISMO

LEANDRO BERTOLDO

Aos meus queridos pais,
José Bertoldo Sobrinho e
Anita Leandro Bezerra;

À minha amada esposa,
Daisy Menezes Bertoldo;

À minha adorada filha,
Beatriz Maciel Bertoldo;

Ao meu maravilhoso irmão,
Francisco Leandro Bertoldo;

E ao querido leitor,
dedico estas singelas páginas.

*A pesquisa científica
abrirá para a mente dos que realmente são sábios
vastos campos de pensamento e informação.*

**El-
len Gould White
Escritora, conferencista, conselheira
e educadora norte-americana.
(1827-1915)**

PREFÁCIO

Cada artigo científico apresentado neste volume representa uma síntese da revolucionária ciência do dinamismo que Leandro descobriu e sistematizou em 1.978. O seu principal objetivo ao escrever o presente livro, denominado **Artigos Sobre o Dinamismo** consistiu em anunciar ao mundo, de uma forma simples, clara e sucinta as principais ideias dessa nova e inusitada ciência.

Portanto, esta obra escrita em prosa e não em símbolos matemáticos é de fácil leitura e compreensão. Ela contém ideias originais e avançadíssimas a respeito da nova ciência do dinamismo. E foi elaborada de forma a atingir o vasto público leitor comum. É essencialmente constituída por um conjunto de artigos fascinantes que foram, em parte, produzidos em 1995 e entre os anos de 1998 a 1999 e finalmente reunidos neste volume.

Tudo teve início em 1976, quando o jovem adolescente Leandro Bertoldo, matriculado no Colégio Estadual de Segundo Grau Francisco Ferreira Lopes, recebeu suas primeiras aulas de cinemática. Quase que de imediato e intuitivamente o jovem considerou que uma força era a causa da velocidade dos corpos. E à medida que estudava o comportamento da velocidade em diferentes tipos de movimento, também deduzia o tipo de força que estaria envolvida na velocidade. E em 1978 escreveu as conclusões de suas pesquisas em um pequeno artigo denominado *Dinamismo* no qual procurava sistematizar suas descobertas científicas. Esse artigo pode ser sintetizado nas seguintes leis:

Lei I - No movimento retilíneo e uniforme ao infinito a velocidade de um móvel é diretamente proporcional a sua força induzida.

Lei II - No movimento uniformemente variado a variação de velocidade de um móvel é diretamente proporcional à variação da força induzida.

Lei III - No movimento uniformemente variado a variação de força induzida é diretamente proporcional à variação de tempo.

Lei IV - Unicamente por causa de sua força induzida um corpo mantém o seu movimento retilíneo e uniforme ao infinito, a menos que uma força externa venha a alterar essa força induzida.

Lei V - Na ausência de força induzida um corpo mantém o seu estado de repouso para sempre, a menos que uma força externa venha a comunicar uma força induzida a esse corpo.

Quando Leandro descobriu os princípios da sua ciência do dinamismo, certas dificuldades com os conceitos força externa e de massa o levaram a deixá-la de lado para uma ulterior reflexão. E logo passou a preocupar-se e a dedicar-se intensamente com pesquisas de outras questões relacionadas com a física clássica e moderna, bem como com a matemática. E durante um período de dezessete anos não se empenhou ativamente no estudo do dinamismo. Entretanto, em 1.995, ao fazer um inventário de sua produção científica, essa indiferença foi rompida. E, então, voltou a aprofundar-se no estudo de sua teoria original, quando veio a descobrir um novo fundamento para o dinamismo e um novo modo de descrever sua teoria de uma perspectiva conceitual e matemática, que resultou na resolução de todos os problemas que haviam impedido o avanço do dinamismo dezessete anos antes. Com isso o cientista completou o seu trabalho original. E a sua nova teoria pode ser sintetizada nos seguintes termos:

A força externa que atua sobre um corpo, ao vencer a oposição oferecida pela força de inércia que a matéria exerce à alteração do seu estado de repouso em relação ao referencial da força externa, tem como resultante uma força dinâmica que ao interagir no móvel no decorrer do tempo comunica-lhe uma força induzida.

A descoberta do dinamismo abalou para sempre a visão newtoniana da mecânica clássica e possibilitou a formação das bases para as grandes descobertas e revoluções que estão por vir dentro da física e de outras áreas da ciência. Segundo os colegas de Leandro, o dinamismo veio para ocupar o lugar da física newtoniana devido a sua grande generalização e síntese. Essa nova ciência aplica-se a todos os fenômenos considerados na física e avança muito além do que foi imaginado na moderna ciência.

Os artigos que são apresentados aqui fazem uma tremenda apologia ao autor e à sua maravilhosa descoberta do dinamismo. Tais artigos foram sintetizados e extraídos de seus livros físico-matemáticos de grande porte que tratam de suas pesquisas em dinamismo. Entre tais livros destacam-se: *Teoria Matemática da Mecânica do Dinamismo; Conceitos Matemáticos Sobre o Dinamismo; Dinamismo; Dinamismo dos Movimentos; Apontamentos de Dinamismo; Formulário do Dinamismo; Perguntas Sobre o Dinamismo; As Teses do Dinamismo; Os Fundamentos do Dinamismo; Teoria do Dinamismo;* etc.

Como todos os artigos desta obra constituem-se na verdade numa coletânea que trata do mesmo assunto, e como foram concebidos para serem divulgados individualmente, e para serem publicados em revistas científicas populares, as repetições são, simplesmente, inevitáveis. Entretanto, cada artigo é completo em si mesmo, de modo que qualquer um deles pode ser lido independentemente dos demais. E embora trate do mesmo assunto, cada ensaio revela as inúmeras facetas dessa sublime teoria e apresenta pequenas fagulhas que acrescentam novos detalhes e esclarecimentos sobre a teoria do dinamismo. Portanto, se lidos com vagar e de forma metódica, o leitor adquirirá uma ampla visão e compreensão do desenvolvimento dessa nova ciência.

Essencialmente a moderna teoria do dinamismo de Leandro, que veio e suplantou a física newtoniana, está fundamentada em apenas quatro axiomas básicos ou leis de Leandro desenvolvidas em 1995, a partir das quais todo o universo da mecânica pode ser explicado. Esses axiomas são os seguintes:

Lei I - **A intensidade de força externa que atua sobre um corpo é igual ao produto entre a sua massa pela sua aceleração.**

Lei II - **A intensidade da força dinâmica que interage num corpo - resultante da força externa após esta vencer a força de inércia - é igual ao produto entre uma constante universal denominada estímulo pela aceleração adquirida pelo corpo.**

Lei III - **A intensidade da força de inércia que a matéria exerce em oposição à alteração do seu estado de repouso em relação ao referencial da força externa é igual à diferença entre a força externa pela força dinâmica.**

Lei IV - **A variação da força dinâmica comunicada a um móvel pela interação da força dinâmica no decorrer do tempo é igual ao produto entre a intensidade dessa força dinâmica pela variação de tempo de interação.**

Como se verifica, a ciência do dinamismo é bastante elementar. Entretanto, como foi originalmente deduzida de forma matemática, algumas pessoas amigas que estão bastante interessadas no assunto acharam muito difícil de acompanhar o raciocínio das rigorosas demonstrações geométricas, solicitando, então, uma explicação mais direta e objetiva dessa ciência sem a sua parte simbólica.

Já faz alguns anos que o cientista vem convivendo e digerindo lentamente a sua teoria e, a esta altura, as suas implicações lhe parecem óbvias e simples. Entretanto para algumas pessoas elas podem parecer uma negação do senso comum, o que poderia torná-la difícil de ser aceita. Porém, como todos têm o direito de compreender, debater e criticar os aspectos fundamentais da física de Leandro, bem como de conhecer os extraordinários raciocínios que deram origem à moderna ciência do dinamismo, o autor foi levado a considerar a idéia de colocar as suas realizações em dinamismo num formato popular. E para isso procurou estabelecer três alvos ao escrever **Artigos Sobre o Dinamismo.** Em primeiro lugar, ao sintetizar a extensão do seu trabalho original em pequenos artigos escritos em prosa, tinha em mente unicamente torná-lo mais acessível ao grande público leitor desejoso de conhecer a ciência do dinamismo. Em segundo lugar, ele procurou atender as necessidades dos estudantes em geral. E finalmente em terceiro lugar, tendo em vista que o dinamismo é uma nova ciência fundamentada em ideias originais que vieram para inovar a física, ele julgou que este livro seria bastante útil aos professores, pesquisadores e cientistas em geral.

O seu intuito foi dar a este trabalho a maior amplitude possível de sua física, de forma que abrangesse ao mesmo tempo as leis, os princípios, as consequências, a prioridade da descoberta e o desenvolvimento da ciência do dinamismo, bem como um pouco de sua história.

Na maioria dos artigos, Leandro procurou apresentar as ideias básicas dessa ciência de uma maneira completa, simples e elegante, sempre procurando evitar as enfadonhas demonstrações matemáticas que deram origem à descoberta dessa ciência. Entretanto para demonstrar a realidade do fundamento do dinamismo e atingir os leitores mais técnicos, alguns poucos artigos foram escritos em forma matemática elementar, e isto visando unicamente o benefício daqueles que gostam das provas e das demonstrações lógicas da matemática. Tudo isso sem prejuízo dos demais artigos. E com o mesmo intuito, o cientista procurou tornar sintética cada artigo apresentado. Não há divagações, nem longas exposições, de forma que o leitor tem um verdadeiro panorama sobre o que deve ser considerado de importante ou de fundamental na tese defendida em cada artigo.

Os resultados reunidos neste volume, evidentemente, não pretendem apresentar ou esgotar os vários aspectos dessa nova e extraordinária ciência criada e desenvolvida por Leandro. Suas consequências não foram profundamente ou exaustivamente pesquisadas; sua relação com a relatividade e com a física quântica não foi totalmente avaliada. E finalmente ao encerrar o presente prefácio pode-se acrescentar que, sob o aspecto técnico e literário, esta pequena obra é totalmente despretensiosa, porém foi feita com dedicação, zelo e determinação, na esperança de que possa trazer alguma nova e melhor luz na interpretação dos fenômenos da natureza. Mais uma vez deve ser salientado o fato de que Leandro não tem a pretensão de haver elaborado um trabalho perfeito ou isento de omissões e conclusões. E por esta razão desde já se penitencia por eventuais falhas cometidas e solicita de coração a benevolência do público leitor, não dispensando o eventual auxílio em corrigi-lo.

Você pode não saber qual será o resultado de sua ação. Mas, se você não fizer nada, não haverá qualquer resultado. Gandhi

Ceterum censeo Carthaginem esse delendam

Leandro Bertoldo

SUMÁRIO

Prefácio
Sumário
Artigo 01 - Conferência sobre o dinamismo
Artigo 02 - Entrevista sobre a teoria do dinamismo
Artigo 03 - Testemunho sobre o dinamismo
Artigo 04 - Crítica à dinâmica newtoniana
Artigo 05 - Movimento inercial
Artigo 06 - Objeções à dinâmica
Artigo 07 - Contradição da teoria newtoniana
Artigo 08 - Crítica à segunda lei de Newton
Artigo 09 - Comparação entre duas teorias
Artigo 10 - Compreendendo o dinamismo
Artigo 11 - Teoria do dinamismo
Artigo 12 - Singularidades sobre o dinamismo
Artigo 13 - Fundamentos do dinamismo
Artigo 14 - Leis fundamentais
Artigo 15 - Desenvolvimento do dinamismo
Artigo 16 - Origem do dinamismo
Artigo 17 - Caminho para o dinamismo
Artigo 18 - Unificação
Artigo 19 - Origem e desenvolvimento do dinamismo
Artigo 20 - Histórico do dinamismo
Artigo 21 - Dinâmica e dinamismo
Artigo 22 - O desenvolvimento do dinamismo
Artigo 23 - Síntese do dinamismo
Artigo 24 - As barreiras do dinamismo
Artigo 25 - Aspecto histórico
Artigo 26 - Desenrolar do dinamismo
Artigo 27 - Início do dinamismo
Artigo 28 - Criação do dinamismo
Artigo 29 - História do desenvolvimento do dinamismo
Artigo 30 - Possibilidades do dinamismo

Artigo 31 - Introdução ao dinamismo
Artigo 32 - A teoria do dinamismo
Artigo 33 - Dinamismo
Artigo 34 - A origem e descoberta do dinamismo
Artigo 35 - Ampliação da mecânica
Artigo 36 - A força induzida
Artigo 37 - Leandro e o dinamismo
Artigo 38 - Esboço da teoria do dinamismo
Artigo 39 - A era do dinamismo
Artigo 40 - A conclusão do dinamismo
Artigo 41 - O dinamismo aristotélico
Artigo 42 - O dinamismo de Newton
Artigo 43 - Conceito de inércia
Artigo 44 - O estado do dinamismo
Artigo 45 - Restauração do dinamismo
Artigo 46 - Rascunhos do dinamismo
Artigo 47 - Comentários sobre o dinamismo
Artigo 48 - A gênese do dinamismo
Artigo 49 - Rascunhando o dinamismo
Artigo 50 - Conceitos do dinamismo
Artigo 51 - Divagações sobre o dinamismo
Artigo 52 - O desenrolar do dinamismo
Artigo 53 - Evidencias subjetivas do dinamismo
Artigo 54 - Informações sobre o dinamismo
Artigo 55 - A indução no dinamismo
Artigo 56 - As origens do dinamismo
Artigo 57 - Estrutura do dinamismo
Artigo 58 - História do desenvolvimento do dinamismo
Artigo 59 - A visão do dinamismo
Artigo 60 - A força de indução no dinamismo
Artigo 61 - História do movimento
Artigo 62 - Abandono do dinamismo por Newton
Artigo 63 - Uma revolução conceitual na física
Artigo 64 - Restauração do conceito de dinamismo
Artigo 65 - A controvérsia do dinamismo

Artigo 66 - Comparação entre Newton e Leandro
Artigo 67 - O caminho do dinamismo
Artigo 68 - Reflexões sobre o dinamismo
Artigo 69 - Prioridade na descoberta do dinamismo
Artigo 70 - Uma teoria esquecida
Artigo 71 - A lacuna da física
Artigo 72 - Argumentos sobre a prioridade
Artigo 73 - A generalização do dinamismo
Artigo 74 - O segredo da velocidade
Artigo 75 - Amplitude do dinamismo
Artigo 76 - A teoria do ímpeto
Artigo 77 - Alguma coisa sobre dinamismo
Artigo 78 - Pensamentos sobre o dinamismo
Artigo 79 - Leis do dinamismo
Artigo 80 - Dinamismo
Artigo 81 - Dinamismo geral
Artigo 82 - Análise do movimento
Artigo 83 - Um resumo do dinamismo
Artigo 84 - A ciência do dinamismo
Artigo 85 - Atração e inércia
Artigo 86 - A questão da inércia
Artigo 87 - Questão sobre a segunda lei de Newton
Artigo 88 - O peso em queda livre
Artigo 89 - Força dinâmica e de inércia
Artigo 90 - Dinâmica x Dinamismo
Artigo 91 - Apêndice I: Isaac Newton: O maior cientista do sé-
culo XVII
Artigo 92 - Apêndice II: o princípio de Robert Hook
Artigo 93 - Apêndice III: Leandro Bertoldo
Artigo 94 - Apêndice IV: Glossário
Bibliografia

ARTIGO 01

CONFERÊNCIA SOBRE O DINAMISMO

Senhoras e Senhores.

Em primeiro lugar desejo estender minhas cordiais saudações a todos os amigos e visitantes que nos honram com a sua preciosa presença neste grande auditório desta prestigiosa universidade. Também quero aproveitar a ocasião para dizer que foi com imensa satisfação que aceitei o convite para a palestra de hoje. Aqui será apresentado algum dos conceitos fundamentais da mais moderna teoria do dinamismo. Nesse momento peço permissão ao auditório para expor em poucas palavras como foi que cheguei a descobrir e a desenvolver a minha teoria do dinamismo.

Desde a minha mais tenra infância sempre tive grande curiosidade pelas coisas que aconteciam na natureza e pelos mecanismos das máquinas. De tal forma, que não tem havido para mim maior satisfação do que alcançar uma compreensão mais profunda e mais exata possível da diversidade de fenômenos físicos que ocorrem na natureza, os quais deram origem à alta tecnologia do mundo hodierno. Em minha juventude sempre procurei atentamente compreender o comportamento da força que atua num corpo em movimento, procurando intuitivamente reconhecer e identificar o seu funcionamento. Por outro lado, nutria um progressivo desejo de conhecer profundamente as descobertas de renomados cientistas como Galileu Galilei (1564-1642) e Isaac Newton (1642-1727), meus heróis. Todas essas coisas aconteceram bem antes de nem sequer sonhar que um dia iria dedicar-me com especial esforço e zelo às áreas das ciências exatas. A princípio o que me impulsionou por esta longa estrada com mãos firmes e determinadas, foi tãosomente o desejo ardente de conhecimento e reconhecimento que é a força mestra que tem motivado povos e indivíduos a se destacarem de seus semelhantes.

Em 1976 eu estava matriculado na Escola Estadual de Segundo Grau Francisco Ferreira Lopes, localizada em Mogi das Cruzes. Esse ano marca o início de meus estudos em física. E quanto comecei a compreender a parte da mecânica chamada cinemática - parte essa que estuda a descrição e classificação do movimento sem preocupar-se em compreender as suas causas - meus pensamentos foram levados automaticamente à procura de uma causa mais precisa para a compreensão do comportamento da velocidade.

Quase que de imediato e intuitivamente cheguei à conclusão de que existia uma força relacionada com a velocidade. E que quanto maior fosse essa força, tanto maior seria a velocidade de um corpo. Também sabia intuitivamente que quanto maior fosse essa força, tanto maior seria uma força de impacto. Pelo que se depreende, o que me orientou nas minhas descobertas foi o emprego do rigoroso método matemático, sempre respaldado nas observações e também no parecer das experiências sistemáticas já do conhecimento e domínio da ciência.

E conforme verifiquei mais tarde essa força é totalmente diferente de todas as que são conhecidas. É diferente da força de atração gravitacional, do peso, da força impressa sobre um corpo, atrito, etc. Além do mais uma força constante produz uma velocidade que varia uniformemente no decorrer do tempo. Isso significava claramente que a força que eu estava procurando não poderia ser aquela prevista pela segunda lei de Newton.

As propriedades dessa nova força foram obtidas por analogia ao estudo do comportamento dos corpos em movimento. A essa força dei o nome de "força induzida" porque ela era comunicada ao móvel enquanto estava sob a ação de uma força externa, e além do mais permanecia conservada e também era transportada pelo móvel, a menos que uma força externa viesse a alterar seu estado nesse móvel. Foi então que descobri, unicamente por minhas observações, as leis fundamentais sobre as quais repousa uma nova ciência que dei causa, origem, desenvolvimento e que também ensino em artigos, livros e palestras.

Desse modo, em 1978 reuni todas as minhas conclusões num pequeno artigo denominado "Dinamismo". Nesse artigo desenvolvi a tese da ciência do dinamismo fundamentada em alguns conceitos e leis básicas, a saber:

1ª - Num movimento retilíneo e uniforme ao infinito, a velocidade é diretamente proporcional à força induzida transportada pelo móvel, a menos que uma força externa venha a modificar tal força induzida.

2ª - Num movimento uniformemente variado, variação de velocidade de um móvel é diretamente proporcional à variação de força induzida que é comunicada a esse móvel, a menos que uma força externa venha a alterar tal força induzida.

3ª - Num movimento uniformemente variado, a variação de força induzida é diretamente proporcional à variação de tempo decorrido de movimento, a menos que uma força externa venha a modificar tal força induzida.

4ª - Um corpo permanece no seu estado de repouso pela ausência de força induzida, a menos que uma força externa venha comunicar uma força induzida nesse corpo.

5ª - Somente pela ação da força induzida um móvel mantém o seu estado de movimento retilíneo e uniforme ao infinito, a menos que uma força externa venha a modificar tal força induzida.

6ª - Uma força externa constante comunica ao móvel uma força induzida que varia uniformemente no decorrer do tempo.

7ª - Uma força externa constante que se torna nula deixa de comunicar ao móvel uma força induzida.

8ª - Quando a força externa se torna nula, o móvel passa apresentar perfeitamente conservada o valor da força induzida que até então tinha sido comunicada a esse móvel pela ação da força externa.

9ª - Na ausência de uma força externa, o corpo está em repouso ou em movimento retilíneo e uniforme ao infinito, a menos que a ação de uma força externa venha modificar tal estado.

As conclusões supra mencionadas estavam no artigo de 1978, porém não de uma maneira tão clara ou explícita como a que estou procurando apresentar na presente palestra. Na verdade em sua versão original, os postulados de Leandro não eram tão abrangentes quanto na forma em que acabei de expor. Na época eu não tinha uma idéia mais profunda a respeito da relação que deveria existir entre o dinamismo e a dinâmica clássica. Não conseguia atinar numa relação casual entre a segunda lei de Newton e a minha lei de força induzida. Nem mesmo imaginar como o conceito de massa entraria nas idéias da nova ciência do dinamismo. E levando em consideração estes problemas e muitos outros que pude constatar, tomei a decisão de deixar todas as questões para uma ulterior e melhor reflexão.

E durante dezessete anos não apresentei maior interesse pela investigação do dinamismo. Pois estava envolvido em muitas outras pesquisas que considerava bastante interessante. Mas num belo dia de 1995, ao fazer o inventário de minhas pesquisas, resolvi retornar seriamente ao estudo do dinamismo e de seus problemas abandonados. Quase que de imediato as respostas a essas questões foram encontradas, e isto quando descobri o conceito de força dinâmica e de força de inércia. Essa nova teoria do dinamismo, embora tenha a mesma orientação, é diferente da teoria anterior, pois leva em consideração uma interação entre quatro forças fundamentais do movimento, a saber: força externa, força dinâmica, força de inércia e força induzida. Essas forças estão relacionadas entre si pelas seguintes leis fundamentais do movimento:

Lei I - A força externa que atua sobre um corpo é igual ao produto entre a massa desse corpo por sua aceleração.

Lei II - A força dinâmica que resulta da força externa, após esta vencer a oposição oferecida pela força de inércia, é igual ao produto entre a constante universal chamada "estímulo" pela aceleração adquirida pelo corpo.

Lei III - A força de inércia que a matéria exerce em oposição à alteração do seu estado de repouso em relação à força externa é igual à diferença matemática entre a força externa aplicada no corpo pela força dinâmica resultante.

Lei IV - A variação de força induzida num móvel no decorrer do tempo devido a interação da força dinâmica é igual ao produto entre essa força dinâmica pela variação de tempo.

Esses novos conceitos vieram a permitir a formulação de uma teoria do movimento e da força bastante consistente. Sendo que isso representa um dos grandes triunfos da teoria do dinamismo. Ela estende a mecânica clássica de uma maneira altamente compatível com as idéias e conceitos do dinamismo. Isso caracteriza o sucesso extraordinário alcançado por essa teoria.

A teoria do dinamismo é bastante simples, em síntese ela afirma que: quando a força externa atua sobre um corpo, ela vence a oposição oferecida pela força de inércia, emergindo numa resultante chamada força dinâmica, esta por sua vez comunica ao móvel uma força induzida que aumenta no decorrer do tempo de interação.

Assim, o final do século XX tem tido o grande privilegio de contemplar as extraordinárias revoluções que têm ocorrido nos campos das idéias. Na área da física clássica, em particular, a nova teoria do dinamismo forneceu uma nova orientação e visão do universo e dos fenômenos mecânicos que rodeiam o homem no seu cotidiano.

Apesar da grande diferença conceitual e teórica entre a dinâmica de Newton e o dinamismo de Leandro, essas duas estruturas do conhecimento são totalmente compatíveis entre si. Entretanto a dinâmica newtoniana está restrita ao conceito de força externa e representa um caso particular do dinamismo, sendo que esta é uma teoria muito mais geral e abrangente do que aquela que foi apresentada pelo grande e genial físico inglês.

Essa compatibilidade manifesta-se de forma muito clara quando, a partir dos conceitos do dinamismo, obtém-se matematicamente as leis de Newton. O dinamismo prevê que a ação de uma força externa emerge na forma resultante de uma força dinâmica. Nessas condições, é comunicada ao móvel uma força induzida que aumenta no decorrer do tempo produzindo um movimento no estado variado. E se a força externa for constante, a força dinâmica será constante. Nesse caso, a força induzida aumenta de forma uniforme no passar do tempo, causando um movimento no estado uniformemente variado. Entretanto, cessada a ação da força externa, a força dinâmica também cessa. Quando isso ocorre, a força induzida deixa de ser produzida e o móvel mantém conservada aquela quantidade até então produzida durante o período de atuação da força externa. Essa quantidade conservada mantém o movimento no estado retilíneo e uniforme ao infinito. Entretanto, se um corpo encontra-se em repouso e não sofre a ação de nenhuma força externa, também não sofrerá a interação de nenhum tipo de força dinâmica. Nesse caso, não receberá nenhuma força induzida e permanecerá no seu estado de repouso.

Pelo que se depreende, o conceito de força induzida mostra claramente que existem duas explicações totalmente distintas para o conhecido princípio da inércia. Por exemplo: O repouso é explicado pela ausência de uma força induzida no corpo; já o movimento uniforme e retilíneo ao infinito é explicado pela presença de uma força induzida constante, conservada e transportada pelo móvel.

O dinamismo também prevê uma explicação simples para o princípio da inércia: na ausência de força externa um corpo pode encontra-se em um estado de repouso ou de movimento retilíneo e uniforme ao infinito, a menos que uma força externa venha a alterar tal situação. Esse é o conhecido princípio da inércia. Assim, e em outras palavras, sob a perspectiva da força externa, é impossível afirmar se um corpo está em repouso ou em movimento retilíneo e uniforme ao infinito, porque tal força encontra-se totalmente ausentes em ambos casos.

A descoberta do dinamismo é indiscutivelmente uma das mais importantes para o desenvolvimento da física clássica. Apesar de ser uma idéia arrojada, no sentido em que modifica aspectos consagrados e fundamentais da física, essa nova proposta revela uma forma inusitada de encarar a física clássica. Da mesma forma como a teoria dinâmica de Newton provocou uma revolução radical na maneira do homem encarar e compreender o mundo em sua volta, a teoria do dinamismo promete uma revolução muito mais grandiosa, em que a natureza de uma forma simples revela aspectos espetaculares nunca antes sonhados pelos homens.

Vamos recapitular rapidamente tudo o que foi dito: desde minha infância sempre tive grande curiosidade e inclinação para o estudo da natureza. Isso me levou à observação do comportamento do movimento. Em 1978, criei uma nova ciência que denominei por dinamismo. Algumas dificuldades de ordem teórica levaram-me a deixá-la de lado para uma ulterior reflexão. Em 1995, retornei ao tema do dinamismo e rapidamente resolvi as questões que havia levantado. E em questão de meses pude estabelecer firmemente uma completa teoria do dinamismo, a qual veio a abranger toda a cinemática de Galileu Galilei e toda a dinâmica de Isaac Newton, numa forma nunca antes vista ou imaginada.

E para encerrar a presente conferência quero mais uma vez agradecer de todo o meu coração a presença dos amigos visitantes, se me permitem chamá-los de amigos. E também informar que cópias dessa palestra estão sendo distribuídas na saída. Muito obrigado pela atenção dispensada!

Ceterum censeo Carthaginem esse delendam.

ARTIGO 02

ENTREVISTA SOBRE A TEORIA DO DINAMISMO

Em 1687, o físico inglês Isaac Newton (1642-1727) abalou e derrubou o edifício da física de sua época ao estabelecer as três leis básicas do movimento, as quais levaram ao abandono da física dos turbilhões de René Descartes (1596-1650) e da teoria do ímpeto dos filósofos aristotélicos. Mais de trezentos anos depois, uma nova física começou a adquirir vida própria. E para advogá-la encontrou um gigante capaz de enfrentar as dificuldades que apresenta, bem como de rebater as eventuais críticas que pode suscitar. Seu nome é Leandro Bertoldo.

Essa nova física é denominada por dinamismo. E pode explicar qualitativamente não apenas a existência e a complexidade do movimento em sua diversidade, mas também explicar quantitativamente as grandezas físicas envolvidas em cada situação.

Nessa entrevista o autor, que subiu um degrau além de Newton, apresenta algumas de suas idéias fundamentais que caracteriza essa nova ciência.

O que o senhor entende por dinamismo?

De um ponto de vista teórico, o dinamismo pode ser entendido como uma interação de forças que se relacionam com todos os aspectos do movimento. E em última análise, o dinamismo ensina que o movimento é a um só instante, força induzida e velocidade; causa e efeito operando de forma simultânea.

Como o senhor descobriu o dinamismo?

Quando entrei para o colégio em 1976 já tinha um interesse muito grande pela ciência. E quanto comecei a ter aulas de física na área de cinemática - que nada mais é do que a descrição do movimento sem considerar suas causas - minha curiosidade natural foi dirigida à procura de uma explicação para a causa do movimento. Instintivamente eu sabia que a causa do movimento era devido a uma força. Entretanto, o passo mais arrojado de minha vida era totalmente intuitivo. Minha intuição imprimia em minha mente que a velocidade guardava certa relação com uma força. Mas que tipo de força? Até então eu não sabia.

De onde veio essa intuição?

Creio que tudo teve origem na minha infância, quando eu tinha doze anos de idade. Uma de minhas brincadeiras havia despertado sobremaneira a minha atenção. Eu havia notado que minha bolinha de aço ao cair de alturas cada vez maiores provocava uma marca cada vez mais profunda no solo. Isso me levou à experiência mental de que um corpo ao cair transporta uma força que será tanto maior quanto maior for a altura de queda. Mais tarde ao tentar compreender a causa da velocidade fui levado intuitivamente a um novo e revolucionário conceito de força.

Como o senhor chegou ao conceito dessa força?

Ao estudar a natureza dos mais diversos tipos de movimentos, fui levado a fazer um paralelo entre a velocidade que caracteriza cada movimento e a característica da força exigida para explicá-los. Dessa forma cheguei ao conceito do que chamei por força induzida.

O que vem a ser a força induzida?

A força induzida representa o primeiro conceito fundamental do dinamismo. Por essa força pode-se explicar a causa de qualquer movimento, da velocidade dos corpos e até mesmo do repouso. A força induzida é uma grandeza física comunicada ao corpo em movimento. Essa força se acumula, permanece conservada e é transportada pelo móvel. Ela também pode ser dissipada pela ação oposta de uma força externa, como por exemplo, a força de atrito.

Quanto tempo o senhor levou para desenvolver sua teoria?

Na verdade o dinamismo teve duas fases. A primeira concluída em 1978. Mas como não consegui estabelecer de imediato uma relação ou conexão direta entre o dinamismo e a dinâmica, resolvi deixar qualquer problema para uma ulterior reflexão. Ao retornar ao problema em 1995, em questão de meses acabei por generalizar a teoria, concluindo dessa forma a segunda e definitiva fase do dinamismo.

Quais eram as leis que fundamentavam sua primeira teoria?

Em minha primeira teoria do dinamismo que concluí em 1978, eu havia estabelecido basicamente quatro leis fundamentais que eram enunciadas nos seguintes termos:

1ª Lei: *A velocidade de um móvel é diretamente proporcional à força induzida.*

2ª Lei: *A variação da força induzida é diretamente proporcional à variação de tempo.*

3ª Lei: *Unicamente por causa da força induzida transportada por um móvel, o corpo permanece em movimento uniforme em linha reta ao infinito.*

4ª Lei: *Na ausência de força induzida um corpo permanece em seu estado de repouso para sempre.*

Nesse tratado de 1978, apresentei o desenvolvimento dessas leis dentro de conceitos quantitativos, sem fundamentá-la dentro de uma teoria qualitativa.

O que o dinamismo tem a dizer a respeito das idéias dos filósofos aristotélicos?

As idéias dos filósofos aristotélicos não passavam de suposição baseadas em conceitos metafísicos. Já a teoria que defendo está fundamentada dentro do mais rigoroso método científico moderno, a matemática e a experiência. As idéias dos filósofos aristotélicos estavam fundamentadas, em conceitos equivocados, totalmente errados e por isso mesmo foram rejeitadas pelos cientistas renascentistas.

Que tipos de erros esses filósofos cometeram?

Os erros dos filósofos aristotélicos basicamente foram dois. O primeiro consistiu em considerar a força externa como sendo a causa primordial da velocidade dos corpos e também a causa da continuidade do movimento. O segundo erro que levou ao primeiro, foi o total desconhecimento por parte desses filósofos a respeito do efeito retardador do movimento provocado pela força de atrito.

O que o dinamismo tem a dizer a respeito da dinâmica?

A dinâmica é a teoria criada por Newton no século dezessete e que revolucionou a física nos últimos trezentos anos. Entretanto, o dinamismo prova que ela representa apenas uma parte da realidade. Portanto é parcial, limitada e está dentro de um contexto maior, que é justamente o dinamismo.

Qual é a tese central do dinamismo?

A tese central do dinamismo que vim a desenvolver em 1995 estabelece que uma força externa aplicada sobre um corpo, ao vencer a resistência oferecida pela força de inércia, emerge como uma resultante chamada força dinâmica e que gera no móvel uma força induzida.

Quais são as leis que dão fundamento ao dinamismo da segunda fase?

As leis que sustentam a teoria do dinamismo foram definitivamente estabelecidas em 1995 e são em número de quatro, a saber:

Lei I - *A força externa aplicada sobre um corpo é igual ao produto entre a massa desse corpo por sua aceleração.*

Lei II - *A força dinâmica que resulta da força externa, após esta vencer a oposição oferecida pela força de inércia, é igual ao produto entre uma constante universal chamada "estímulo" pela aceleração que o corpo apresenta.*

Lei III - *A força de inércia que a matéria exerce em oposição à alteração do seu estado de repouso em relação a uma força externa é igual à diferença entre a força externa pela força dinâmica.*

Lei IV - *A variação da força induzida num móvel pela interação da força dinâmica no decorrer do tempo é igual ao produto da intensidade dessa força dinâmica pela variação de tempo.*

Essas leis são revolucionárias. Elas representam a maior inovação da física clássica desde Isaac Newton.

Quais são as conseqüências dessas leis?

Objetivamente pode-se afirmar que essas leis tiveram conseqüências radicais sobre os conceitos da física clássica.

Generalizaram a minha primeira teoria do dinamismo criada em 1978. Possibilitaram a demonstração matemática da primeira lei de Newton. Permitiu a generalização da mecânica clássica num único conceito todo harmonioso e consistente. Demonstraram que a dinâmica newtoniana é um caso particular de uma teoria maior. Trouxeram à tona algumas das idéias da filosofia aristotélica. Tornou possível um maior entendimento do conceito de inércia. Permitiu a bipartição do princípio da inércia, que foram enunciados nos seguintes termos:

1º - *Apenas por sua força induzida, um corpo mantém seu estado de movimento uniforme e retilíneo ao infinito, a menos que uma força externa venha a alterar tal situação.*

2º - *Na ausência de força induzida, um corpo mantém seu estado de repouso para sempre, a menos que uma força externa venha a alterar tal situação.*

A teoria do dinamismo permite afirmar que: na ausência de forças externas, um corpo está em repouso ou em movimento retilíneo e uniforme ao infinito, a menos que uma força externa venha a alterar tal situação.

Disso infere-se que o dinamismo alcança uma profundeza nunca antes atingida por qualquer teoria mecânica. Por isso podemos apostar que o dinamismo veio para substituir os conceitos da mecânica clássica.

Ceterum censeo Carthaginem esse delendam.

ARTIGO 03

TESTEMUNHO SOBRE O DINAMISMO

No ano de 1976 comecei meus estudos de física pela cinemática e nesse ano me dei conta, de forma progressiva, com o modelo da física do dinamismo. Em julho desse ano levantei a ousada hipótese de que a velocidade estaria relacionada diretamente com uma força. No ano seguinte, já havia descoberto a natureza e as propriedades dessa força, a qual denominei por força induzida, bem como a proporcionalidade existente entre a velocidade e a força induzida. Depois comecei a relacionar essa última propriedade do movimento com as leis da cinemática do movimento uniforme, obtendo a relação de velocidade constante em função de uma força induzida constante; a seguir relacionei aquele conceito com as leis do movimento uniformemente variado. E a partir da lei de Galileu de que a variação de velocidade dos corpos acelerados é igual ao produto entre a aceleração pela variação de tempo, deduzi a proporcionalidade entre a variação da força induzida pela variação de tempo. E finalmente ao relacionar tais conceitos com a primeira lei de Newton pude constatar a continuidade do movimento retilíneo e uniforme ao infinito como causa de uma força induzida que permanecia constante, conservada e que era transportada pelo móvel. A seguir verifiquei que na ausência dessa força induzida o corpo estaria para sempre em repouso. No começo de 1978, eu estava prestando o serviço militar obrigatório e já tinha um tratado sistematizado e completo sobre o assunto desde janeiro desse ano. Toda essas descobertas ocorreram entre os meus dezesseis e dezoito anos de idade. Nesses anos de amadurecimento eu estava sendo apresentado à ciência da física. Nesse tratado eu havia deduzido as seguintes regras básicas do movimento: 1ª- *A velocidade é diretamente proporcional à força induzida*; 2ª- *A variação de velocidade é diretamente proporcional à variação de força induzida*; 3ª- *A variação de força induzida é diretamente proporcional à variação de tempo*; 4ª- *Unicamente por causa da força induzida o móvel mantém seu movimento retilíneo e uniforme ao infinito, a menos que uma força externa venha a modificar a força induzida*; 5ª- *Na ausência de força induzida um corpo mantém o seu estado de repouso, a menos que uma força externa venha a induzir uma força nesse corpo.*

Quando comecei a considerar uma suposta incongruência da relação entre a força induzida e a força externa, conforme o enunciado da segunda lei de Newton, bem como a falta de previsão entre força induzida e massa, resolvi deixar qualquer questão para uma ulterior verificação, sobretudo porque outros campos de estudos começavam a chamar a minha atenção, estudos esses que agitavam minha mente com grande intensidade. Durante os dezessete anos seguintes, estive envolvido na pesquisa da física, da matemática, da química, da teologia, da literatura e algumas outras de menor importância.

Em 1995 ao reunir meu legado científico, resolvi solucionar os problemas deixados em aberto pelo dinamismo. É bem verdade que em todos esses anos nunca me esqueci dessa teoria, mas pela segunda vez dediquei uma renovada atenção e energia a essa ciência. E nesse mesmo ano, após uma reflexão paciente, acabei por encontrar uma teoria geral do dinamismo que abarcava a minha antiga teoria e toda a mecânica newtoniana. Compreendi o significado físico de força dinâmica e introduzi o conceito de força de inércia. Novamente, nas férias de janeiro de 1996, sistematizei todos os conceitos dessa nova teoria do dinamismo, agora alicerçada em quatro leis fundamentais, a saber: 1ª Lei: *A força externa que atua sobre um corpo é igual ao produto entre a massa desse corpo por sua acelera-*

ção; 2ª Lei: *A força dinâmica que resulta da força externa após esta vencer a oposição oferecida pela força de inércia é igual ao produto entre o estímulo pela aceleração do corpo*; 3ª Lei: *A força de inércia que a matéria exerce em oposição à alteração do seu estado de repouso em relação ao referencial da força aplicada é igual à diferença entre a força externa pela força dinâmica*; 4ª Lei: *A variação da força induzida num móvel pela interação da força dinâmica no decorrer do tempo é igual ao produto entre a intensidade dessa força dinâmica pela variação de tempo.* Essas quatro leis sintetizam toda a minha teoria inicial do dinamismo, toda a mecânica clássica, generaliza a cinemática e a dinâmica num só conceito. Enfim elas estabelecem o nascimento de uma nova física.

Ceterum censeo Carthaginem esse delendam.

ARTIGO 04

CRITICA À DINÂMICA NEWTONIANA

A história é extremamente rica em demonstrar que a física é uma ciência que esta em constante desenvolvimento. Desse modo, em 1687 a mecânica criada pelo físico italiano Galileu Galilei (1564-1642) sofreu uma extraordinária generalização nas mãos do físico inglês Isaac Newton (1642-1727). O mesmo ocorreu em 1870 com a teoria do eletromagnetismo desenvolvida por James Clerck Maxwell (1831-1879). Novamente aconteceu em 1905 com o nascimento da teoria da relatividade de Albert Einstein (1879-1955). Também ocorreu em 1925 com a criação da mecânica quântica. E agora em 1978, o dinamismo generalizou e modificou a mecânica newtoniana, de tal forma que altera e questiona os conceitos fundamentais de todas as áreas da física.

Naturalmente, com o dinamismo, muitas coisas devem mudar, como por exemplo: os problemas, as ferramentas, a compreensão da natureza, a visão a ser empregada na resolução dos mais variados fenômenos físicos.

A mecânica newtoniana sob o seu aspecto matemático é um caso especial que se tornou antiquado diante da ciência do dinamismo que é muito mais abrangente, tanto em sua forma matemática como teórica.

O dinamismo encontra-se fundamentado segundo os antiqüíssimos critérios de simplicidade e de simetria da natureza. Dessa nova ciência originou-se importantes conceitos unificadores, todos fundamentais nas áreas da física.

Boa parte dos vários aspectos a teoria dinâmica newtoniana têm sido extremamente bem sucedida no desenvolvimento tecnológico do mundo moderno. Na verdade, muito mais profundamente do que aparenta ser na engenharia. Entretanto, essa teoria não está totalmente salva de críticas. E para apresentar uma descrição dessa teoria em seus pontos negativos mais elementares, serão considerados alguns dos seus aspectos mais obscuros:

1º- Deve ser mencionado que durante toda sua vida, Leandro sempre teve uma crítica subjetiva de que toda a teoria dinâmica sob o seu aspecto filosófico e teórico é de alguma maneira incoerente e intelectualmente insatisfatória.

2º- A teoria dinâmica de Newton não é muito consistente em seu tratamento cinemático, limitando-se apenas na aplicação da lei da força externa aos movimentos acelerados. Existem duas explicações totalmente diferentes para as forças externas que atuam num corpo em movimento livre e em um corpo em queda livre.

3º- O conceito de inércia sob alguns aspectos é altamente medieval. Explicar o repouso ou o movimento como uma "tendência" nada mais é do que ressuscitar a filosofia aristotélica do "estado natural das coisas". E, portanto, nada esclarece à razão. E afinal de contas o que é a inércia e qual o seu significado físico?

4º - A expressão que procurar definir o movimento inercial e o repouso como uma tendência inerente à matéria, revelou-se extremamente vulnerável, e parece remeter as idéias à doutrina das qualidades ocultas.

5º- Embora a teoria mostre como calcular a aceleração de um corpo, ela não diz que tipo de força pode provocar ou manter uma velocidade constante. Por exemplo, a ação de uma força externa causa uma velocidade variável, entretanto, na ausência da força externa a velocidade é constante. A força externa está relacionada com a aceleração, mas não há uma grandeza dinâmica relacionada com a velocidade.

6°- Sob a visão exclusivamente dinâmica, a segunda lei de Newton deixa a desejar sob a ótica de sua teoria filosófica.

7°- A abordagem matemática da dinâmica da segunda lei de Newton nada afirma sobre a distinção da causa física do movimento livre acelerado, do movimento inercial, do movimento em queda livre ou do peso de um corpo.

8°- Existem alguns aspectos ou pontos principais da cinemática que não podem ser explicados satisfatoriamente em termos da teoria dinâmica newtoniana, por exemplo:

a - Matematicamente, a segunda lei de Newton requer que a força que atua sobre um corpo em queda livre, aumente com a massa. Entretanto, as experiências têm demonstrado que a variação de velocidade de um corpo em queda livre, independe de sua massa ou peso. A lei deveria prever essa independência, entretanto, não o faz.

b - As experiências mostram que uma força constante aplicada continuamente sobre um corpo livre, provoca uma aceleração constante. Pela segunda lei de Newton, corpos de massas diferentes apresentam diferentes intensidades de forças e, portanto, deferiam apresentar diferentes acelerações. Porém, as experiências com corpos em queda livre mostram claramente que a aceleração permanece a mesma.

c - As experiências demonstram que num choque mecânico, a força de impacto aumenta com a velocidade. Entretanto a teoria newtoniana nada esclarece a respeito desse assunto.

d - Pode-se inferir facilmente que a teoria newtoniana não esclarece como a velocidade está relacionada com as forças.

Leandro, durante sua juventude, observou que algumas dessas objeções são extremamente importantes e fundamentais, a ponto de abalar toda a estrutura da física. De imediato passou a gastar muito esforço e a "queimar muita pestana" em suas horas vagas na tentativa de desenvolver uma teoria que estivesse liberta destas e de muitas outras objeções que não foram mencionadas no presente artigo.

O esforço foi muito bem sucedido e alcançou um êxito notável. Pois em 1978 concebeu sua teoria do dinamismo. E embora seja uma generalização da mecânica clássica, a teoria do dinamismo é sob todos os aspectos totalmente diferente da teoria dinâmica de Newton.

Na teoria do dinamismo, a cinemática e a dinâmica foram fundidas numa única peça, de tal forma que se tornou difícil separar um conceito do outro. Leandro descobriu uma verdade mais profunda a respeito da realidade da natureza, de tal forma que aquele que o compreende não permanece em dúvida. Com essa nova teoria, a dinâmica newtoniana estava acabada.

Ceterum censeo Carthaginem esse delendam.

ARTIGO 05

MOVIMENTO INERCIAL

A primeira lei de Newton afirma que, em relação a um referencial inercial, qualquer corpo segue em movimento retilíneo e uniforme ao infinito. Portanto, segue com uma velocidade constante, a menos que essa situação sofra uma alteração devido a ação de forças externas aplicadas sobre ele. De acordo com a lei de Newton, acima mencionada, pode-se concluir que:

1º- No vácuo um móvel manterá indefinidamente seu movimento.

2º- Esse tipo de movimento é classificado como retilíneo e uniforme.

3º- A velocidade permanece constante durante todo o movimento.

4º- O móvel não apresenta aceleração.

5º- Não há a ação de forças externas atuando sobre o móvel.

6º- Enquanto não houver a ação de uma força externa sobre o móvel, não ocorrerá qualquer modificação em sua velocidade.

7º- Para poder modificar a velocidade de tal móvel é necessária a ação de alguma força externa.

O fato dos corpos permanecerem em movimento retilíneo uniforme, na ausência de forças externas, é caracterizado na dinâmica newtoniana como uma propriedade da matéria que dispensa maiores explicações, denominada simplesmente por "inércia".

Entretanto, apesar do corpo não estar submetido à ação de uma força externa, isto não implica que o mesmo não possa transportar intrinsecamente uma força induzida.

Na realidade verifica-se que qualquer corpo no estado de movimento retilíneo uniforme transporta intrinsecamente uma força induzida que permanece invariável, a menos que seja forçado a modificar tal situação pela ação de forças externas.

A força transportada por um móvel, em movimento retilíneo e uniforme manifesta, claramente, sua ação quando no momento em que o móvel sofre um eventual choque mecânico, liberando sua ação numa força de impacto.

Isto demonstra claramente que, apesar do móvel ter aceleração nula, devido a ausência de uma força externa, ainda assim transporta intrinsecamente uma força induzida.

A força induzida somente pode sofrer alterações mediante a ação de forças externas aplicadas sobre o móvel.

Mais uma vez este fenômeno vem a demonstrar que a segunda lei de Newton não explica e nem prevê todos os aspectos dos fenômenos dinâmicos.

De tudo o que se depreende, pode-se concluir que embora nenhuma força externa seja exigida para manter o movimento uniforme em linha reta em direção ao infinito, ainda assim existe a ação de forças induzidas que mantém o referido movimento ao infinito.

Desse modo Leandro estabeleceu as seguintes definições básicas:

A - A força induzida de um corpo é a causa que faz com que ele permaneça em seu estado de movimento uniforme em linha reta ao infinito.

B - A força externa consiste apenas numa ação inicial do movimento e, não permanece no móvel depois que a ação cessa.

C - O repouso de um corpo é definido como sendo causado pela ausência total de força induzida. Ou seja, nesta situação, a força induzida é nula.

Após as referidas definições podem-se estabelecer as seguintes leis:

I - Um móvel, unicamente pela ação da força induzida, persevera em seu estado de movimento retilíneo uniforme.

II - Na ausência de forças externas, a força induzida não sofre alteração, e o móvel segue uniformemente em linha reta para o infinito.

III - Um corpo, pela ausência de força induzida, persevera em seu estado de repouso.

IV - Um corpo persevera em seu estado de repouso (ausência de força induzida) ou de movimento retilíneo uniforme ao infinito (força induzida constante), a menos que sofra a ação de uma força externa que possa alterar qualquer um desses estados.

Ceterum censeo Carthaginem esse delendam.

ARTIGO 06

OBJEÇÕES À DINÂMICA

Leandro definiu o dinamismo como sendo uma parte integrante da física clássica, embora possa ser facilmente confundido como sendo a própria ciência da mecânica, tendo em vista o alcance de sua grande generalização. O dinamismo procura fundamentalmente estudar a ação das forças e suas conseqüências nos mais variados movimentos dos corpos. Procura estudar as grandezas cinemáticas, como velocidade, aceleração, em função das grandezas dinâmicas correspondentes.

A mecânica clássica permite salientar os seguintes princípios fundamentais:

I - As forças são as grandezas físicas responsáveis pelas variações de velocidades dos corpos.

II - A ação de uma força externa de intensidade constante sobre um corpo, acarreta uma aceleração constante.

III - A segunda lei de Newton estabelece que a força aplicada sobre um corpo é igual ao produto entre sua massa pela aceleração adquirida por esse corpo.

IV - Galileu Galilei demonstrou que a velocidade de queda livre é igual para todos os corpos, independentemente de seu peso.

Tendo em mente os princípios acima mencionados, pode-se levantar para debates as seguintes objeções:

1º- A segunda lei de Newton fornece a taxa de variação da velocidade de um móvel; porém não explica de forma dinâmica como ocorre a variação de velocidade.

2º- A segunda lei de Newton fornece o valor da intensidade de força que atua sobre um móvel em movimento variado; porém não explica como ocorre o aparecimento ou a intensidade da força de impacto.

3º- Sabe-se que uma força constante produz uma aceleração constante. Porém sob a ação da gravidade, corpos de diferentes massas apresentam diferentes forças, embora a aceleração permaneça sempre a mesma. Logo a segunda lei de Newton não prevê a força que causa o movimento dos corpos em queda livre, que deve ser constante.

4º- A dinâmica newtoniana permite afirmar que o aumento da massa de um corpo em movimento livre e acelerado acarreta uma diminuição na aceleração desse corpo. Já o aumento da massa de um corpo em queda livre provoca um aumento de força atrativa gravitacional. Unindo esses dois conceitos tão distintos pode-se afirmar, até certo ponto gratuitamente, que ocorre uma compensação entre a inércia e a força de atração. Sendo que esta exata compensação mantém a aceleração de um corpo em queda livre constante.

Embora, aparentemente, seja uma explicação bastante consistente, ela deixa muito a desejar, pelos seguintes motivos:

a) Nunca foi demonstrada matematicamente.

b) É intelectualmente insatisfatória.

c) Desvia a mente do âmago do problema.

d) Não estabelece a resultante de uma força constante.

e) Não esclarece a relação que deve existir entre uma aceleração constante e a necessidade da força ser constante.

f) Não está explicitamente prevista na segunda lei essa diferença de fenômeno.

g) Se a força externa é anulada pela inércia da matéria, já não resta nenhuma força operando no corpo em queda livre.

5º- A força definida pela segunda lei de Newton depende da massa. Porém, conforme demonstração de Galileu, a variação de velocidade dos corpos em queda livre não depende da massa. Portanto, a equação de Newton não explica a causa física do movimento dos corpos em queda livre.

6º - Finalmente pode-se acrescentar o fato de que a aceleração da gravidade é definida pela intensidade do campo gravitacional do planeta e não pelo corpo em queda livre ou pela força que atua sobre esse corpo.

Creio que estes argumentos são mais do que suficientes para demonstrar que a segunda lei de Newton ou a dinâmica newtoniana não esclarece totalmente a causa do movimento dos corpos dentro de uma filosofia natural eminentemente dinâmica, em que a matemática, a teoria e a filosofia dinâmica estejam sincronizadas e em perfeita harmonia.

Embora muitas experiências tenham sido realizadas nos últimos trezentos anos e muita coisa tenha sido tema de debates, a teoria da dinâmica não consegue explicar todos os aspectos do movimento de uma maneira suficientemente clara e consistente. Assim sendo, diante das perspectivas já apresentadas, Leandro vem propor o dinamismo como sendo a solução e o fundamento da mecânica racional.

Essa nova ciência por seus próprios fundamentos representa ao mesmo tempo uma generalização e fusão entre a cinemática e a dinâmica clássica.

Ceterum censeo Carthaginem esse delendam.

ARTIGO 07

CONTRADIÇÃO DA TEORIA NEWTONIANA

1- Introdução

Em sua teoria do dinamismo, Leandro expõe um sistema de leis que generaliza os conceitos fundamentais da física clássica. Ao fazê-lo, coloca em dúvida e destrona o que há muitos séculos é tido como absoluto: a mecânica newtoniana.

2- Lei de Newton

A bem conhecida segunda lei de Newton afirma que, se a mesma intensidade de força for aplicada a dois corpos com massas diferentes, o corpo de menor massa sofrerá uma maior aceleração do que o corpo de maior massa.

3- Princípio Dinâmico

O princípio dinâmico afirma que somente uma força de intensidade constante pode provocar uma aceleração constante.

4- Princípio de Galileu

Galileu demonstrou experimentalmente que quando dois corpos caem da mesma altura, eles chegam ao solo com a mesma velocidade, independentemente de qualquer diferença nas suas massas.

5- Explicação Newtoniana

Para Newton o princípio de Galileu levanta um problema muito sério para a dinâmica. Para resolver a questão, considera-se que a força com que o planeta atrai um corpo varia proporcionalmente com a massa desse corpo. Assim, um corpo com menor massa passa a ser atraído com menos força pela gravidade do que um corpo com maior massa. Isto numa proporção que se anula exatamente a sua menor inércia.

6- Críticas

A explicação newtoniana não é convincente, além de ser de alguma maneira intelectualmente insatisfatória para responder a todas as questões que advém dessa contradição. Este é exatamente o ponto frágil da teoria newtoniana. Fala tudo e não esclarece a verdadeira explicação da questão. Na verdade chega a levantar muito mais questões do que pode explicar. Observe:

I - É simplesmente intrigante que a explicação newtoniana não leva em consideração o princípio dinâmico.

II - É simplesmente intrigante que a força gravitacional tenha sempre o valor exato para compensar a inércia de cada corpo.

III - É simplesmente intrigante que na explicação newtoniana a inércia implicitamente aparenta ser uma força de oposição que é compensada sempre no valor exato pela força gravitacional.

IV - É simplesmente intrigante a explicação newtoniana tendo em vista que a segunda lei de Newton não prevê a existência de uma força de inércia.

V - É simplesmente intrigante que a aceleração permaneça constante, enquanto a força gravitacional sofra variações para compensar a inércia do corpo, sendo que somente uma força constante produz uma aceleração constante.

VI - É simplesmente intrigante que após as devidas compensações entre a inércia e a atração, a segunda lei de Newton não indique a força resultante.

VII - É simplesmente intrigante que a segunda lei de Newton não esclareça que tipo de força mantém a aceleração constante.

VIII - É simplesmente intrigante que a força gravitacional sofra variação para compensar a inércia do corpo, quando isto seria irrelevante, tendo em vista que o peso é nulo para os corpos em queda livre.

IX - É simplesmente intrigante que a segunda lei de Newton seja usada para explicar a aceleração dos corpos em queda livre, quando se sabe que a aceleração que os corpos adquirem é determinada unicamente pela gravidade do planeta (massa e distância).

7- Resposta do Dinamismo

Para responder ao problema proposto, o dinamismo apresenta uma lei da gravidade na qual se verifica que a força com que a Terra atrai os corpos em queda livre é a mesma para todos os corpos, independentemente de suas massas ou pesos, pois somente uma força constante pode produzir uma aceleração constante. Assim, um corpo com de menor massa é atraído pela ação gravitacional com a mesma intensidade de força com que é atraído um corpo de maior massa.

Ceterum censeo Carthaginem esse delendam.

ARTIGO 08

CRÍTICA À SEGUNDA LEI DE NEWTON

Mesmo no final século XX é necessária muita coragem para atacar a segunda lei de Newton, baluarte da física. Entretanto, por amor à verdade não se deve ficar calado e indiferente aos fatos. "Fazer a coisa certa quando isso não agrada a todos ou quando não terá ampla aprovação nem sempre é agradável. Mas estou convencido de que, se realmente nos importamos com os outros, iremos adiante e estaremos sempre dispostos a correr qualquer tipo de risco". Doutor Ben Carson.

Parece que existe uma grande dificuldade para conciliar o que a dinâmica newtoniana prevê em termos de sua filosofia causal do movimento com a previsão de sua teoria matemática.

Para compreender o que se deseja dizer, considere a seguinte observação: desprezando a resistência do ar, a intensidade de força que atua num corpo em queda livre, de maneira nenhuma pode ser o seu peso, pois experimentalmente verifica-se que:

I - A partir da mesma altura, todos os corpos em queda livre adquirem as mesmas velocidades, independentemente de seu peso.

II - Todos os corpos em queda livre apresentam peso nulo.

III - Uma força constante produz uma aceleração constante. Entretanto, em queda livre a aceleração é constante, independentemente do peso (força) que o corpo venha a possuir.

IV - Num choque mecânico a força de impacto será tanto maior quanto maior for a velocidade do corpo. Entretanto a segunda lei de Newton não prevê a existência de tal força.

V - Mesmo em movimento inercial, um corpo transporta uma certa força que é tanto maior quanto maior for sua velocidade. Porém a segunda lei de Newton não prevê a existência de tal força.

VI - É de conhecimento geral que a segunda lei de Newton guarda relação com a aceleração e não com a velocidade.

Por tudo isto, pode-se concluir que a força indicada pela segunda lei de Newton não explica satisfatoriamente o movimento dos corpos em queda livre. Pois experimentalmente verifica-se que os corpos em queda livre ganham uma força cada vez maior no desenrolar do movimento. E isto é verificado no momento do impacto do corpo contra um anteparo qualquer.

Embora sob muitos aspectos as leis da dinâmica newtoniana representam uma excelente descrição da realidade, no sentido de que apresenta resultados que concordam com as experiências, existem enormes dificuldades em relação ao seu fundamento teórico e filosófico casual contrastados com suas previsões matemáticas.

Portanto torna-se claro que a procura de uma nova teoria é de fundamental importância o desenvolvimento da ciência e, portanto, da própria compreensão da natureza.

Uma investigação realizada a um nível mais profundo da realidade física, permitiu interpretar a filosofia da dinâmica dos movimentos dos corpos como sendo constituída e caracterizada por um dinamismo.

Embora a teoria do dinamismo não tenha alterado totalmente a filosofia newtoniana, ela alterou profundamente sua teoria quantitativa e qualitativa, tornando-se dessa forma, um farol que ilumina alguns rochedos numa noite de extrema escuridão.

Ceterum censeo Carthaginem esse delendam.

ARTIGO 09

COMPARAÇÃO ENTRE DUAS TEORIAS

No presente artigo será feita rapidamente uma comparação entre a teoria do dinamismo criada por Leandro e a teoria da dinâmica clássica criada por Newton.

Uma das características extraordinárias da teoria do dinamismo é a forma pela qual ela fornece um tratamento quantitativo e qualitativo altamente preciso e consistente de qualquer um dos fenômenos da mecânica clássica.

O dinamismo explica a igualdade de velocidade para corpos de diferentes massas quando em queda livre. Nestas condições, nota-se que os corpos sofrem variações uniformes em suas velocidades. Isto é explicado no dinamismo pelo conceito de forças dinâmicas e induzidas.

Medidas mecânicas do impacto resultante dos corpos em queda livre evidenciam a ação de uma força mais intensa do que a força peso. No dinamismo este fenômeno é completamente explicado pelo conceito de força induzida e força de inércia.

O grande sucesso da teoria do dinamismo é caracterizado pelo tratamento generalizado dado à mecânica clássica. Esta generalização sintetiza a cinemática e a dinâmica num só conceito.

A "configuração" da teoria dinâmica de Newton, em si mesma, é pouco consistente. As três leis de Newton, que reunidas formam o arcabouço da dinâmica clássica, conferem com os resultados quantitativos observados, mas o acordo é puramente acidental. O modelo newtoniano explica e prevê valores corretos somente para forças em repouso.

Na verdade o conceito matemático da dinâmica clássica está em conflito direto com a sua filosofia causal. A segunda lei de Newton não explica a queda livre dos corpos. Ela simplesmente fornece o valor da aceleração porque esta é uma característica intrínseca do peso dos corpos. Porém, o peso não é a força responsável pelo movimento dos corpos em queda livre. Aliás, a própria existência do peso é um efeito da aceleração da gravidade produzida pelo campo gravitacional do planeta sobre a massa.

A segunda lei de Newton está em desacordo com as seguintes conclusões experimentais:

1º- *A velocidade dos corpos em queda livre independem de seu peso.*

2º- *A velocidade dos corpos em queda livre independem de sua massa.*

Na verdade, o próprio modelo matemático de Newton falha completamente na explicação teórica de muitos dos aspectos mais óbvios dos fenômenos cinemáticos.

A teoria encontra-se já em sérias dificuldades para relacionar a ação da força com a variação uniforme da velocidade dos corpos em queda livre, ou mesmo de relacionar a ação da força com o impacto de um corpo.

A dinâmica clássica simplesmente não é confiável teoricamente. Por ser bastante restrita é incapaz de prever, explicar e abranger de uma forma coerente à vasta gama de fenômenos macroscópicos observados na natureza.

Um aspecto particularmente espetacular da teoria do dinamismo é que todo o tratamento realizado aplicado ao movimento de um corpo em queda livre sob a ação gravitacional também se adapta diretamente ao movimento de partículas livres eletricamente carregadas num campo eletrostático ou qualquer outra causa que provoque movimento.

Na realidade a teoria é suficientemente precisa para explicar quantitativamente e qualitativamente todo e qualquer aspecto da mecânica clássica.

Ceterum censeo Carthaginem esse delendam.

ARTIGO 10

COMPREENDENDO O DINAMISMO

Na Antigüidade clássica, o filosofo grego Aristóteles de Estagira (384-322 a.c.), elaborou um extraordinário sistema filosófico fundamentado no conceito de dinamismo (grego: *Dynamis)*. Sua doutrina não reconhecia na matéria senão a atuação de forças externas, cujas várias ações em conjunto determinavam a extensão, o movimento e enfim, todas as demais propriedades dos corpos. Porém, suas idéias estavam mal fundamentadas e não passavam de suposições e reflexões filosóficas destituídas de provas, experiências e de fundamentos científicos. Por isso mesmo os conceitos de Aristóteles foram totalmente abandonados a partir de Galileu Galilei (1564-1642) por não corresponderem à realidade dos fatos observados.

No final do século XX, Leandro, redescobriu uma nova forma de dinamismo totalmente diferente daquele defendido por Aristóteles. E com isso o conceito de dinamismo progrediu de uma forma extraordinária dentro da física, ocorrendo a generalização universal entre a cinemática galileana e a dinâmica newtoniana.

A teoria e as provas, que o presente tratado contém, também demonstram o ponto fraco da segunda lei de Newton. Essa lei representa o princípio fundamental da dinâmica clássica, tão laboriosamente desenvolvida e tão solidamente estabelecida.

O "princípio fundamental" ou "segunda lei de Newton" é enunciada nos seguintes termos: *A resultante das forças aplicadas a um ponto material é igual ao produto de sua massa pela aceleração adquirida.*

Dentro do dinamismo a segunda lei de Newton representa um conceito de força externa aplicada sobre o corpo, como por exemplo, o peso da matéria. E se matematicamente, tal lei pôde ser empregada com sucesso na avaliação dinâmica do movimento dos corpos, é simplesmente porque na referida lei está intrínseco o conceito de aceleração, que é comum tanto na avaliação do peso como na avaliação da velocidade de um corpo sob a ação de uma força constante.

Porém, a segunda lei de Newton parece ser, de alguma forma, intelectualmente incompleta para demonstrar e explicar o princípio de Galileu Galilei (1564-1642), referente a queda livre dos corpos. Tal princípio é enunciado nos seguintes termos: *Desprezada a resistência do ar, todos os corpos, independentemente de seu peso ou massa, caem com a mesma aceleração, próximos à superfície da Terra.*

Ora, a dinâmica clássica estabelece as seguintes verdades:

I - *Se existe aceleração é porque o corpo está sob a ação de forças externas.*

II - *Uma aceleração constante é o resultado da ação de uma força constante.*

Dentro dessa perspectiva, a segunda lei de Newton não esclarece qual seria a natureza ou intensidade de tal força. Eis que requer que a força aumente com a massa, entretanto o princípio de Galileu estabelece que todos os corpos, independentemente de sua massa caem com a mesma aceleração. Ora, uma aceleração constante indica a ação de uma força constante. Portanto a força prevista pela segunda lei de Newton não é responsável pela queda livre dos corpos.

A segunda lei de Newton requer que o peso aumente com a massa, entretanto o princípio de Galileu estabelece que todos os corpos, independentemente de seu peso caem com a mesma aceleração. Ora, uma aceleração constante indica a ação de uma força constante, logo o peso não é a força responsável pela queda livre dos corpos. Além do mais um corpo em queda livre apresenta peso nulo.

Assim torna-se evidente, que a previsão explícita na segunda lei da dinâmica Newtoniana no seu aspecto causal é irreconciliável com o princípio da queda livre dos corpos, estabelecido experimentalmente por Galileu Galilei.

Em 1978 e em 1995, Leandro contornou essas dificuldades e muitas outras ao estabelecer os conceitos e as leis fundamentais do moderno dinamismo.

O moderno dinamismo permite apresentar as seguintes verdades:

I - *A força externa aplicada sobre um corpo é igual ao produto existente entre a massa desse corpo pela aceleração que apresenta.*

II - *A força dinâmica que interage num móvel é diretamente proporcional à aceleração que apresenta. Sendo que essa constate de proporcionalidade é denominada por "estímulo".*

III - *A variação da força induzida num móvel é igual ao produto existente entre a força dinâmica pela variação de tempo.*

IV - *A força de inércia de um corpo é igual à diferença entre a força externa aplicada sobre o móvel pela força dinâmica.*

V - *A força de inércia de um móvel é igual ao quociente da variação do ímpeto, inversa pela variação de tempo.*

VI - *O peso de um corpo é igual ao produto entre a sua massa pela força dinâmica que apresenta.*

Em conclusão pode-se afirmar que a teoria dinâmica de Newton foi notavelmente bem sucedida. E durante muitos séculos exerceu uma tremenda influência no ulterior desenvolvimento da mecânica clássica. Entretanto, atualmente, pode ser observada como sendo um importante estágio ao desenvolvimento da teoria do dinamismo.

Ceterum censeo Carthaginem esse delendam.

ARTIGO 11

TEORIA DO DINAMISMO

A idéia de que o movimento pode ser explicado por um conceito de um dinamismo é bastante antiga. Por volta do século IV a.c. ela aparece nos escritos de Aristóteles, o maior dos filósofos grego. Entretanto, as grandezas físicas que estavam envolvidas nessa primitiva suposição não eram fundamentais e estavam totalmente erradas levando a conclusões equivocadas, e, não passaram pela prova do rigoroso método experimental realizada pelos cientistas renascentistas, em especial Galileu Galilei (1564-1642).

Esse conceito foi apresentado pela última vez em 1684 pelo físico inglês Isaac Newton (1642-1727) em sua pequena obra intitulada "De motu", que demonstrava claramente a influência da filosofia de Aristóteles sobre Newton. Nela o físico inglês afirmou:

Por sua força intrínseca apenas, todo corpo segue uniformemente em linha reta para o infinito, a menos que algo extrínseco venha impedi-lo.

Newton ficou apenas nisto. E logo depois veio a cancelar de maneira implícita o seu enunciado, ao abandoná-lo para abraçar o princípio da inércia, cujo enunciado é principalmente devido a René Descartes (1596-1650). E assim, a idéia de força intrínseca caiu no esquecimento de Newton, da ciência e de todos os cientistas que vieram depois.

Aristóteles, os filósofos aristotélicos e Newton fizeram apenas suposições. Nunca apresentaram uma demonstração matemática ou uma prova experimental de suas suposições.

Então, no ano de 1978, um jovem estudante chamado Leandro, com uma notável intuição científica, formulou uma explicação simples para muitas leis até então conhecidas na física por meio de uma teoria totalmente nova. E que desde essa época é denominada por teoria do dinamismo.

A teoria do dinamismo concebida por Leandro está fundamentada no conceito de quatro forças fundamentais, a saber:

I - *Força externa - É a força oriunda de uma fonte externa qualquer que atua sobre um corpo.*

II - *Força dinâmica - É resultante da força externa, quando esta vence a oposição oferecida pela força de inércia. A força dinâmica deixa de existir quando a ação da força externa cessa.*

III - *Força de inércia - É a força de oposição que a matéria exerce sobre a força externa. A força de inércia oferece uma resistência à alteração do estado de repouso ou de movimento de um corpo.*

IV - *Força induzida - É a força que resulta no móvel quando sofre a ação de uma força dinâmica no decorrer do tempo. A força induzida nasce da força dinâmica e permanece armazenada no móvel, mesmo depois de cessada a ação da força dinâmica.*

Os principais postulados que constituem a moderna teoria do dinamismo, são apresentados a seguir:

1 - *A força externa que atua sobre um corpo é igual ao produto entre a sua massa pela aceleração adquirida.*

2 - *A força dinâmica é igual à relação entre a variação de força induzida pela variação de tempo.*

3 - *A força de inércia é igual à relação entre a variação de ímpeto pela variação de tempo.*

4 - *A força dinâmica é igual ao produto entre a constante de proporcionalidade chamada estímulo pela aceleração que o móvel apresenta.*

5 - *A força induzida é igual ao produto entre o estímulo pela velocidade do móvel.*

6 - *A força externa é igual à soma existente entre a força de inércia pela força dinâmica.*

7 - *O peso de um corpo é igual ao produto entre sua massa pela força dinâmica gravitacional.*

8 - *A força dinâmica gravitacional é diretamente proporcional à massa do planeta e inversamente proporcional ao quadrado da distância que separa um ponto qualquer do centro do planeta.*

9 - *A constante de proporcionalidade chamada indutória é igual ao inverso da constante de proporcionalidade chamada estímulo.*

A teoria do Dinamismo oferece uma explicação simples para as leis básicas da mecânica clássica:

1° - *Uma força externa constante produz uma força dinâmica constante.*

2° - *Uma força dinâmica constante produz uma aceleração constante.*

3° - *A força dinâmica gravitacional é constante. Por isso produz uma aceleração constante.*

4° - *Todos os corpos, independentemente de sua massa ou peso, caem sob a ação de uma força dinâmica gravitacional constante.*

5° - *O aumento da velocidade dos corpos sob a ação de uma força dinâmica é proporcional ao aumento da força induzida.*

6° - *Somente por ação da força induzida, o móvel mantém seu movimento retilíneo uniforme ao infinito.*

7° - *Somente a ação de uma força externa pode alterar a força induzida e, por conseqüência, a velocidade do móvel.*

8° - *Se a ação oposta de uma força externa extrair totalmente a força induzida, o móvel entrará em repouso.*

9° - *O repouso é a ausência total de forças induzidas no corpo.*

Encerrando o presente artigo pode-se verificar que a teoria do dinamismo desenvolvida por Leandro é totalmente inovadora em todos os aspectos fundamentais da mecânica. E que também apresenta novos conceitos e idéias que aprofundam e ampliam a compreensão da física.

Ceterum censeo Carthaginem esse delendam.

ARTIGO 12

SINGULARIDADES SOBRE O DINAMISMO

As pesquisas sobre o dinamismo vêm orientando-se no sentido da formulação de uma teoria geral que possa a explicar e descrever os diferentes efeitos das forças sobre os mais diversos tipos de movimentos, bem como sobre qualquer outro fenômeno mecânico.

Esta perspectiva contém a cinemática de Galileu e a dinâmica de Newton como casos particulares de uma teoria bem mais ampla. Tal teoria apresenta-se como uma generalização da mecânica clássica estendendo-a a um domínio jamais alcançado por qualquer teoria mecânica anterior.

A principal característica dessa teoria é que consegue fundir e sintetizar a cinemática e a dinâmica a um reduzido número de leis simples. E com essas leis básicas em mãos é possível esclarecer e predizer uma série de novos e fantásticos fenômenos da natureza, nunca antes imaginados ou considerados.

O impulso decisivo que deu início à revolução e à transformação da mecânica clássica em um dinamismo foi dado em 1978 por Leandro, que na época se dedicava ao estudo e compreensão das causas dos movimentos. Suas conclusões foram reunidas em vários livros e artigos.

O dinamismo desenvolvido por Leandro estabelece que:

I - *A força induzida é uma força intrínseca ao movimento dos corpos. Sendo comunicada ao móvel pela interação da força dinâmica no móvel no decorrer do tempo.*

II - *A força induzida permanece conservada no móvel no decorrer do movimento.*

III - *A força dinâmica é a resultante da força externa, quando esta vence a oposição oferecida pela força de inércia.*

IV - *Para que um corpo entre em movimento é necessário que ele esteja livre e sofra momentaneamente a interação de uma força dinâmica.*

V - *Para que um móvel permaneça em movimento não é necessário que ele continue sob a interação de uma força dinâmica.*

VI - *Para que um móvel permaneça em movimento não é necessário que ele continue a sofrer a ação da força externa.*

VII - *Para que o móvel permaneça em movimento é necessário que ele esteja sob a interação de forças induzidas.*

VIII - *Se o móvel não encontrar oposição ao seu estado de movimento uniforme, a força induzida permanece conservada e constante no móvel.*

IX - *Um corpo em repouso não apresenta força induzida.*

X - *Todo corpo mantém o seu estado de repouso ou de movimento retilíneo uniforme, a menos que sofra a ação de uma força externa.*

XI - *O movimento retilíneo uniforme é caracterizado pela constância da força induzida no móvel.*

XII - *O movimento uniformemente variado é caracterizado pela ocorrência de incrementos iguais de velocidades em intensidades de forças induzidas iguais.*

XIII - *A força dinâmica que a interação gravitacional comunica a um corpo não depende de sua massa.*

Este conjunto de conclusões vem caracterizar e fundamentar a primeira abordagem rigorosa da ciência do dinamismo. Isto é, o estudo da descrição quantitativa e qualitativa do movimento dos corpos da perspectiva exclusiva de suas causas intrínsecas.

A singularidade do dinamismo não se restringe apenas a uma, duas ou mais leis isoladas. Essa singularidade é identificada na totalidade de seu sistema integrado de leis. Por isso pode-se afirmar que a teoria possui uma perfeita harmonia em todas as suas leis. E também se pode dizer que os inter-relacionamentos de todas essas leis funcionam como os elos que formam uma corrente. Mas quebre um elo, e a corrente será partida.

O dinamismo é amplo em seus contornos, de vasto alcance, abrangendo todas as leis estabelecidas. Estas, entretanto, não são unidades destacadas, mas estão inter-relacionadas, formando um todo completo e altamente consistente.

Portanto, a singularidade da teoria do dinamismo encontra-se no sistema como um todo, formado não apenas por todas as leis do sistema, mas também por todas as conexões entre esses componentes. Em outras palavras, o todo do dinamismo é bem mais amplo do que a simples soma de suas leis.

Ceterum censeo Carthaginem esse delendam.

ARTIGO 13

FUNDAMENTOS DO DINAMISMO

1- Introdução

A teoria do dinamismo teve sua origem com o objetivo de explicar de forma simples, lógica, consistente e matemática a causa da velocidade e de todas as formas de movimento. Ela nasceu da dificuldade encontrada pela teoria newtoniana para esclarecer de forma coerente o movimento dos corpos em queda livre.

Hoje o dinamismo alcançou um "status" de ciência que estuda o movimento em função direta das forças externa, dinâmica, inércia e induzida.

2- Princípio de Galileu

Foi no século XVI que Galileu Galilei (1564-1642) realizou as célebres experiências que deram origem e fundamento racional à ciência dos corpos em movimento.

No século XVII as conclusões de Galileu foram sistematizadas, sintetizadas e generalizadas em três leis fundamentais, conhecidas como leis de Newton. Elas representam todo o arcabouço da dinâmica newtoniana.

É simplesmente paradoxal e também extraordinário na história da física que Galileu tenha observado, em suas experiências, o fenômeno que Leandro usou para contradizer alguns aspectos fundamentais da teoria dinâmica newtoniana.

Galileu havia descoberto que todos os corpos, independentemente de seu tamanho, peso, massa ou constituição, ao caírem da mesma altura, adquirem as mesmas velocidades,

chegando ao solo no mesmo instante. Este fenômeno é conhecido por "Princípio de Galileu".

3- Os Problemas

Os aspectos fundamentais da cinemática que não podem
ser inteiramente explicados de forma coerente, matemática e
lógica pela dinâmica newtoniana serão relacionados a seguir:

I - A segunda lei de Newton requer que a força que atua
sobre um corpo, aumente de intensidade quando a massa desse
corpo aumentar. E já que a força que atua sobre um corpo qualquer é responsável pela modificação de seu movimento, isto
sugere que a aceleração do corpo deveria também crescer com
o aumento da intensidade de força.

Entretanto, o princípio de Galileu mostra que todos os
corpos adquirem a mesma variação de velocidade, independentemente de suas massas. Ou seja, o movimento dos corpos em
queda livre, independe da intensidade de força requerida pela
segunda lei de Newton. Logo, a força prevista pela referida lei
não explica teoricamente a causa do movimento dos corpos em
queda livre.

Agora considere que corpos de diferentes massas en-
trem em queda livre durante certo intervalo de tempo, num tu-
bo de vidro no qual se faz vácuo. Pela segunda lei de Newton
cada um desses corpos está submetido a diferentes intensidades
de forças. Durante esse intervalo de tempo, a aceleração e, por
conseqüência, a velocidade de cada um desses corpos deveriam
ser diferente. Pois diferentes intensidades de forças provocam
diferentes valores de acelerações. No entanto, nenhuma diferença detectável jamais foi verificada. Esta discordância é extraordinária.

II - Somente uma força de intensidade constante produz
uma aceleração constante. Entretanto, ao entrarem em queda
livre, corpos de diferentes massas apresentam uma mesma aceleração, embora pela segunda lei de Newton estejam sob a ação

de diferentes intensidades de forças. Ora, se estão sob a ação de diferentes intensidades de forças, deveriam apresentar diferentes acelerações. Porém, isto jamais foi constatado.

III - Com freqüência se costuma dizer que o peso é a força responsável pelo movimento dos corpos em queda livre. Entretanto, isto não corresponde à realidade. Pois em queda livre o peso é nulo. Eis que o mesmo somente existe como uma força em repouso.

IV - Afirma-se que a aceleração que o corpo adquire ao entrar em queda livre tem sua origem e explicação na segunda lei de Newton. Entretanto isto é falso. Pois pela teoria da gravitação universal, constata-se que a aceleração da gravidade depende apenas da massa do planeta e da distância.

V - Conforme a segunda lei de Newton, a força envolvida num choque mecânico deveria ser igual para qualquer corpo que apresente a mesma massa e aceleração. Entretanto, a experiência mostra que corpos com mesma massa e aceleração podem apresentar forças de impacto totalmente diferentes, bastando que sejam soltos de alturas diferentes.

4- Teoria do Dinamismo

Em 1.978 Leandro colocou em questão a teoria da dinâmica newtoniana e propôs uma nova teoria (dinamismo), e citou a questão do princípio de Galileu como uma aplicação que poderia testar qual teoria descreve melhor a realidade.

O dinamismo conseguiu explicar o princípio de Galileu e todos os demais fenômenos da mecânica clássica, levando em consideração uma hipótese extremamente simples, porém extraordinária.

Por essa hipótese foi proposto que a força que interage com o móvel, provoca o aparecimento de uma força induzida que se acumula sob a forma de uma carga mecânica, a qual passa ser transportada de forma intrínseca pelo móvel. Essa hipótese veio a alterar profundamente a estrutura da mecânica clássica.

O dinamismo argumenta que o método newtoniano fornece resultados matemáticos de acordo com a experiência por uma notável coincidência. A aceleração é uma grandeza comum tanto na cinemática como na dinâmica. E que, evidentemente, pode ser empregada para efeitos de cálculos e nada mais. Entretanto, a segunda lei de Newton vem sendo aplicada fora do contexto da filosofia e teoria dinâmica. Na verdade a referida lei se enquadra dentro dos princípios da filosofia das forças estáticas. Nunca dentro da filosofia dinâmica do movimento.

A princípio, Leandro não concentrou sua atenção na natureza material do corpo, mas sim na maneira como a força provoca o aparecimento da velocidade independentemente da massa desse corpo. Ele apresentou o argumento de que a exigência de Galileu, de que a velocidade de uma partícula acelerada é proporcional ao tempo, implicava que no processo de aceleração constante onde há a interação de uma força constante interagindo no corpo em movimento.

A ação dessa força determina o aparecimento de uma força induzida que se acumula no móvel. E à medida que vai sendo acumulada, provoca instantaneamente variações proporcionais na velocidade do móvel.

O dinamismo propõe que a força externa que atua sobre um corpo, resulta numa força dinâmica proporcional à aceleração do móvel. Onde a constante de proporcionalidade é denominada por "estímulo".

Propõe, também, que a força induzida no móvel está relacionada pelo produto entre a força dinâmica e o intervalo de tempo. A força induzida é conservada e propaga-se intrinsecamente com o móvel.

A velocidade adquirida pelo móvel é proporcional à intensidade de força induzida e conservada pelo referido móvel. Essa constante de proporcionalidade é denominada por "indutória". Ela é o inverso do estímulo.

A força externa que atua sobre o corpo é igual à soma entre a força de inércia pela força dinâmica.

Esses enunciados apresentam algumas das grandezas fundamentais do dinamismo e representam o fundamento dessa teoria. Essas leis generalizam a cinemática, a dinâmica e os choques mecânicos. Nessas leis estão implícitas as leis de Newton.

5- Solução dos Problemas

Observe agora como o dinamismo resolve as objeções levantadas contra a interpretação dada pela dinâmica Newtoniana.

I - Quanto a objeção do princípio de Galileu, (que a equação de Newton não prevê a intensidade de força necessária para explicar a ocorrência de variação de velocidade ou da aceleração), a teoria do dinamismo concorda integralmente com a experiência.

Para dobrar a velocidade do corpo meramente dobra-se a intensidade de força induzida, sem a necessidade de modificar a intensidade da força externa ou dinâmica que interage com o móvel. Em outras palavras a velocidade é proporcional à força induzida. Assim, de acordo com os princípios do dinamismo, todos os corpos, independentemente de sua massa ou peso, ao sofrerem a interação de uma força dinâmica constante, adquirem forças induzidas iguais em intervalos de tempos iguais. Isto provoca velocidades iguais em intervalos de tempos iguais. Portanto, os móveis sofrem ação de forças induzidas iguais, em intensidade de velocidades iguais. Ficando explicado o fenômeno da variação de velocidade pela ação da força dinâmica.

II - Quanto a objeção levantada de que somente uma força constante produz uma aceleração constante, isto fica perfeitamente explicado pelo dinamismo. Ele afirma que em queda livre, todos os corpos, independentemente de seu peso ou massa, ficam sujeitos a uma mesma intensidade de força dinâmica gravitacional, que provoca uma aceleração constante.

III - E quanto a objeção levantada ao choque mecânico, a mesma é eliminada pelo fato de que a força dinâmica que interage com o corpo, induz no mesmo uma força cumulativa, que será tanto maior quanto maior for o tempo em que o móvel sofre a ação da força externa. Assim, no momento do choque, o impacto será tanto maior quanto maior for a força induzida, embora a força externa seja a mesma.

6- Conclusão

Leandro tinha a consciência de que o problema da relação entre força e velocidade era significativamente importante para fortalecer os fundamentos da física. Descobriu em sua juventude que a segunda lei de Newton não esclarece nada sobre a variação da velocidade de um corpo em queda livre em função direta de uma força. Na verdade a velocidade é incompatível com o conceito dinâmico de força externa. Leandro conhecia a fórmula que avalia e caracteriza a intensidade de força induzida necessária para provocar uma dada velocidade. Posteriormente uma interpretação teórica foi encontrada e se encaixava perfeitamente aos fatos e na filosofia da física clássica.

Leandro, cuja profunda visão da mecânica clássica, que com certeza era incomparável, viu a necessidade de uma reformulação completa da dinâmica. E para isso criou a ciência do dinamismo, onde previu e interpretou muitos fenômenos dinâmicos que são extraordinariamente confirmados pelas experiências.

Aqueles que estão enraizados nos conceitos da mecânica newtoniana poderão manifestar alguma atitude negativa perante o edifício do dinamismo. Pois muitos acreditam que é impossível introduzir idéias fundamentalmente novas naquilo que está estabelecido há séculos e que representa o fundamento duradouro de toda a ciência. Porém a história ensina que a ciência não é estática, mas está sempre em desenvolvimento. Portanto, pode-se concluir que o atual estado da ciência é provisório e que toda teoria é paliativa e, portanto, sujeita a alterações.

Sim, Isaac Newton, além da praia há um enorme oceano de verdades a serem descobertas pelos que se arriscam a cruzar a linha do horizonte que se estende ao infinito.

Ceterum censeo Carthaginem esse delendam.

ARTIGO 14

LEIS FUNDAMENTAIS

Introdução

Em 1978, Leandro, desenvolveu a noção de que a velocidade dos corpos são resultados da interação de forças induzidas. Com isto batizou a origem de uma nova teoria na mecânica. Entretanto ao tentar encaixar a ideia dentro da teoria da dinâmica newtoniana nada conseguiu. Então resolveu deixar a sua teoria de lado para uma reflexão posterior.

Finalmente retornou ao assunto em 1995 e obteve um tremendo sucesso, acabando por sistematizar, desenvolver e completar o que chamou de teoria geral do dinamismo. Procedendo pelo método de tentativas e erros, empregou grande esforço para construir dentro da mecânica clássica um novo quadro de referência, no qual pudesse fixar algumas poucas leis operativas e submeter à exatidão do cálculo todos fenômenos mecânicos. Desse modo o dinamismo é uma teoria no sentido de que é caracterizado por um conjunto de leis sistematicamente organizadas, que servem de explicação a uma grande quantidade de fenômenos.

Essa teoria apresenta uma enorme capacidade para explicar as conhecidas leis da cinemática e dinâmica, sendo totalmente consistente com as ideias de movimento uniforme, movimento variado, movimento uniformemente variado, queda livre, movimento livre, movimento inercial e, enfim, todos os conceitos que fundamentam a mecânica clássica.

Na sua forma atual, certamente é uma das teorias científicas mais bem desenvolvidas e úteis da mecânica, podendo ser comparada ao impacto causado pela teoria dinâmica de Newton no século XVII.

Leis Fundamentais

As quatro leis que se seguem representam todo arcabouço da teoria do dinamismo. Elas são leis no claro sentido de que são propriedades físicas verificadas de modo previsto.

1°- *A força externa é igual ao produto entre a massa do corpo pela aceleração que apresenta.*

A força externa é uma ação aplicada no exterior de um corpo por qualquer método.

2°- *A força dinâmica é igual ao produto entre a constante universal chamada estímulo pelo valor da aceleração adquirida pelo corpo.*

A força dinâmica é uma resultante que emerge da ação da força externa após esta última vencer a oposição oferecida pela força de inércia.

3°- *A força de inércia é igual à diferença entre a força externa pela força dinâmica.*

A força de inércia é a resistência que a matéria oferece à alteração de seu estado de repouso ou de movimento em relação ao referencial da força externa.

4°- *A variação de força induzida em um móvel é igual ao produto entre a força dinâmica pela variação de tempo.*

A força induzida é uma interação que resulta da interação da força dinâmica no decorrer do tempo. Ela apresenta a propriedade de se acumular e de se conservar no móvel.

Leis Derivadas

As quatro leis anteriores permitem deduzir as seguintes leis derivadas ou teoremas, pois caracterizam proposições científicas perfeitamente demonstráveis:

1°- *A força dinâmica de um corpo é igual ao produto entre o estímulo pela força externa e inversa pela massa desse corpo.*

Quanto maior for a força externa tanto maior será a força dinâmica do corpo. E quanto maior for a massa desse corpo tanto menor será sua força dinâmica.

2°- *A variação da força induzida é igual ao produto entre o estímulo pela variação de velocidade.*

Portanto a velocidade de um corpo está relacionada com a força induzida e será tanto maior quanto maior for a força induzida.

3°- *Sob a interação de uma força induzida constante, o móvel desloca-se ao infinito em movimento uniforme em linha reta, a menos que uma força externa venha a alterar essa força induzida.*

A referida lei é uma consequência da anterior. Pois uma força induzida constante produz uma velocidade constante.

4°- *Na ausência de uma força induzida, o corpo persevera em seu estado de repouso, a menos que uma força externa altere esse estado.*

Essa lei também é uma consequência da segunda lei derivada. Pois uma força induzida nula causa uma velocidade nula.

Conclusão

Todas estas leis caracterizam a estrutura da teoria do dinamismo. Sendo que as quatro leis fundamentais obtidas por Leandro e que representam o fundamento do dinamismo são notáveis. Na verdade elas servem de apoio lógico aos teoremas seguintes, denominados por leis derivadas.

O termo "lei" empregado na teoria do dinamismo reflete a total indiferença nominalistica de seu autor, sendo que ela foi empregada unicamente no seu sentido laico.

No dinamismo de Leandro volta à tona como uma conseqüência natural da teoria, a antiga concepção aristotélica de que o repouso e o movimento são grandezas físicas totalmente distintas e separadas. Para Aristóteles um corpo mantém seu movimento pela ação contínua de uma força externa, e que cessada a ação dessa força o corpo retorna ao seu estado natural de repouso. Evidentemente essa idéia não está correta, mas manifesta um espírito de explicação para a causa do movimento e do repouso. Com Leandro esses dois estados são racionalmente demonstrados e explicados em função do referencial fornecido pela força induzida. Já a equivalência entre os dois estados de movimento, e de repouso enunciado pela primeira lei de Newton, somente tem sentido lógico e racional quando se considera sua explicação tomando como referência o conceito de força externa. Com isso Leandro deu um passo a mais do que Newton.

Ceterum censeo Carthaginem esse delendam.

ARTIGO 15

DESENVOLVIMENTO DO DINAMISMO

No século XVII a teoria dinâmica desenvolvida por Isaac Newton (1642-1727) em 1687, fulgurou no mundo com um estrondoso sucesso que abalou todas as estruturas da ciência estabelecida, a ponto de seu criador tornar-se uma lenda viva. Os cientistas do século seguinte concluíram que estavam a ponto de poderem predizer qualquer situação futura do Universo bastando unicamente conhecer os detalhes da situação atual.

No entanto, no século XX, a teoria newtoniana foi profundamente abalada pelos conceitos provenientes da teoria quântica e da relatividade. E apesar disso, sua filosofia, suas explicações e seus princípios fundamentais continuam em vigor, tendo aplicação imediata no cotidiano do mundo natural, além de ser a melhor ferramenta empregada na moderna engenharia.

Em 1978 o jovem cientista brasileiro, Leandro Bertoldo, raciocinando com uma incrível perspicácia, verificou que a aplicação das idéias de Newton às muitas fases mais sutis do movimento livre ou em queda livre fornecia, em muitos dos casos, apenas uma semelhança qualitativa com as experiências. E, aparentemente, não havia nenhuma forma de alterar a dinâmica newtoniana para que ela pudesse incorporar ou fornecer uma explicação coerente dos fenômenos cinemáticos observados. Ela também apresentava imperfeições na predição qualitativa e quantitativa da força de impacto oriunda do movimento uniforme e do movimento variado. Estas limitações da teoria de Newton levaram o jovem cientista a realizar uma ampla investigação em busca de outros enfoques para resolver os pormenores dos problemas de queda livre, movimento livre e impacto.

Com uma notável capacidade de generalização o jovem pesquisador havia sugerido que certas forças seriam a causa da velocidade. E através de raciocínios que não serão considerados neste artigo, Leandro previu que a força responsável pela velocidade dos corpos é diretamente proporcional à sua velocidade. Entretanto quando começou a considerar as consequências de sua arrojada ideia, bem como certas dificuldades para com a teoria dinâmica de Newton, resolveu deixá-la de lado para uma ulterior reflexão.

Alguns anos depois, em 1995, voltando ao assunto e raciocinando com uma capacidade inusitado, conseguiu desenvolver totalmente as consequências de sua ideia original ao estabelecer quatro leis fundamentais do movimento e com isso concluindo a chamada teoria do dinamismo iniciada dezessete anos antes. Essas leis são enunciadas a seguir nos seguintes termos:

1ª- *A força externa que atua sobre um corpo é igual ao produto entre a massa desse corpo pela aceleração que apresenta.*

2ª- *A força dinâmica que interage num corpo é igual ao produto entre a constante de proporcionalidade chamada "estímulo" pela aceleração que o corpo apresenta.*

3ª- *A força de inércia é igual à diferença matemática entre a força externa pela força dinâmica.*

4ª- *A variação da força induzida é igual ao produto entre a força dinâmica pela variação de tempo.*

Estas quatro leis formam o arcabouço racional da teoria do dinamismo. Delas são extraídos todos os teoremas que alicerçam a explicação de qualquer tipo de movimento.

No momento a teoria dinâmica de Newton é parte de uma teoria mais geral, denominada por teoria do dinamismo. Essa última alcançou um progresso considerável em seu desenvolvimento interno, sendo uma teoria fundamental que explica o movimento dos corpos em função exclusiva das forças que os produzem.

Ceterum censeo Carthaginem esse delendam.

ARTIGO 16

ORIGEM DO DINAMISMO

Introdução

O primeiro homem a sugerir que a força tem relação direta com o movimento e, em última análise, responsável pela velocidade dos corpos foi um grego chamado Demócrito, que viveu entre 460-370 a.c. Ele ensinava que no vácuo os átomos mais pesados deveriam cair mais depressa que os leves. Aristóteles (384-322 a.c.), ao rejeitar a teoria atômica de Demócrito, argumentou que no vácuo tudo deveria cair com a mesma velocidade, entretanto considerava que vácuo era um ente inconcebível sendo, portanto falsa a teoria dos átomos, que exige esse fato.

Os seguidores de Aristóteles argumentaram que, se o vácuo existisse os corpos deveriam cair com a mesma velocidade, entretanto como o vácuo não existe concluíram que os corpos mais pesados deveriam cair mais rapidamente que os mais leves.

A referida idéia foi rejeitada pelo cientista italiano Galileu Galilei (1564-1642), que, segundo a tradição, soltou do alto da Torre de Pisa dois corpos de pesos diferentes, constatando que ambos chegavam ao solo no mesmo instante, indicando que adquiriram as mesmas velocidades independentemente do peso que possuíam.

Influenciado pelas idéias aristotélicas fornecida pela teoria do ímpeto, Sir Isaac Newton (1642-1727) esposou em 1684, na primeira versão de seu tratado de nove páginas denominado "De motu corporum in gyrum" a idéia de que uma força intrínseca era responsável pelo movimento dos corpos, e a apresentou com as seguintes palavras:

*"Chamo de força de um corpo ou força intrínseca de
um corpo àquilo que faz com que ele tenda a permanecer em
seu movimento em linha reta".*

*"Por sua força intrínseca apenas, todo corpo segue
uniformemente em linha reta para o infinito, a menos que algo
extrínseco venha impedi-lo".*

Sabemos que Newton nunca testou esta idéia e acabou
por rejeitá-la completamente na terceira versão da obra "De
motu", que posteriormente culminou em sua obra prima "Philosophiae naturalis principia mathematica".

Depois disso a idéia de que a força é a causa da velocidade nunca mais voltou à tona. E todos os que até então haviam
adotado tal ponto de vista basearam-se, em grande parte, somente na intuição. E mesmo assim, empregando conceitos errados ou equivocados por não considerarem o efeito exercito
pela força de atrito. Porém essa situação estava para mudar. A
partir de 1978, um estudante colegial, Leandro Bertoldo, que
desconhecia totalmente as idéias dos antigos e usando sua notável intuição e percepção científica, formulou uma teoria racional que explicava as leis da mecânica que desde essa época é
conhecida como "dinamismo". Essa teoria foi desenvolvida
entre um lapso de tempo de dezessete anos. E depois de concluída tem suportado as mais duras provas a que foi submetida.

Leis Fundamentais

As quatro leis fundamentais do dinamismo de Leandro
são apresentadas a seguir, com explicações adicionais, visando
ilustrar o significado de cada uma.

1^a- *A força externa é igual ao produto entre a massa
desse corpo pela aceleração que apresenta.*

A força externa é uma ação exterior produzida pelas
mais diversas fontes e que atua sobre o exterior de um corpo.
Ela consiste apenas na ação, e não precisa permanecer no corpo
depois que a ação for concluída.

2ª- *A força dinâmica é igual ao produto entre a constante, chamada estímulo, pela aceleração.*

A força dinâmica é a resultante da força externa, quando esta última vence a resistência oferecida pela força de inércia.

Quando a força externa cessa, a força dinâmica também cessa. Ela consiste apenas numa interação, e não necessita permanecer no móvel depois de iniciado o seu movimento.

3ª- *A força de inércia é igual à diferença matemática entre a força externa pela força dinâmica.*

A força de inércia consiste na resistência que a matéria exerce à ação da força externa, opondo-se à alteração do seu estado de repouso em relação ao referencial da força externa.

4ª- *A variação da força induzida é igual ao produto existente entre a força dinâmica pela variação de tempo.*

A força induzida é crescentemente armazenada no móvel no decorrer do tempo pela interação da força dinâmica. Entretanto se esta última cessar, a força induzida cessa e passa a permanecer constante com o tempo, a menos que uma força externa venha alterar a sua intensidade. Portanto a força induzida de um móvel é a interação que faz com que ele tenda a permanecer em seu estado de movimento uniforme em linha reta ao infinito.

Leis Derivadas

Essas últimas quatro leis fundamentais representam toda a base da teoria do Dinamismo. E o estudo da segunda e da quarta lei levou Leandro a deduzir outras leis básicas, derivadas das primeiras.

1ª- *A variação da força induzida é igual ao produto entre o estímulo pela variação da velocidade.*

Portanto, a força induzida é proporcional à velocidade e ocorre na direção da reta em que a força dinâmica interage.

Também se pode afirmar que a causa da velocidade do móvel é a sua força induzida.

Conforme a lei das velocidades, se a força induzida transportada pelo móvel for constante a velocidade também será constante. Isto possibilitou Leandro a enunciar a seguinte lei:

2ª- *Sob a interação de uma força induzida constante, o móvel persevera em seu estado de movimento retilíneo e uniforme ao infinito, a menos que uma força externa venha alterar tal força induzida.*

Portanto os corpos deslocam-se uniformemente em linha reta apenas em função de sua simples força induzida.

A lei das velocidades permite inferir que se um corpo apresenta força induzida nula, sua velocidade também será nula. Diante disso Leandro estabeleceu a seguinte lei:

3ª- *Na ausência de forças induzidas um corpo persevera no seu estado de repouso, a menos que uma força externa venha a alterar esse estado.*

Assim quando um corpo não apresenta nenhuma força induzida, ele encontra-se em repouso.

Conclusão

A teoria do dinamismo de Leandro oferece uma explicação simples para as leis da mecânica clássica. Eis alguns poucos exemplos:

1º- A velocidade dos corpos em queda livre independem de seus pesos, pois a sua causa é a força induzida, e cuja origem não tem relação com o peso do corpo.

2º- A velocidade dos corpos em queda livre aumenta no decorrer do tempo devido unicamente ao efeito da força induzida que aumenta com o passar do tempo.

3º- Pode-se afirmar que a partir de um mesmo ponto, corpos de diferentes pesos ou massas ao entrarem em queda livre, adquirem as mesmas forças induzidas que provocam as mesmas velocidades.

4º- Corpos em queda livre apresentam forças induzidas crescentes com o tempo, e que manifestam sua violência num eventual impacto contra um anteparo qualquer.

5º- Corpos isolados em movimento uniformemente variado em linha reta ao infinito, transportam uma força induzida que manifesta sua existência num eventual impacto contra uma superfície qualquer.

O triunfo da teoria de Leandro está em sua capacidade para predizer todos os fenômenos da mecânica clássica sem contradizê-la, bem como incorporar toda a teoria dinâmica de Newton como um caso especial do dinamismo.

A teoria de Newton é um caso particular do dinamismo porque trata o movimento somente em função das forças externas, o que deixa de fora os pormenores mais sutis dos fenômenos físicos da mecânica.

Ceterum censeo Carthaginem esse delendam.

ARTIGO 17

CAMINHO PARA O DINAMISMO

O dinamismo representa um caminho muito importante e fundamental para a perfeita compreensão dos fenômenos da mecânica clássica. Partindo da necessidade de elaborar um modelo que viesse a explicar a variação de velocidade dos corpos em queda livre, o dinamismo desenvolveu-se, no final do século XX, inicialmente utilizando o conceito radical da relação entre velocidade e força. Entretanto, as dificuldades surgiram quando ao aplicar tal ideia aos conceitos da dinâmica clássica como ao de massa ou de força externa, foi necessário admitir a existência de outros fenômenos físicos interrelacionados com outros tipos de forças que não tinham explicações na teoria clássica. Isto estava em flagrante contraste com as previsões da teoria dinâmica de Newton, que prevê somente a existência de um tipo de força. A força externa.

Em 1978, o caminho para o dinamismo começou a ser aberto pelo cientista - físico e matemático brasileiro, Leandro Bertoldo, que elaborou um modelo no qual admitia o postulado fundamental de que a velocidade de um móvel é diretamente proporcional a uma nova natureza de força, que foi denominada por força induzida. Esse postulado nada tem a ver com os conceitos da mecânica clássica. Ele introduziu uma constante universal denominada "estímulo", que relaciona a velocidade e a força induzida. Essa regra recordava as ideias dos antigos filósofos aristotélicos, segundo os quais o movimento somente existia se o corpo estivesse sob a ação contínua de forças externas. No entanto na ideia inicial de Leandro permanecia obscura a questão de como relacionar as forças induzidas com o conceito newtoniano de forças externas.

Em 1995, após dezessete anos ignorando a sua teoria original, Leandro voltou a atacar o problema da teoria do dinamismo segundo um prisma completamente novo. Conforme sua hipótese, a mecânica clássica fica perfeitamente caracterizada por quatro forças básicas que se inter-relacionam da seguinte maneira:

A força externa ao ser aplicada sobre um corpo vence a oposição oferecida pela força de inércia da matéria, tendo como resultante uma força dinâmica que induz no móvel, no decorrer do tempo, uma força induzida.

Esses resultados ajustavam-se perfeitamente aos da teoria do dinamismo, que haviam sido obtidos por Leandro em 1978, tratando-se de duas formulações matemáticas da mesma estrutura.

Nessa teoria a interpretação física dos esquemas matemáticos é da maior simplicidade possível. Em síntese, a explicação dos fenômenos observados na mecânica clássica, ficaram bem mais claro e fácil de ser compreendido.

Leandro fundamentou definitivamente o dinamismo em quatro oxiomas ou leis do movimento, a saber:

1º- *A força externa aplicada sobre um corpo é igual ao produto entre a massa desse corpo pela aceleração adquirida.*

2º- *A força dinâmica que interage num corpo é igual ao produto entre uma constante denominada "estimulo" pela aceleração que esse corpo apresenta.*

3º- *A força de inércia é igual à diferença matemática entre a força externa pela força dinâmica.*

4º- *A variação de força induzida é igual ao produto entre a força dinâmica pela variação de tempo.*

Estas quatro leis representam a síntese do dinamismo. E não existe fenômeno da mecânica clássica que elas não expliquem quantitativamente e qualitativamente superando de longe a teoria de Newton.

Ceterum censeo Carthaginem esse delendam.

ARTIGO 18

UNIFICAÇÃO

As pesquisas que Leandro desenvolveu na área da mecânica se orientam no sentido de obter a formulação de uma única teoria geral que explique todos os movimentos conhecidos na natureza em função de apenas quatro forças básicas. Essas forças são produto de quatro tipos básicos de interação, a saber:

1º- **Interação da força externa**: Essa interação é regida pela lei de força mais antiga que se conhece - a segunda lei de Newton - que exprime a força que atua sobre um corpo como sendo igual ao produto entre a massa desse corpo por sua aceleração. Sua ação é sempre ao exterior do corpo. Ela é a causa inicial dos fenômenos mecânicos.

2º- **Interação da força dinâmica**: A lei da força dinâmica é formalmente parecida com a da força externa, com a diferença de que a constante universal denominada por estímulo substitui a massa na lei da força externa. A força dinâmica é a resultante da força externa, após esta vencer a resistência oferecida pela força de inércia. E em confronto com a força externa é menos intensa. Ela é igual ao produto entre o estímulo pela aceleração que o corpo apresenta. O sentido da força dinâmica coincide com o sentido da força externa.

3º- **Interação da força de inércia**: É a força responsável pela oposição que a matéria exerce à alteração do seu estado de repouso em relação à força externa. Ela apresenta uma intensidade avaliada pela diferença matemática entre a força externa pela força dinâmica. O sentido da força de inércia é tal, que se opõe ao sentido da força externa.

4º- **Interação da força induzida**: É a força responsável pela intensidade do movimento de um corpo, pelo movimento inercial e parcialmente responsável pela força de impacto. Ela tem sua existência no movimento de um corpo, sendo armazenada e conservada no móvel. A variação da força induzida é igual ao produto entre a força dinâmica pela variação de tempo. Portanto sua intensidade será tanto maior quanto maior for a intensidade da força dinâmica e, tanto maior quanto maior for o intervalo de tempo de interação da força dinâmica. O sentido da força induzida é idêntico ao da força dinâmica.

Essas interações estão relacionadas no dinamismo da seguinte maneira:

A força externa que atua sobre um corpo, ao vencer a oposição oferecida pela força de inércia, emerge numa resultante denominada força dinâmica. Esta por sua vez interage com o móvel provocando o aparecimento de uma força induzida.

Essas quatro interações são como os elos de uma corrente. Parte-se um elo e quebra-se a corrente. Elas representam os resultados unificadores da cinemática desenvolvida pelo físico italiano Galileu Galilei (1564-1642) e da dinâmica desenvolvida pelo físico inglês Isaac Newton (1642-1727), num conceito todo único, consistente e harmonioso denominado dinamismo, desenvolvido pelo cientista-físico brasileiro Leandro Bertoldo.

Ceterum censeo Carthaginem esse delendam.

ARTIGO 19

ORIGEM E DESENVOLVIMENTO DO DINAMISMO

A palavra mecânica tem origem na língua grega *mekhané*, que significa máquina, indicando a origem da mecânica racional. Hoje essa palavra serve para designar um dos ramos fundamentais da física clássica.

Para Aristóteles (384-322 a.c.) e seus asseclas, o movimento era a um só tempo *potência* e *ato*, que indicavam as grandezas físicas *força* e *deslocamento*. E fundamentados em tais conceitos cujas origens eram puramente filosóficas, esses sábios construíram algumas suposições que imaginaram descrever a realidade do movimento. Essas suposições são as seguintes:

1º- *Para manter um objeto em movimento era necessária a ação de uma força atuando continuamente sobre ele.*

2º- *Que o movimento cessaria quando cessasse a ação da força que atuava sobre ele.*

3º- *Que o movimento cessaria porque o corpo retornaria ao seu estado natural de repouso.*

4º- *Que um objeto mais pesado cairia mais rapidamente do que um mais leve.*

Entretanto essas ideias que não passavam suposições e de conceitos intuitivos, perduraram durante toda a Idade Média. Elas não caracterizavam perfeitamente um conjunto de leis, teorias e grandezas físicas claramente bem definidas e mensuráveis, mas representavam conjecturas que não proporcionavam qualquer critério válido que chegassem a satisfazer as exigências do rigor do método científico.

O fator primordial que estimulou a transformação da mecânica em uma ciência tal como é conhecida atualmente foi dado durante a Renascença pelo aguerrido cientista italiano Galileu Galilei (1564-1642) que, com sua profunda convicção de que os fatos deveriam ser comprovados pela experiência, realizou uma análise moderna, quantitativa e qualitativa do movimento e reuniu suas conclusões no livro denominado "Discursos e Demonstrações Matemáticas Sobre Duas Ciências Novas" (1638).

Nesta obra fundamental ao desenvolvimento da mecânica, Galileu estabeleceu os seguintes princípios:

1º- *Para que um corpo permaneça em movimento não é necessário que ele esteja sob a ação de forças.*

2º- *O movimento uniformemente acelerado se caracteriza pela ocorrência de incrementos iguais de velocidade em intervalos de tempos iguais.*

3º- *A velocidade que os corpos adquirem em queda livre, próximo à superfície da terra, é proporcional ao tempo.*

4º- *Próximo a superfície da Terra, a aceleração é constante.*

5º- *A aceleração que a gravidade comunica aos corpos em queda livre não depende de seu peso ou massa.*

6º- *A distância percorrida pelos corpos em queda livre são proporcionais aos quadrados dos tempos.*

7º- *Os projéteis lançados obliquamente descrevem uma trajetória na forma de uma parábola.*

As conclusões de Galileu representam a primeira abordagem de um estudo fundamental rigorosamente científico do ramo da mecânica, denominado por cinemática, isto é, o estudo da descrição do movimento independentemente das causas que os provocam.

Já a dinâmica é a teoria do movimento fundamentada nas grandezas físicas conhecidas por massa e força externa, bem como em sua relação com os conceitos da cinemática, como por exemplo, posição, velocidade e aceleração. Sendo que essa relação foi determinada pela primeira vez pelo extraordinário físico inglês Isaac Newton (1642-1727), que publicou em Londres no ano de 1687 a sua obra prima: "Philosophiae Naturalis Principia Mathematica", que se traduz por "Princípios Matemáticos da Filosofia Natural ".

Neste livro estão formulados os três oxiomas ou leis do movimento, a saber:

1º- Lei I, conhecida por princípio da inércia: *Todo corpo tende a permanecer em seu estado de repouso ou de movimento retilíneo uniforme, a menos que seja compelido a modificar esse estado pela ação de forças aplicadas sobre ele.*

2º- Lei II, conhecida por princípio fundamental da dinâmica: *A soma de todas as forças que atuam sobre um corpo é igual ao produto da massa desse corpo pela sua aceleração; e ocorre na direção retilínea em que a força é aplicada.*

3º- Lei III, conhecida por princípio da ação e reação: *A toda ação corresponde uma reação igual e oposta, ou seja, as ações mútuas de dois corpos um sobre o outro são sempre iguais e dirigidas em sentidos contrários.*

As leis de Newton acima enunciadas relacionam a aceleração de um corpo à sua massa e às forças que atuam sobre ele. E com base nesses princípios e nas leis das órbitas planetárias deduzidas de forma empírica por Kepler (1571-1630), Newton, com sua extraordinária capacidade de generalização e apoiado nos ombros de gigantes, desenvolveu sua contribuição mais importante para a física, a conhecidíssima teoria da gravitação universal, cuja lei fundamental afirma que, massa atrai massa na razão inversa do quadrado da distância que separa um corpo do outro. Entretanto o maior triunfo de Newton consistiu em unificar em uma só teoria, duas ciências anteriormente separadas: a mecânica terrestre e a mecânica celeste, realizando uma grande síntese.

No final do século XX, a cinemática e a dinâmica foram generalizados num único conceito, denominado dinamismo, que estuda os movimentos exclusivamente em função de suas causas. Essa ciência foi desenvolvida por Leandro Bertoldo em 1978 e, após um lapso de dezessete anos, foi concluída em

1995. O dinamismo está fundamentado em quatro oxiomas, a saber:

1º- Lei I: *A força externa que atua sobre um corpo é igual ao produto entre sua massa pela aceleração que apresenta.*

2º- Lei II: *A força dinâmica que interage num corpo é igual ao produto entre uma constante chamada "estímulo" pela aceleração adquirida pelo corpo.*

3º- Lei III: *A força de inércia é igual à diferença entre a força externa pela força dinâmica.*

4º- Lei IV: *A variação da força induzida é igual ao produto entre a força dinâmica pela variação de tempo.*

Essas quatro leis possibilitam a dedução do comportamento dos corpos em qualquer tipo de movimento. Com elas a mecânica atingiu uma generalidade jamais alcançada por qualquer teoria mecânica anterior. E em essência, a interação dessas forças é expressa no dinamismo nos seguintes termos:

A força externa aplicada sobre um corpo ao vencer a oposição oferecida pela força de inércia resulta numa força dinâmica, que por sua vez induz ao móvel, no decorrer do tempo, uma força induzida.

Com o advento do dinamismo, a mecânica sofreu uma extraordinária revolução, de tal forma que veio a alterar profundamente a visão que o homem tinha da estrutura do Universo. Um de seus maiores méritos científicos consiste em reconhecer o valor dos princípios da mecânica clássica. Esta fornece os mesmos resultados obtidos pelas leis do dinamismo, quando este considera a causa dos movimentos apenas em função do referencial da força externa. Portanto, não houve negação dos conceitos fundamentais da mecânica clássica, mas sua validade foi apenas reduzida a limites mais estritos. Ou seja, a ciência do dinamismo veio a generalizar a mecânica clássica, tornando a teoria newtoniana um caso particular do dinamismo.

Ceterum censeo Carthaginem esse delendam.

ARTIGO 20

HISTÓRICO DO DINAMISMO

Até o último quatro do século vinte, a tendência dos corpos permanecerem em movimento retilíneo e uniforme ao infinito era interpretada como sendo uma propriedade inerente à inércia dos corpos. E que, portanto, não necessitava de maiores explicações. Ora, esta forma de raciocinar é extremamente medieval, própria da filosofia escolástica com suas qualidades ocultas.

A interpretação do movimento inercial de um corpo como sendo o resultado da interação de uma força induzida transportada pelo móvel foi uma ideia original que ocorreu ao cientista físico e matemático brasileiro Leandro Bertoldo.

As leis que regem os movimentos dos corpos eram, até então, definidas somente pelas leis de Newton, que representavam todo o arcabouço da dinâmica clássica. Quando Leandro começou a estudar o ramo da física conhecido por mecânica, foi atraído particularmente para a compreensão da causa da velocidade dos corpos em queda livre. Este era um assunto de grande interesse para o jovem cientista nessa época. Em 1976, quando ainda estudante colegial, lhe ocorreu que a velocidade dos corpos era causada por algum tipo de força. E que seria tanto mais intensa quanto mais intensa fosse tal força.

Nos dois anos seguintes, Leandro continuou a pensar numa maneira de enquadrar essa questão dentro dos moldes dos conceitos da dinâmica clássica. Aparentemente ele se inspirou unicamente em sua intuição e imaginação. Ocorreu-lhe que a força que causa a velocidade dos corpos, em qualquer tipo de movimento, era totalmente diferente do tipo de força prevista pela dinâmica clássica. Assim, em 1978 admitiu que a velocidade que governa todo e qualquer tipo de movimento era diretamente proporcional ao que chamou por força induzida. Nesse ano nasceu a moderna ciência do dinamismo racional. A simples ideia de que a velocidade dos corpos fosse causada por forças induzidas representava um abandono da tradição defendida pela filosofia da mecânica newtoniana.

Com esse princípio, Leandro estabeleceu as relações existentes entre as equações cinemáticas e a força induzida. Estabeleceu a equação da velocidade de um corpo em função da força induzida. E estendeu esse conceito ao movimento inercial.

Então foi levantada imediatamente a questão que procurava compreender como esse princípio fundamental do dinamismo poderia estar relacionado com as leis da dinâmica clássica, estabelecidas por Isaac Newton (1642-1727). Após várias e breves tentativas mal sucedidas, Leandro deixou o problema para uma futura e melhor reflexão.

Depois de dezessete anos dedicados ao desenvolvimento de novas teorias e idéias em física, matemática, geometria, gramática, e outras ciências, Leandro pode retornar ao assunto do dinamismo. E após uma breve reflexão propôs que a força externa sofre uma oposição oferecida por uma força de inércia inerente à matéria. Então lançou a ousada hipótese de que a força externa após vencer a resistência oferecida pela matéria emerge numa resultante que denominou por força dinâmica. E que esta por sua vez ao interagir com o móvel no decorrer do tempo provoca o aparecimento e acumulo da força induzida. É obvio que ele realizou esses raciocínios paralelamente com as demonstrações matemáticas elementares pertinentes.

As descobertas de Leandro não foram publicadas de imediato. A razão para isto é que, a princípio, ele não estava totalmente satisfeito com a apresentação de sua hipótese básica. Antes de dar-se por satisfeito, teve que sistematizar a sua teoria com provas e demonstrações, tudo revestido por uma filosofia lógica e formal.

Finalmente o cientista sintetizou sua teoria em quatro oxioma ou leis fundamentais, a saber:

1º- *A força externa que atua sobre um corpo é igual ao produto entre a massa desse corpo por sua aceleração.*

2º- *A força dinâmica que interage num corpo como a resultante da força externa é igual ao produto entre uma constante denominada estimulo pela aceleração que esse corpo apresenta.*

3º- *A força de inércia que exerce uma oposição em relação à força externa é igual à diferença entre a intensidade dessa força externa pela intensidade da força dinâmica emergente.*

4º- *A variação de força induzida comunicada ao móvel pela interação da força dinâmica é igual ao produto entre o valor dessa força dinâmica pela variação de tempo de interação.*

Essas leis representam todo o apoio fornecido à teoria do dinamismo e evidenciam a grande simplicidade com a qual podem ser descritos todos os movimentos dos corpos, unicamente em função de suas causas. A amplitude da realização de Leandro em dinamismo colocam-no entre os grandes cientistas.

Ceterum censeo Carthaginem esse delendam.

ARTIGO 21

DINÂMICA E DINAMISMO

No decorrer da história da ciência verifica-se que o movimento e suas causas tem sido o objeto central e fundamental de estudo da física. Na Antigüidade clássica, a filosofia de Aristóteles (384-322 a.c.) estabelecia que: *O movimento em queda de qualquer corpo pesado será tanto mais rápido quanto maior for seu tamanho.*

Depois de Aristóteles e durante toda a Idade Média, a crença de que um objeto mais pesado cai mais depressa do que um leve foi um ponto de vista defendido pelos chamados filósofos aristotélicos. Estes ensinavam que uma força era necessária para manter um corpo em movimento. Acreditavam que um corpo em repouso estivesse em seu "estado natural". Logo, para um corpo mover-se em linha reta com velocidade constante, supunham que algum agente externo teria que empurrá-lo continuamente de outra forma ele voltaria ao seu "estado natural" de repouso.

A autoridade de Aristóteles foi contestada vinte séculos depois, por Galileu Galilei (1564-1642), aguerrido cientista italiano da Renascença que em 1638 publicou o que seria considerado o seu livro mais maduro, intitulado "Diálogo Sobre Duas Novas Ciências", no qual apresentava os resultados de suas experiências e algumas reflexões sobre os princípios da mecânica.

Em seus estudos Galileu estabeleceu que desprezada a resistência oferecida pelo ar, todos os corpos caem com a mesma aceleração, não importando seu tamanho ou peso. Também estabeleceu que na ausência de resistência, um móvel continuaria indefinidamente em seu estado movimento retilíneo com velocidade constante. Sendo necessária a ação de alguma força externa para modificar sua velocidade, entretanto nenhuma força externa seria necessária para manter tal velocidade.

Esse princípio estabelecido por Galileu foi adotado pelo extraordinário físico inglês Isaac Newton (1642-1727) como sendo a primeira de suas três leis do movimento. Newton enunciou sua primeira lei nos seguintes termos: *Todo corpo permanece em seu estado de repouso ou de movimento uniforme em linha reta, a menos que seja obrigado a modificar seu estado por forças impressas nele.*

A segunda lei do movimento foi enunciada originalmente por Newton nas seguintes palavras: *A mudança do movimento é proporcional à força motriz impressa, e se faz segundo a linha reta pela qual se imprime essa força.*

A terceira lei de Newton foi enunciada nos seguintes termos: *A uma ação sempre se opõe uma reação igual, ou seja, a ações de dois corpos um sobre o outro sempre são iguais e se dirigem em partes contrárias.*

As leis de Newton foram tremendamente bem sucedidas e possibilitaram o extraordinário desenvolvimento da física e da engenharia moderna. Entretanto, em 1978, Leandro arquitetou uma nova ciência, cujos conceitos diferia radicalmente da dinâmica newtoniana. Era o nascimento da ciência do dinamismo. Nela, emergiram como uma conseqüência natural das idéias de Aristóteles e de Newton. Sendo que as quatro leis que fundamentam o dinamismo foram completamente consolidadas em 1995. Essas leis são enunciadas nos seguintes termos:

A primeira lei reza que *a força externa é igual ao produto entre a massa de um corpo por sua aceleração.*

A segunda lei estabelece que *a força induzida é igual ao produto entre uma constante, denominada estímulo, pela aceleração do corpo.*

A terceira lei afirma que *a força de inércia é igual à diferença entre a força externa pela força induzida.*

A quarta lei esclarece que *a variação da força induzida é igual ao produto entre a força dinâmica pela variação de tempo.*

Essas leis de Leandro representam a estrutura lógica do dinamismo. Por elas Leandro demonstrou que *qualquer corpo permanece em seu estado de repouso somente na ausência de forças induzida, e no estado de movimento retilíneo uniforme sob a interação de forças induzidas.*

Observe que, diferentemente da primeira lei de Newton, o dinamismo estabelece uma diferença fundamental entre um corpo em repouso e outro que se desloca com velocidade constante. Ambas as situações são distintas sob a perspectiva referencial da força induzida.

Entretanto, o dinamismo também demonstra que sob a perspectiva referencial da força externa, não existe diferença alguma entre corpos que permanecem em repouso ou em movimento retilíneo uniforme, em face da ausência de forças externas aplicadas sobre os mesmos. Portanto nestas condições, ambas as situações são normais e perfeitamente naturais. Por causa desse conceito newtoniano os cientistas foram levados a atribuírem à matéria uma propriedade denominada por inércia, mas isso não explica de forma alguma a causa do repouso ou do movimento. Esses estados do movimento somente podem ser explicados pela ciência do dinamismo.

Com o advento do dinamismo a antiga teoria dinâmica de Newton passou a ter um domínio limitado de validade, sendo na realidade um caso especial de uma teoria mais abrangente.

Portanto, toda a mecânica clássica é um caso particular importante de uma teoria mais ampla. No presente caso essa teoria ampla ou geral corresponde ao dinamismo, cuja origem remota o ano de 1978. Essa nova teoria não diminui o valor da mecânica clássica, cujos princípios continuam a concordar admiravelmente com os fatos observados no cotidiano. E isso quando se considera o estudo do fenômeno mecânico sob as perspectiva das forças externas.

O dinamismo é o estudo do movimento e das grandezas cinemáticas em função direta das forças. Essa ciência procura levar em consideração os fundamentos quantitativos e qualitativos dos mais variados tipos de movimentos em relação às causas que os produzem, tudo isso em termos de forças que atuam e interagem nos corpos.

Finalmente poderia ser acrescentado que a criação da ciência do dinamismo expressa a crença na simplicidade e simetria da natureza defendida pelos antigos. Sendo que através do uso de analogias e modelos nasceram importantes conceitos unificadores no dinamismo, e que são perfeitamente válidos em qualquer domínio da física.

Ceterum censeo Carthaginem esse delendam.

ARTIGO 22

O DESENVOLVIMENTO DO DINAMISMO

As tentativas mais antigas que tinham por objetivo uma explicação racional do movimento bem como de suas causas fundamentais foram realizadas pelos filósofos gregos. Uma descrição pormenorizada das conclusões da filosofia natural (como a física era denominada) foi apresentada por Aristóteles de Estagira (384-322 a.c.). O sistema por ele construído e posteriormente desenvolvido pelos filósofos medievais passou a ser conhecido como sendo a teoria aristotélica do movimento. Essa teoria supõe dois postulados fundamentais. O primeiro afirma que *o movimento somente mantém-se devido a atuação de uma força sobre o corpo, e que cessada a ação da força, o corpo retorna ao seu estado natural de repouso.* O segundo postulado reza que *um corpo mais pesado cai mais rapidamente do que um mais leve.*

As ideias de Aristóteles foram aceitas durante quase dezoito séculos. Influenciaram profundamente todos os campos do conhecimento humano, tanto as artes como a filosofia e a teologia. Todavia, a teoria física de Aristóteles não passava de uma suposição inteiramente intuitiva e não permitia explicação quantitativa de um número cada vez mais crescente de observações acumuladas no decorrer dos séculos.

Finalmente, no século dezessete Galileu Galilei (1564-1642) demonstrou experimentalmente que não havia nenhuma necessidade de manter uma força externa aplicada continuamente sobre um corpo para conservá-lo em movimento. Também mostrou que um corpo mais pesado cai com a mesma velocidade de um mais leve. Estas idéias fundamentadas no método científico demonstraram como estavam erradas e equivocadas as suposições de Aristóteles e de seus asseclas.

O contínuo desenvolvimento do espírito científico experimental e a matematização da ciência natural, bem como a divulgação das obras dos grandes cientistas como René Descartes (1596-1650), Galileu Galilei (1564-1642), Johannes Kepler (1571-1630), Robert Hook (1635-1703) e muitos outros levaram Isaac Newton (1642-1727) a estudar, bem como a pesquisar as causas fundamentais dos movimentos dos corpos, que expressou nos conhecidos oxiomas ou leis do movimento que também são conhecidas como leis de Newton. A primeira lei de Newton afirma que *qualquer corpo permanece em seu estado de repouso ou de movimento retilíneo e uniforme, a menos que sofra alteração em sua situação por forças aplicadas sobre ele.* A segunda lei de Newton estabelece que *a força externa aplicada sobre um corpo é igual ao produto entre sua massa pela aceleração que apresenta.* Já a terceira lei de Newton enuncia que *a qualquer ação sempre se opõe uma reação igual, ou seja, a ações de dois corpos um sobre o outro sempre são iguais e se dirigem em sentidos contrários.*

As leis de Newton forneceram um forte fundamento racional de nexo causal às idéias de Galileu e de Kepler. Essas leis guardam uma certa relação intrínseca entre si, entretanto essa relação somente existe sob o ponto de vista da força externa.

Newton não concebia as forças como causas das velocidades dos corpos; o conceito de força induzida, realmente, não estava ainda formulado. Nem mesmo nos três séculos seguintes foi formulado. Constitui por isso enorme triunfo para as idéias de Leandro que ele conseguisse deduzir as leis de Newton, bem como a lei das causas das velocidades a partir de suas quatro leis fundamentais do dinamismo. Essas leis são enunciadas nos seguintes termos:

1°- *A intensidade da força externa que atua sobre um corpo é igual ao produto entre a massa desse corpo por sua aceleração.*

2°- *A intensidade da força induzida que interage num corpo (resultante da força externa após esta vencer a oposição da força de inércia) é igual ao produto entre uma constante denominada estimulo pela aceleração desse corpo.*

3°- *A intensidade da força de inércia que um corpo exerce à alteração do seu estado de repouso em relação à força externa é igual à diferença existente entre a intensidade da força externa pela intensidade da força dinâmica.*

4°- *A variação da força induzida que se acumula num móvel devido a interação da força dinâmica é igual ao produto da intensidade dessa força dinâmica pela variação de tempo.*

As leis do dinamismo, todas devidas a Leandro, estão em total conformidade com as observações dos fenômenos mecânicos. Ele conseguiu através dessas quatro leis fundamentais explicar todos os tipos de movimentos, bem como as velocidades dos corpos mediante o conceito de forças. Realizando desse modo a fusão, em uma única teoria, de dois ramos da mecânica clássica anteriormente separados: a cinemática e a dinâmica. O real significado científico do trabalho de Newton reside no fato de que a teoria dinâmica abriu o caminho para a síntese do dinamismo desenvolvida por Leandro a partir de 1978.

Ceterum censeo Carthaginem esse delendam.

ARTIGO 23

SÍNTESE DO DINAMISMO

Em 1976, um estudante colegial de dezesseis para dezessete anos de idade iniciava os seus estudos em física. Ao conhecer a ciência da cinemática procurou maiores informações sobre a causa da velocidade. Não se dando por satisfeito pôs-se a estudar por conta própria uma possível explicação para a velocidade dos corpos. Dois anos depois, aperfeiçoou uma ideia fundamental, chegando à conclusão de que a velocidade de um corpo é diretamente proporcional à uma força, que denominou por força induzida. Nesse mesmo ano escreve um pequeno tratado intitulado *Dinamismo*, no qual desenvolve a equação da velocidade em função da força induzida e mostrava as relações existentes entre as forças induzidas e as várias equações cinemáticas. E, através de algumas reflexões simples estabeleceu a relação entre as forças induzidas com o movimento retilíneo e uniforme, bem como a relação entre tal força com o movimento uniformemente variado.

Todas essas descobertas constituíam e constituem grandes inovações à física clássica, que foi originalmente definida e defendida pelo cientista inglês Isaac Newton (1642-1727), através de sua teoria dinâmica. As novas descobertas de Leandro indicavam também o caminho a ser seguido para se alcançar um conhecimento e uma compreensão mais profunda a respeito da natureza, que levaria a ciência a dar mais um passo em seu progresso. As pesquisas desse jovem estudante estavam mescladas com as observações dos fenômenos, com os resultados experimentais obtidos pela mecânica clássica e com a matematização.

Apesar de bem fundamentadas, essas conclusões, aparentemente não se harmonizavam com a filosofia da dinâmica newtoniana. Por isso o autor deixou-a de lado para uma posterior e melhor verificação.

A oposição de Leandro aos conceitos da dinâmica defendidos pela mecânica clássica manifestou-se deste o início de seus estudos. Jamais aceitou que a dinâmica fosse uma teoria perfeita ou completa. Suas ideias e convicções foram concebidas por pura intuição, como se o autor fosse portador de conceitos inatos. Porém, essas ideias foram desenvolvidas por meio de uma profunda e árdua reflexão.

Nascido em São Paulo, no dia 03 de março de 1959, Leandro matriculou-se na Universidade de Mogi das Cruzes para estudar física e matemática em 1979. Nessa época já havia realizado as suas primeiras investigações em física, particularmente em mecânica, tentando descrever o fenômeno da velocidade em função das forças. Isso representou uma ruptura com a mecânica clássica, que não prevê a aplicação de forças como causa imediata da velocidade. Essa nova orientação seria a mais original contribuição de Leandro para a história das idéias em mecânica racional.

Em 1978, já tinha elaborado a lei da força induzida, fundamental para todo o desenvolvimento ulterior da ciência do dinamismo. E entre os anos de 1978 a 1985, desenvolveu centenas de teorias nos mais diversos campos da física clássica e moderna, na matemática, na geometria, na gramática, na química e em muitas outras áreas das ciências exatas. Os anos de 1986 a 1994 representam os anos de silêncio de Leandro. Nesse período esteve envolvido com a literatura, teologia e exegese bíblica.

Em 1995, voltou a refletir sobre o dinamismo, exatamente dezessete anos depois de concebida sua idéia original. E rapidamente estabeleceu as leis básicas que fundamentam toda a estrutura dessa nova ciência.

Leandro concebeu e tornou-se pai de uma nova ciência da mecânica. Isso ocorreu no exato momento em que enunciou as leis fundamentais do dinamismo. Essas descobertas, contudo, foram resultado de uma revolucionaria forma de abordar os fenômenos da natureza e nisso reside sua importância dentro da história das grandes descobertas da ciência.

A primeira lei do dinamismo estabelece que *a força externa que atua sobre um corpo é igual ao produto entre sua massa pela aceleração adquirida.*

A segunda lei do dinamismo de Leandro consiste em estabelecer que *a força induzida é a resultante da força externa após esta vencer a oposição oferecida pela força de inércia da matéria, sendo igual ao produto entre uma constante, denominada estímulo, pela aceleração que apresenta.*

A terceira lei do dinamismo afirma que *a força de inércia que a matéria exerce em oposição à alteração do seu estado de repouso em relação à força externa é igual à diferença entre a força externa pela força dinâmica.*

A quarta e última lei da teoria de Leandro estabelece que *a variação da força induzida comunicada pela interação da força dinâmica no decorrer do tempo é igual ao produto dessa força dinâmica pela variação de tempo.*

Estabelecendo essas quatro leis, o cientista reestruturou todo o conhecimento científico oferecido pela mecânica clássica e abalou para sempre a visão restrita que a dinâmica newtoniana impunha ao conhecimento da natureza. Destruiu a idéia de que não existe nenhuma força operando num corpo em movimento inercial. Em lugar de conceber a análise dos fenômenos mecânicos apenas em termos de uma força externa, ele estabeleceu quatro tipos básicos de forças distintas, todas interligadas numa interação. Manteve a idéia de que a natureza é basicamente construída por um conjunto de fenômenos mecânicos básicos, tal como anunciado por Demócrito na Antigüidade. Demonstrou que as leis de Newton representam apenas um caso particular de uma teoria mais geral, no caso essa teoria é o dinamismo. Finalmente, Leandro uniu-se aos grandes nomes da ciência ao realizar a generalização e a síntese entre os pensamentos de Aristóteles (384-322 a.c.), de Galileu Galilei (1564-1642) e de Isaac Newton (1642-1727).

Ceterum censeo Carthaginem esse delendam.

ARTIGO 24

AS BARREIRAS DO DINAMISMO

Dentro do contexto da perspectiva histórica da ciência, as revolucionarias descobertas de Leandro estão fundamentadas dentro do campo da mais rigorosa matemática e da mais exata ciência da natureza. Suas mais importantes contribuições nesses campos consistiram na criação de centenas de teorias dentro da física, matemática, química, gramática, e outras disciplinas da área de exatas.

A teoria do dinamismo veio a se constituir na primeira e grande descoberta de Leandro, e também na primeira grande exposição teórica realizada por ele. Essa teoria representa a mais completa sistematização da mecânica clássica, sintetizando em um único corpo, a cinemática de Galileu Galilei (1564-1642), a dinâmica de Isaac Newton (1642-1727), bem como conceitos da filosofia de Aristóteles (384-322 a.C.).

Essa teoria, cujas bases são os conceitos de quatro forças fundamentais, em essência afirma que *a força externa aplicada sobre um corpo, ao vencer a oposição oferecida pela força de inércia, emerge numa resultante denominada por força dinâmica. Esta por sua vez ao interagir no corpo produz uma força induzida que se acumula no móvel no decorrer do tempo.*

Portanto fica claro que a parte central do dinamismo de Leandro são as chamadas leis fundamentais do dinamismo, que são em número de quatro. A primeira afirma que *a força externa aplicada sobre um corpo é igual ao produto entre a massa desse corpo pela aceleração que apresenta.* A segunda lei estabelece que *a força dinâmica (resultante da força externa após esta vencer a oposição oferecida pela força de inércia) é igual ao produto entre uma constante, denominada estímulo, pela aceleração que o corpo adquire.* A terceira lei afirma que *a força de inércia que a matéria exerce em oposição à alteração do seu estado de repouso em referencia à força externa que lhe é aplicada é igual à diferença entre o valor dessa força externa pela força dinâmica.* Finalmente, a quarta lei diz que *a variação da força induzida oriunda da interação da força dinâmica é igual ao produto entre a intensidade da força dinâmica pela variação de tempo.*

Com fundamento nessas leis, Leandro propôs-se a demonstrar todos os demais fenômenos da natureza. Unicamente por essas quatro leis matematicamente demonstradas, derivam-se todas as leis e princípios da mecânica clássica.

Por exemplo, na ausência de forças externas, a força dinâmica é nula. Nestas condições o corpo pode ser encontrado sob interação de uma força induzida ou não. Se for encontrado sob a interação de uma força induzida seu movimento será retilíneo e uniforme em direção ao infinito. Entretanto, se for encontrado na ausência de forças induzidas estará em repouso. Portanto sob a ótica da força externa o corpo pode estar em repouso ou em movimento retilíneo uniforme ao infinito. Em outras palavras, na ausência de força externa não se pode afirma se um corpo está em repouso ou em movimento inercial. Somente nessas condições a primeira lei de Newton encontra sua razão de ser, pois a mesma é enunciada nos seguintes termos: *Qualquer corpo permanece em seu estado de repouso ou de movimento retilíneo uniforme, a menos que seja obrigado a alterar tal estado por forças aplicadas sobre ele.*

Observe que sob a perspectiva da força externa, a primeira lei de Newton não estabelece nenhuma distinção entre o fato de um corpo estar em repouso e outro estar em movimento com velocidade constante. Estas duas condições são perfeitamente possíveis na ausência de forças externas. Por isso Leandro afirmou que na ausência de forças externas não é possível saber se um corpo está em repouso ou em movimento, o que leva a uma indeterminação.

Entretanto sob a perspectiva da força induzida, a lei de Newton se desmembra em duas. A primeira que caracteriza a situação de um corpo encontrar-se no estado de repouso, devido a ausência de forças induzidas. E a segunda que define a situação de um corpo encontrar-se em movimento com velocidade constante, devido a interação de uma intensidade de força induzida constante.

Diante dessa simples situação torna-se evidente que a dinâmica newtoniana é um caso particular do dinamismo. Por isso afirma-se que o dinamismo veio para ocupar o lugar da ciência dinâmica criada por Newton em 1687.

Ceterum censeo Carthaginem esse delendam.

ARTIGO 25

ASPECTO HISTÓRICO

É muito instrutivo rever como se originou e desenvolveu o moderno conhecimento sobre o movimento dos corpos. Na verdade o problema do movimento vem sendo objeto de estudo e especulação dos filósofos gregos desde o século VI antes de Cristo, sob a forma de ciência teórica e filosofia.

1º- **Anaximandro de Mileto** (610-547 a.c.) e Empédocles de Agrigento (490-430 a.c.), defendiam a filosofia de um universo animado por modificações continuas; onde, portanto, entrava o conceito de movimento.

2º- **Heráclito de Éfeso** (540-470 a.c.) ensinava numa série de aforismo o caráter mutável do universo, por exemplo: "Tu não podes descer duas vezes no mesmo rio, porque novas águas correm sobre ti".

3º- **Parmênides de Eléia** (530-460 a.c.) indicara a contradição existente entre a unidade do ser e a legitimidade racional da multiplicidade e do movimento.

4º- **Zenão de Eléia** (504-? a.c.). Dos seus argumentos paradoxais, tornaram-se célebres aqueles que tratavam do movimento. Para ele a noção de movimento sempre conduzirá a absurdos. Como mostra o paradoxo segundo o qual o veloz Aquiles nunca poderia alcançar a lenta tartaruga ou da flecha que permanece parada em todos os pontos de sua trajetória. Com tudo isso havia levantado argumentos para negar o movimento.

5º- **Arquitas de Tarento** (400-365 a.C.). É um dos grandes gênios da Antigüidade, considerado o iniciador da mecânica cientifica.

6º- **Demócrito de Abdera** (460-370 a.C.) deduz a possibilidade de todo movimento ser possível devido ao espaço vazio (vácuo) e ao peso. Ensinava que no vácuo os átomos mais pesados deveriam cair mais depressa que os mais leves.

7°- **Aristóteles de Estagira** (384-322 a.c.) defendia a filosofia de que no vácuo tudo deveria cair com a mesma velocidade. Entretanto como considerava a inexistência do vácuo, seus seguidores concluíram que os corpos mais pesados deveriam cair bem mais rápidos do que os mais leves. Aristóteles ainda pensava que para manter um objeto em movimento era necessária a contínua ação de uma força sobre esse objeto.

8°- **Epicuro** (314-270 a C.), filósofo grego, ensinava que a matéria era inerentemente móvel por si mesma e que tudo era resultado de colisões entre átomos.

9°- **Arquimedes** (287-212 a.c.) deu grandes contribuições na mecânica, onde desenvolveu os fundamentos da cinemática definindo corretamente os conceitos de movimento uniforme e circular.

10°- **Giovanni Filopono** (século VI), comentarista aristotélico que deu origem à física do ímpeto como uma alternativa à explicação do movimento violento.

11°- **Jean Buridan** (1295-1358) desenvolveu a física do ímpeto dentro dos moldes do aristotelismo. Tal física supunha que uma entidade (não muito bem definida) chamada ímpeto era injetada no corpo no momento de seu arremesso e que tal entidade era consumida durante o deslocamento desse corpo.

12°- **Galileu Galilei** (1564-1642) para demonstrar como era errada a idéia dos aristotélicos, subiu ao alto da torre de Pisa e deixou cair simultaneamente dois corpos de pesos diferentes. E ao atingirem o solo ambos apresentavam as mesmas velocidades, em outras palavras, atingiram o solo no mesmo instante. Galilei demonstrou ainda que eliminando todo atrito qualquer corpo continua indefinidamente seu movimento retilíneo com velocidade constante sem que nenhuma força externa seja exigida para manter tal velocidade. Com suas experiências Galileu mostrou ao mundo como eram erradas e equivocadas as famosas idéias de Aristóteles e dos filósofos aristotélicos. As principais idéias de Galileu podem ser assim enunciadas:

I - *A variação de velocidade de um corpo que cai aumenta proporcionalmente à variação de tempo.*

II - *O espaço percorrido por um corpo em queda livre é proporcional ao quadrado da variação de tempo.*

III - *A aceleração da queda livre é a mesma para todos os copos.*

IV - *Todos corpos adquirem as mesmas velocidades em queda livre, independentemente do seu peso.*

13°- **Isaac Newton** (1642-1727) descobriu os três oxiomas ou leis do movimento de sistemas mecânicos em geral. Essas leis avaliam os fenômenos cinemáticos unicamente em função da aplicação da força externa ou de sua ausência. A seguir será apresentada a versão de Newton sobre as leis do movimento:

Lei I - *Qualquer corpo permanece em repouso ou em movimento retilíneo e uniforme, a menos que seja obrigado a alterar seu estado pela ação de forças aplicadas sobre ele.*

Lei II - *A alteração do movimento é proporcional à força motriz impressas, e ocorre na direção retilínea em que a força é aplicada.*

Lei III - *A toda ação corresponde uma reação igual e oposta; ou seja, as ações de dois corpos um sobre o outro são sempre iguais e dirigidas em direções contrárias.*

As leis de Newton procuram estudam as grandezas cinemáticas unicamente em função do conceito fundamental de força externa. Elas relacionam a intensidade de uma força externa aplicada sobre um corpo à sua massa e à aceleração que resulta dessa interação.

14°- **Leandro Bertoldo** (1959) estudando o movimento e sua causa deduziu deles as quatro leis fundamentais de sua teoria do dinamismo. Com elas a mecânica clássica sofreu uma revolução. E são enunciadas nos seguintes termos:

Lei I - *A força externa aplicada sobre um corpo é igual ao produto entre sua massa pela aceleração que apresenta.*

Lei II - *A força dinâmica é igual ao produto entre uma constante denominada por estimulo pela aceleração que o corpo manifesta.*

Lei III - *A força de inércia é igual a diferença entre a força externa pela força dinâmica.*

Lei IV - *A variação da força induzida é igual ao produto entre a força dinâmica pela variação de tempo.*

O dinamismo representa a constante busca do homem em uma unidade de compreensão racional e elementar da natureza. Uma unidade que organiza, integra e dinamiza os conhecimentos. Nas leis do dinamismo culminam as pesquisas de todos antecessores de Leandro. Com elas emerge (1) um novo conceito de mecânica, (2) a generalização da cinemática e da dinâmica, (3) o conceito filosófico de Aristóteles de que o movimento é a um só tempo *potência* e *ato*, (4) um limite mais restrito para a aplicação da dinâmica clássica newtoniana, (5) uma nova mentalidade mecânica, a qual veio para substituir os conceitos da mecânica clássica (6) trata-se da última palavra em síntese mecânica.

Ceterum censeo Carthaginem esse delendam.

ARTIGO 26

DESENROLAR DO DINAMISMO

Aristóteles de Estagira (384-322 a.c.), foi o maior pensador e sistematizador da filosofia produzida pela antiga Grécia. A influência de suas obras durou de forma absoluta por mais de dezoito séculos. E formaram o fundamento do pensamento dos estudiosos da ciência, que viveram durante toda a Idade Média.

Aristóteles com o seu extraordinário gênio universal abordou a maioria dos ramos do conhecimento que estavam em discussão em sua época. Sendo aquele que interessa ao presente artigo, o assunto que ele escreveu sobre os corpos moventes.

Fundamentado em suposições, ele considerou que:

1º- *A velocidade dos objetos devesse à ação de forças externas.*

2º- *Quanto maior for a velocidade de um objeto maior é a ação da força externa que o impele ao movimento.*

3º- *Quando a força externa cessar sua ação, o movimento de um objeto cessará retornando ao seu estado natural de repouso.*

Para Aristóteles o vácuo era uma impossibilidade. E se fosse possível a existência do vácuo, os corpos pesados cairiam com a mesma velocidade dos corpos leves. Para os filósofos aristotélicos, essa conclusão possibilitava a formação da tese de que os corpos pesados caem mais rapidamente do que os leves.

Em seu livro "Discursos Sobre Duas Ciências Novas" publicado em 1638, Galileu Galilei (1564-1642), descortinou para o mundo os erros provenientes das idéias de Aristóteles, e defendidas pelos filósofos aristotélicos durante a Idade Média. Galileu afirmou que:

1°- *O atrito é uma força retardadora que amortece o movimento dos objetos.*

2°- *Na ausência de atrito, um objeto apresentará um movimento com velocidade constante, sem a necessidade de nenhuma força atuar sobre ele.*

3°- *Em queda livre e a partir de um mesmo ponto, corpos de diferentes pesos atingem o solo com a mesma velocidade.*

Em 1687, o notável físico inglês Isaac Newton (1642-1727) publicou a sua obra prima "Os Princípios Matemáticos da Filosofia Natural". A base da teoria apresentada por Newton consistia em três oxiomas ou leis do movimento. Essas leis originalmente formuladas em latim enunciam:

1°- A primeira lei, também conhecida por lei da inércia afirma que: *Um corpo em repouso ou em movimento uniforme em linha reta permanecerá nessa situação, a menos que sofra a ação de uma força externa.*

2°- A segunda lei, conhecida por princípio fundamental da Dinâmica é enunciada nos seguintes termos: *A força externa é igual ao produto entre a massa de um corpo por sua aceleração.*

3°- A terceira lei, conhecida por lei da ação e reação afirma o seguinte: *A uma ação segue-se uma reação, de mesmo módulo e sentido oposto ao da ação.*

As leis de Newton possibilitaram o desenvolvimento da engenharia que, conseqüentemente, possibilitaram o surgimento da era industrial e, atualmente, do extraordinário crescimento tecnológico das civilizações.

Entretanto, o clima de investigação científica dos fundamentos da mecânica clássica sofreu um grande esfriamento devido às restrições impostas pelas novas descobertas efetuadas pela física relativística, pela física quântica, pela física das partículas, pela física nuclear e pelas modernas teorias cosmológicas. O comportamento grosseiramente não realista da previsão da física clássica para corpos em altas velocidades ou para os corpúsculos elementares pode ser com propriedade chamado de *catástrofe da física clássica*. O termo implica que a teoria clássica não é válida nesta região. Essa catástrofe castrou o interesse de muitos físicos no estudo da física clássica.

O dinamismo moderno teve seu início com um jovem chamado Leandro Bertoldo (1959), que no ano de 1978 desenvolveu a tese de que a velocidade de um corpo é diretamente proporcional ao que chamou por força induzida. Essa idéia obtivera pleno sucesso ao ser aplicada aos conceitos da cinemática. Entretanto, aparentemente, não se adaptava aos conceitos da dinâmica newtoniana. Pois pela segunda lei de Newton, as forças são medidas, não pelas próprias velocidades, mas pelas acelerações que causam. Diante desse e de outros impasses Leandro deixou sua idéia de lado para uma ulterior consideração.

Em 1995, ao voltar a estudar o assunto, obteve de imediato extraordinário sucesso que veio a consolidar a ciência do dinamismo. O núcleo central dessa nova ciência da mecânica está fundamentado em quatro leis básicas, a saber:

1°- Primeira lei: a lei da força externa. *A força externa que atua sobre um corpo é igual ao produto entre sua massa pela aceleração adquirida.*

2°- Segunda lei: a lei da força dinâmica. *A força dinâmica que interage num corpo é igual ao produto entre uma constante, denominada estímulo, pela aceleração que o corpo apresenta.*

3°- Terceira lei: a lei da força de inércia. *A força de inércia de um corpo é igual à diferença entre a força externa pela força dinâmica.*

4°- Quarta lei: a lei da força induzida. *A variação de força induzida num móvel é igual ao produto entre a força dinâmica pela variação de tempo.*

A primeira lei de Newton afirma que um corpo em movimento se mantém em movimento e um corpo em repouso se mantém em repouso. E somente alguma força externa pode alterar tais situações. Para Newton um corpo em repouso ou em movimento uniforme em linha reta são fenômenos equivalentes. Ou seja, estar em repouso ou em velocidade uniforme não faz nenhuma diferença para as leis de Newton, pois em ambas as situações pressupõem-se a ausência da ação de forças externas. O Dinamismo explica esta situação devido ao fato de que a primeira lei de Newton está fundamentada sob a perspectiva da força externa. Entretanto se considerar o repouso ou o movimento da perspectiva da força induzida, a primeira lei de Newton se desmembra em duas. Sendo que uma afirma que um corpo mantém seu estado de repouso devido a ausência de forças induzidas interagindo nele. E a outra afirma que um corpo mantém seu estado de movimento retilíneo e uniforme ao infinito devido a interação de uma força induzida de intensidade constante, conservada e transportada pelo móvel. Em ambos casos, se tornam necessária a ação de uma força externa para alterar o estado de repouso ou de movimento.

As quatro leis mencionadas representam todo o progresso futuro da mecânica racional. Elas possibilitaram a generalização da mecânica clássica, com a fusão da cinemática e da dinâmica num único conceito denominado dinamismo. Através delas foi possível demonstrar como a velocidade depende diretamente da força induzida. Também foi demonstrada matematicamente a razão da existência do repouso bem como explicar a causa do movimento retilíneo uniforme em linha reta ao infinito. Dessas quatro leis foram deduzida as leis de Newton. Elas explicam todos os tipos de movimentos devidos unicamente a ação e interação de forças. Permitiram explicar quantitativamente o impacto dos corpos. E finalmente pode-se afirmar que através dessas quatro leis a mecânica clássica tornou-se um caso particular do dinamismo, restringindo ainda mais a teoria newtoniana.

Ceterum censeo Carthaginem esse delendam.

ARTIGO 27

INÍCIO DO DINAMISMO

Em 1978 Leandro Bertoldo desenvolveu sua original teoria sobre o dinamismo. Este artigo inicial representou o princípio de uma extraordinária revolução na mecânica clássica. Esse ano também é considerado como sendo a data do nascimento da moderna ciência do dinamismo, embora somente mais tarde Leandro tenha publicado sua teoria. Muitos pontos orientavam-se nessa concepção, cada qual mostrando um dos aspectos onde a mecânica clássica era insuficiente e falhava vergonhosamente na explicação algum fenômeno. Neste artigo será considerado algum dos marcos fundamentais do dinamismo.

As várias contradições existentes entre a filosofia do movimento com as leis da dinâmica clássica e a sua solução com base nas idéias do dinamismo demonstraram claramente a absoluta necessidade de uma nova ciência da mecânica. Sendo que o estudo dessa nova teoria vem permitindo obter uma compreensão mais profunda a respeito da realidade dos fenômenos mecânicos.

Atualmente o dinamismo oferece à mecânica uma grande generalização que inclui as leis newtonianas como casos especiais. Essa nova teoria amplia a o campo de aplicação das leis física para regiões nunca antes consideradas ou imaginadas pelos cientistas.

O dinamismo surgiu como conseqüência da solução do problema da relação existente entre velocidade e força bem como da explicação de uma disparidade entre duas das partes muito bem fundamentadas da física: as leis de Newton e o princípio de Galileu sobre a queda livre dos corpos.

As leis de Newton constituem o fundamento de uma teoria dinâmica que alcançou grande sucesso e que caracteriza a mecânica clássica. O princípio de Galileu está bem fundamentado em um ramo da mecânica denominada por cinemática. Em sua teoria, Newton trabalhou com forças externas relacionadas com as massas e acelerações dos corpos. Galileu lidou com a descrição do movimento sem considerar suas causas. A disparidade entre os dois ramos da mecânica residia na questão de enquadrar a lei da inércia ao movimento em queda livre.

A bem conhecida lei da inércia, de Newton afirma que: *Todos corpos se mantêm em seu estado de repouso ou de movimento uniforme em linha reta, a menos que forças ao atuarem sobre eles os obriguem a modificar esse estado.*

Newton também concluiu que, se a mesma força for aplicada a dois corpos de massas diferentes, o corpo de menor massa sofrerá uma aceleração maior em relação ao corpo de maior massa. Forças de diferentes intensidades produzem acelerações diferentes. E forças de intensidades iguais produzem acelerações iguais.

Há, porém, uma exceção a essa regra: como Galileu já havia demonstrado, dois corpos que caem da mesma altura chegarão ao solo com a mesma aceleração, independentemente de qualquer diferença em seus pesos. Para a teoria newtoniana esse fato levanta um problema muito sério e grave, uma vez que, de acordo com a lei da inércia, sob a ação de uma força constante um corpo mais leve oferece menor resistência à atração gravitacional da Terra e, por conseguinte, deveria cair mais depressa do que um corpo pesado.

Para resolver o problema, Newton formulou uma lei da gravidade estabelecendo que a força com que a Terra atrai um corpo varia proporcionalmente com a massa desse corpo. Assim, um corpo com uma massa menor, passa a ser atraído por uma força menor, do que um corpo de maior massa, numa proporção que se anula exatamente com a sua inércia.

Essa explicação embora consistente é de alguma forma intelectualmente insatisfatória. A aplicação da segunda lei de Newton num corpo em movimento livre ou em um corpo em queda livre tem significados nitidamente diversos, que não estão previstos pela referida lei. Por exemplo, no movimento livre a alteração da massa não influencia em nada a intensidade da força externa. Mas no movimento em queda livre a alteração da massa altera a intensidade da força externa. No primeiro caso a aceleração sofre alteração e no segundo caso a aceleração permanece constante. E além do mais se considerarmos que a força atrativa é proporcionalmente anulada pela inércia, já não existe nenhuma força operando no corpo em queda livre. Também é demasiado estranho o fato da atração gravitacional apresentar sempre o valor exato para compensar a inércia de cada corpo. É muito difícil aceitar o fato de que a força atrativa caracterizada pelo peso seja responsável pela queda dos corpos, tendo em vista que em queda livre o peso é nulo. Também é estranho o fato de que a aceleração adquiria pelos corpos em queda livre seja a mesma produzida pelo campo gravitacional do planeta.

Para responder, por meio de numa dedução matemática, a estas e a muitas outras perguntas que não foram mencionadas no presente artigo, Leandro desenvolveu uma nova mecânica cujo fundamento não é a dinâmica, mas sim o dinamismo. Essa nova teoria está alicerçada em quatro leis básicas que visam explicar todos os fenômenos da mecânica de uma forma muito mais precisa, clara e minuciosa do que aquela fornecida pela mecânica newtoniana. Essas leis são as seguintes:

Lei I - *A força externa que atua sobre um corpo é igual ao produto entre a massa desse corpo por sua aceleração.*

Lei II - *A força dinâmica é igual ao produto entre uma constante denominada por estímulo pela aceleração que o corpo apresenta.*

Lei III - *A força de inércia é igual ao produto entre a diferença matemática entre a força externa pela força dinâmica.*

Lei IV - *A variação da força induzida num corpo é igual ao produto entre a intensidade da força dinâmica pela variação de tempo.*

Essas quatro leis permitem deduzir uma conseqüência muito importante para o dinamismo, a de que a velocidade de um corpo depende diretamente da força induzida e não da força externa como supunha Aristóteles. Elas permitem verificar que enquanto o corpo estiver sob a interação da força induzida ele permanece em movimento. Porém, cessada a ação da força induzida o corpo entra num estado de repouso. E quanto maior for a intensidade da força induzida acumulada num móvel, tanto maior será sua velocidade.

Essas quatro leis fundamentais do dinamismo também permitem concluir que em qualquer tipo de movimento, seja inercial ou atrativa, a força externa ao atuar sobre um corpo vence a inércia e emerge como uma resultante denominada força dinâmica. O dinamismo estabelece que uma força dinâmica constante produz uma aceleração constante. E quanto mais intensa for a força dinâmica, tanto maior será a aceleração. Desse modo em queda livre a força dinâmica é constante para todos os corpos. Pois entra em equilíbrio dinâmico com a intensidade da força dinâmica produzida pelo campo gravitacional do planeta. Esse equilíbrio ocorre da seguinte maneira: a força externa que resulta da interação do corpo e do planeta é compensada na mesma proporção pela força de inércia, resultando numa força dinâmica constante para todos os corpos.

Entre os vários fatos importantes no trabalho de Leandro está a descoberta de que fenômenos aparentemente desconexos como o repouso, o movimento, a velocidade a interação de forças, de fato estão interligados e que há uma origem dinamística comum a todos fenômenos mecânicos.

O trabalho de Leandro completou a mecânica iniciada por Aristóteles a quase vinte e quatro séculos. E o mais importante, tudo isto sem contradizer as idéias da mecânica clássica fundamentadas por Galileu e Newton.

Ceterum censeo Carthaginem esse delendam.

ARTIGO 28

CRIAÇÃO DO DINAMISMO

A primeira grande descoberta de Leandro Bertoldo foi a sua teoria do dinamismo realizada em 1978. Essa descoberta inicial acabou por alterar profundamente o papel exercido pela mecânica newtoniana na explicação dos fenômenos do mundo natural. Leandro não só criou uma nova mecânica baseada na interação de forças em corpos materiais como também demonstrou que as mesmas leis físicas do dinamismo são aplicáveis tanto aos conceitos da filosofia de Aristóteles de Estagira (384-322 a.c.) como aos conceitos da mecânica clássica desenvolvida por Galileu Galilei (1564-1642) e por Isaac Newton (1642-1727). Empregando um rigoroso método matemático ele unificou permanentemente as idéias da filosofia natural de Aristóteles à física de Newton. Segundo a física desenvolvida por Leandro, qualquer tipo de movimento pode ser compreendido, avaliado e classificado em termos de simples leis físicas. E que todo e qualquer tipo de movimento está ordinariamente subordinado às interações de forças.

A revolucionária estrutura conceitual que caracteriza o dinamismo levou dezessete anos para amadurecer na mente de Leandro até ser colhido os primeiros frutos maduros. Para que seja possível apreciar não só a grandiosidade de seu feito, bem como a razão de sua importância no desenvolvimento da ciência moderna, serão dedicados alguns parágrafos ao estudo dessa nova física. A teoria apresenta certas definições, conceito de que Leandro se serviu para formular a visão de sua nova mecânica. Baseando-se nos trabalhos de Newton, Leandro definiu a força externa que atua sobre um corpo como a causa primordial de qualquer ação mecânica. A fonte desse tipo de força pode ser qualquer uma, por exemplo: muscular, elástica, mecânica, elétrica, magnética, etc.

A seguir Leandro procedeu a definição de força dinâmica. Essa força é a "resultante" da força externa, após esta empregar parte de sua intensidade para vencer a oposição oferecida pela força de inércia, emergindo na resultante denominada por força dinâmica. Ela apresenta o mesmo sentido da força externa. E num mesmo corpo, será tanto maior quanto maior for a intensidade da força externa.

Após definir os conceitos de força externa e força dinâmica, Leandro introduz a idéia de força de inércia. Esse conceito importante de força de inércia é definido como sendo a reação de um corpo a qualquer alteração do seu estado de repouso em relação a uma força externa. Dentro desse conceito, a força de inércia aumenta com o aumento da força externa e, também aumenta com o aumento da massa do corpo. Sendo que o sentido da força de inércia é tal que se opõe ao sentido da força externa.

Finalmente Leandro definiu o conceito de força induzida. Em sua definição considerou a força induzida como o resultado da interação da força dinâmica sobre um móvel no decorrer do tempo. Sendo que a força induzida apresenta algumas propriedades interessantes, entre as quais destacam-se as seguintes: ela é a causa direta da velocidade dos copos; ela caracteriza perfeitamente os diversos tipos de movimentos; sua ausência caracteriza o repouso; sua constância e conservação caracterizam o movimento uniforme; sua variação uniforme no decorrer do tempo caracteriza o movimento uniformemente variado; é uma força conservativa que permanece no móvel; o móvel não existe na ausência dessa força.

Com as definições desses quatro conceitos fundamentais, Leandro sintetizou o dinamismo nas seguintes palavras: *A força externa ao atuar sobre um corpo rompe a resistência oferecida pela força de inércia e emerge numa resultante de-*

nominada por força dinâmica. Esta por sua vez induz no móvel no decorrer do tempo a chamada força induzida.

Com a definição operacional de dinamismo, Leandro formulou suas extraordinárias quatro leis do dinamismo que liberam toda informação necessária à descrição do movimento dos corpos em função de suas causas. Em suas próprias palavras:

Lei I - *A força externa que atua sobre um corpo é igual ao produto entre al massa desse corpo por sua aceleração.*

Lei II - *A força dinâmica que resulta da força externa após esta vencer a oposição oferecida pela força de inércia é igual ao produto entre uma constante denominada "estimulo" pela aceleração que o corpo apresenta.*

Lei III - *A força de inércia que o corpo exerce em oposição à alteração do seu estado de repouso em relação ao referencial da força externa é igual à diferença matemática entre a força externa pela força dinâmica.*

Lei IV - *A variação da força induzida que se acumula num móvel devido a interação da força dinâmica é igual ao produto existente entre a intensidade dessa força dinâmica pela variação de tempo decorrido nessa interação.*

As definições apresentadas e as quatro leis constituem a estrutura conceitual da nova mecânica apresentada por Leandro. Todas as demais leis da mecânica clássica podem ser deduzidas unicamente a partir dessas quatro leis fundamentais.

Leandro reconheceu que a teoria de Galileu que assentou os fundamentos da moderna cinemática; que a dinâmica de Newton que relacionou os conceitos de força, massa e aceleração ao movimento; bem como a filosofia de Aristóteles de que a causa da velocidade é uma força, descreviam essencialmente o mesmo fenômeno físico.

Para entender o grande passo dado por Leandro, deve ser recordado o contexto no qual Aristóteles, Galileu e Newton desenvolveram suas idéias. A filosofia de Aristóteles considerava que um corpo mantém seu movimento devido a ação de uma força externa. E que cessada a ação dessa força o movimento cessaria. Galileu estabeleceu que para um corpo manter-se em movimento não é necessária a ação de nenhuma força externa. Newton deu pleno endosso às idéias de Galileu ao estabelecer as suas três leis do movimento. Nenhum desses estudiosos chegou a desconfiar da existência de outras forças, além das forças externas. Aristóteles errou por dois motivos básicos: 1º - a causa fundamental da velocidade dos corpos não é a força externa, mas sim a força induzida; 2º - o movimento é dissipado pelo efeito da força de atrito, fato que não foi levado em consideração por Aristóteles. Já Galileu e Newton definiram seus conceitos cinemáticos sob a perspectiva da força externa e, portanto, passaram por alto as minúcias das causas primordiais do movimento.

Porém Leandro, dentro dos modernos conceitos da ciência, unificou as idéias de Aristóteles, de Galileu e de Newton ao identificar a força induzida como um fenômeno de interação direta, cuja causa é devida à ação força externa sobre um móvel.

Ceterum censeo Carthaginem esse delendam.

ARTIGO 29

HISTÓRIA DO DESENVOLVIMENTO DO DINAMISMO

Em 1976, um jovem estudante chamado Leandro Bertoldo entrou para o Colégio Estadual de Segundo Grau Francisco Ferreiras Lopes. Ao começar os seus estudos de física na área de mecânica, Leandro imediatamente se pôs a trabalhar por conta própria na busca de uma explicação racional para a causa da velocidade dos corpos. Quanto mais ele refletia sobre o problema, mais ele se convencia de que a física clássica não tinha as respostas para suas indagações. Aplicar as leis de Newton para descrever qualquer tipo de movimento em função das forças era insuficiente para explicar a velocidade dos corpos unicamente em função dessas forças.

Então ele propôs um modelo mecânico para o movimento, combinando elementos da cinemática com elementos da dinâmica. Sua idéia era bastante simples. Considerava que a velocidade era diretamente proporcional à força. Porém, ao considerar as propriedades dessa força concluiu que era totalmente diferente da força newtoniana definida pela segunda lei do movimento. Essa nova modalidade de força era cumulativa, o que explicava o aumento da velocidade. Ela mantinha-se conservada no móvel, o que explicava a continuidade do movimento. Ela podia ser extraída por uma força exterior, o que explicava a diminuição e até mesmo cessação do movimento. Com o aumento dessa força a velocidade aumentava. Assim, Leandro denominou essa nova modalidade de força por "força induzida". A introdução dessa força na física foi a idéia mais original e revolucionária que Leandro já teve.

Diante dessa nova situação ele enunciou em 1978 o seu princípio, nos seguintes termos: *No movimento uniforme e retilíneo a velocidade de um móvel é diretamente proporcional à sua força induzida.* Também enunciou que: *No movimento uniformemente variado a variação de velocidade de um móvel é diretamente proporcional à variação de força induzida.* Esse princípio foi o início da moderna ciência do dinamismo. De imediato Leandro aplicou essa idéia aos conceitos da cinemática, obtendo com sucesso várias relações notáveis.

Sem nenhuma dúvida, a idéia apresentada pelo jovem estudante e cientista era extremamente audaciosa, pois introduzia uma alteração de caráter fundamental na física clássica. Essa idéia tinha algo de muito positivo a seu favor: suas previsões eram extraordinariamente eficientes quando comparadas com as conclusões obtidas pela mecânica clássica. Em particular, Leandro podia explicar melhor o fenômeno do repouso, o movimento retilíneo e uniforme o movimento uniformemente variado, além de poder calcular a velocidade dos corpos em qualquer tipo de movimento unicamente em função de suas causas primordiais.

Apesar do seu tremendo sucesso inicial, esse modelo apresentava várias restrições, como, por exemplo, sua incapacidade de se adaptar à dinâmica clássica. Sua dificuldade de absorver ou enquadrar-se nas leis de Newton. Sua impossibilidade de relacionar-se com a massa dos corpos. Mesmo assim, era claro ao jovem cientista, que alguma coisa de suas idéias deveria estar presentes em eventuais teorias do dinamismo, que seriam poderosas o suficiente para absorver a dinâmica clássica. O que se destacou da idéia original de Leandro foi seu conceito mais revolucionário, o conceito de "força induzida". Todo resto de suas deduções foi reabsorvido por uma nova e mais abrangente teoria do dinamismo, sendo deduzidas como conseqüências naturais das novas leis.

Verdade é que em 1978, Leandro não conseguiu solucionar os problemas de sua teoria e deixou a questão para uma ulterior reflexão. Entretanto em 1995, após dezessete anos percorrendo outros campos da física, Leandro finalmente voltou a refletir sobre as questões de sua teoria original do dinamismo.

Mesmo que a essa altura tivesse adquirido uma quantidade considerável de conhecimento em física, sua idéia original de força induzida mantinha-se aparentemente uma certa incompatibilidade com as leis de Newton. Porém, rapidamente contornou o problema remanejando toda a sua teoria inicial, obtendo uma nova forma, aparentemente diferente de sua idéia original. De tal maneira que os conceitos da primeira fase de sua teoria se tornaram conseqüências naturais da segunda fase.

Dada a natureza diferente da força induzida, o progresso no estudo do dinamismo somente poderia ser alcançado mediante idéias bastante arrojadas. E no intervalo de alguns meses, uma teoria do dinamismo completamente diferente foi proposta por Leandro, sendo capaz de descrever o comportamento dos corpos em qualquer situação de uma maneira mais lógica e consistente do que aquela oferecida pela dinâmica clássica e, mesmo assim, em perfeita harmonia com as leis de Newton.

Nessa nova fase de sua teoria, Leandro estabeleceu quatro leis fundamentais que vieram revolucionar a física ao generalizar todos princípios da mecânica clássica, tornando a dinâmica de Newton um caso particular do dinamismo. Essas leis foram enunciadas nos seguintes termos:

Lei I - *A força externa que atua sobre um corpo é igual ao produto entre a massa desse corpo por sua aceleração.*

Lei II - *A força dinâmica que resulta da força externa após esta vencer a resistência oferecida pela força de inércia é igual ao produto entre uma constante denominada estimulo pela aceleração que apresenta.*

Lei III - *A força de inércia que a matéria exerce em oposição à alteração do seu estado de repouso em relação à força externa é igual à diferença entre a força externa pela força dinâmica.*

Lei IV - *A variação da força induzida que a força dinâmica comunica num móvel no decorrer do tempo é igual ao produto entre a intensidade dessa força dinâmica pela variação de tempo.*

Esse dinamismo representa um modo completamente novo de descrever os fenômenos mecânicos e caracteriza uma brilhante libertação das limitações impostas pela mecânica clássica. Essa nova teoria não apresenta nenhum problema de ordem lógica, quer matemática ou filosófica. E é extremamente simples e fácil de ser aplicada em qualquer situação.

Leandro formulou sua nova mecânica numa série de ensaios, nos quais aplicou com sucesso a todos os tipos de movimento nas mais variadas situações e provou que era perfeitamente compatível com a mecânica de Newton. Porém, o dinamismo com a sua clareza e simplicidade matemática, representa um progresso muito grande com relação à descrição qualitativa oferecida pela mecânica clássica. Em termos de teoria mecânica, o dinamismo é a teoria científica mais eficiente e geral em toda a história da mecânica racional moderna. A teoria é sem margem de dúvida muito bem-sucedida.

Após ter concluído suas pesquisas sobre do dinamismo, o próprio autor tentou encontrar falhas conceituais na formulação da teoria do dinamismo, criando vários desafios. O resultado disso foi que esses desafios serviram para testar a consistência lógica que fundamentava a teoria e possibilitaram o seu desenvolvimento. Com isso ficou comprovado que os seus argumento contra a estrutura conceitual do dinamismo eram inconsistentes. A teoria venceu os obstáculos que Leandro havia proposto para derrubá-la.

Ceterum censeo Carthaginem esse delendam.

ARTIGO 30

POSSIBILIDADES DO DINAMISMO

A descoberta científica do dinamismo realizada por Leandro Bertoldo no último quarto do século XX veio para provocar uma profunda revisão na concepção tradicional da mecânica clássica. Dentro desse contexto a dinâmica clássica deve ser substituída pelo dinamismo de Leandro, pois as restrições impostas pelas leis de Newton não podem mais subsistir diante de leis mais gerais e profundas que fundamentam o dinamismo. Quando Leandro começou a estudar a mecânica clássica, verificou que a mesma não tinha capacidade para responder às várias perguntas que havia formulado. Essas perguntas representavam uma tentativa do jovem estudante para obter uma compreensão mais profunda do movimento e de suas causas diretas. Diante dessa situação chegou à conclusão de que a dinâmica newtoniana era intelectualmente insatisfatória. A partir desse critério subjetivo Leandro começou a formular várias hipóteses para criação de uma teoria alternativa. E ao concluir sua teoria do dinamismo pode de fato demonstrar claramente as várias limitações da dinâmica clássica.

A criação matemática, teórica e filosófica da nova ciência do dinamismo, desenvolvida a partir de 1978 alcançou um patamar magnífico de sofisticação no ano de 1995, quando os conceitos fundamentais da teoria vieram à luz levando à sua conclusão definitiva.

O sucesso do dinamismo de Leandro não se restringiu ao estudo das forças interagindo nos corpos. Na verdade essa teoria colocou em cheque a bem-sucedida teoria dinâmica de Newton, demonstrando suas falhas e limitações em sua validade geral. Com o dinamismo a estrutura da física clássica sofreu uma grande alteração, sendo que várias de suas conseqüências ainda não foram suficientemente investigadas ou exploradas em profundidade.

Com o advento dessa nova e maravilhosa ciência, muitos dos fenômenos que compõem o mundo natural ficou extremamente simplificado. No conceito de forças interagindo nos corpos, conforme ditado pelas quatro leis do dinamismo, ficou implícito a descrição mecanicista da natureza e o rigoroso determinismo que caracteriza a física clássica experimental. Mesmo com o surgimento dessa nova ciência o Universo continua sendo caracterizado como um grande sistema mecânico altamente complexo, entretanto facilmente compreensível.

Na teoria do dinamismo a força é convenientemente dividida em quatro tipos, "externa", "dinâmica", "de inércia", e "induzida". Cada qual apresentando suas características particulares e individuais em seu processo de interação. Em conjunto elas sintetizam o dinamismo nas seguintes palavras: *A força externa ao ser aplicada sobre um corpo, ao vencer a oposição oferecida pela força de inércia à alteração do seu estado de repouso, emerge numa resultante denominada força dinâmica. Esta ao deslocar o corpo provoca o aparecimento de uma força induzida no decorrer do tempo.* Essas quatro forças são definidas pelas seguintes leis:

Lei I - *A força externa aplicada sobre um corpo é igual ao produto entre a massa desse corpo pela aceleração produzida.*

Lei II - *A força dinâmica que se origina como uma resultante da força externa, quando esta vence a oposição da força de inércia é igual ao produto entre uma constante universal denominada 'estímulo' pela aceleração produzida no corpo.*

Lei III - *A força de inércia exercida pela matéria em sua oposição à alteração do seu estado de repouso em relação à força externa é igual à diferença entre a força externa pela força dinâmica.*

Lei IV - *A variação de força induzida produzida pela interação da força dinâmica é igual ao produto entre a intensidade dessa força dinâmica pela variação de tempo.*

Essas leis do dinamismo vieram e generalizar todas as leis da cinemática e da dinâmica. Elas também possuem um extraordinário potencial para prever novos fenômenos físicos os quais serão discutidos em outras oportunidades.

Ceterum censeo Carthaginem esse delendam.

ARTIGO 31

INTRODUÇÃO AO DINAMISMO

A noção do conceito filosófico de dinamismo teve a sua origem na antiga filosofia grega. Demócrito (460-370 a.c.) conjeturara de que no vácuo os átomos mais pesados caem mais rapidamente do que os mais leves. Aristóteles de Estagira (384-322 a.c.) rejeitou a teoria atômica de Demócrito e considerou que o vácuo não existe e se porventura existisse tudo deveria cair com a mesma rapidez. Aristóteles também considerou que o movimento mantém-se unicamente enquanto o corpo estiver sob a ação de uma força externa e que cessada a ação dessa força o corpo deixa de movimentar-se retornando ao seu estado natural de repouso. Na verdade essa idéia não era fundamental e não levava em consideração o efeito retardador do movimento exercido pela força de atrito. Apesar disso os seguidores de Aristóteles concluíram que, por não existir vácuo, um corpo mais pesado cai mais depressa do que uma mais leve. Essa filosofia que sofreu pequenas alterações perdurou durante toda a Idade Média.

O estudo de uma nova ciência denominada por dinâmica, que rejeitou o dinamismo de Aristóteles, remonta às observações do cientista italiano conhecido por Galileu Galilei (1564-1642) que observou que todos os corpos, independentemente de seu peso, caem com a mesma velocidade. Conta a lenda que um belo dia Galileu subiu na Torre de Pisa e deixou cair do alto dessa torre dois corpos de pesos diferentes diante de uma incrédula platéia de discípulos, alunos e professores aristotélicos, demonstrando que ambos chegavam ao solo com a mesma velocidade e, portanto, no mesmo instante. Essa experiência tornou clara a falácia dos argumentos aristotélicos. As idéias de Galileu foram ratificadas teoricamente pelo grande e genial físico inglês Sir Isaac Newton (1642-1727) em seu extraordinário livro intitulado "Princípios Matemáticos da Filosofia Natural", publicado em 1687. Com exceção da Bíblia Sagrada, essa obra tornou-se o livro mais influente no pensamento intelectual da humanidade.

Apesar da influência da dinâmica newtoniana, um novo paradigma foi introduzido na física. Pois uma moderna ciência do dinamismo foi desenvolvida a partir de 1978 por Leandro Bertoldo, que formulou as leis dessa ciência de maneira pela qual elas são hoje estabelecidas. Essas leis comumente chamadas por equações de Leandro ou leis do dinamismo desempenham na mecânica o mesmo papel das leis do movimento de Newton.

Essas leis em número de quatro apresentam o seguinte enunciado:

1º - *A força externa que atua em um corpo é igual ao produto entre a massa desse corpo pela aceleração de apresenta.*

2º - *A força dinâmica que resulta é igual ao produto entre o estímulo (constante universal) pela aceleração produzida no móvel.*

3º - *A força de inércia que a matéria exerce em seu movimento é igual à diferença entre a força externa pela força dinâmica.*

4º - *A variação de força induzida é igual ao produto entre a intensidade de força dinâmica pela variação de tempo.*

Tais leis estão enunciadas em sua forma matemática por causa de uma grande verdade dita pelo Dr. Marcelo Gleiser em seu livro intitulado "A Dança do Universo", onde afirmou que: "Se você não for capaz de formular sua teoria matematicamente, é provável que ninguém a leve a sério". Pág. 329.

A síntese da ciência do dinamismo realizada por Leandro não teve predecessores e a sua contribuição foi total, central e de vital importância. Ele descobriu sozinho que não há movimento sem força induzida e que a velocidade de um corpo pode ser determinada unicamente em função dessa força induzida. Por causa de suas idéias, o conceito de velocidade passou a estar intimamente relacionado com o conceito de força. Portanto, a força induzida passou a ser a causa única e direta da velocidade.

A extensão das aplicações das equações de Leandro é notável, abrangendo os princípios fundamentais da cinemática, dinâmica e todos os fenômenos mecânicos. No campo das aplicações à engenharia, as equações são de uma grande utilidade universal na solução de uma enorme gama de problemas de interesse prático. Essas quatro equações representam a síntese da ciência do dinamismo. Através delas pode ser deduzida e desenvolvida toda uma ciência da mecânica. Seu ponto de vista é clássico, porém descreve bem melhor a realidade física do universo do que a mecânica newtoniana.

Embora os postulados da teoria do dinamismo pareçam simples e razoáveis, sua justificativa definitiva é consolidada pela comparação das previsões da teoria com as experiências apropriadas. Como disse o Dr. Marcelo Gleiser em seu artigo especial para a Folha em 23/08/1998: "De certa forma, podemos medir o sucesso de uma teoria científica pelo seu poder de explicação. Quanto mais completa ela for, maior o número de fenômenos que ela poderá explicar, usando o menor número possível de princípios ou leis". E sob este aspecto o dinamismo preenche os requisitos apresentados nesse enunciado.

O dinamismo é tão abrangente que inclui todos os princípios de Galileu, absorve a teoria newtoniana do movimento e incorpora a visão de Aristóteles do antigo dinamismo. Em todos os aspectos o trabalho de Leandro representa a coroação das obras desses homens, juntando e revendo as bases dessas teorias.

"Newton, perdoa-me; descobriste o único caminho que na tua época era possível para um homem com os mais elevados padrões de pensamento e criatividade. Os conceitos que criastes ainda hoje guiam o nosso pensamento em física. Sabemos, no entanto, que necessitam ser substituído por outros, mais afastados da esfera da experiência imediata, se aspiramos a uma compreensão mais profunda das relações." Albert Einstein

Ceterum censeo Carthaginem esse delendam.

ARTIGO 32

A TEORIA DO DINAMISMO

Uma descoberta desagradável para muitos ingleses ocorreu no Brasil. Leandro Bertoldo, cientista na área da física e da matemática é autor de uma nova ciência intitulada "Teoria do Dinamismo", descobriu que a mecânica desenvolvida pelo sábio físico inglês Isaac Newton (1642-1727) não está completa. A descoberta de Leandro, trezentos anos depois de Newton, veio a realizar a generalização da mecânica clássica como nunca antes ocorrera, introduziu novos conceitos a essa ciência e substituiu definitivamente a teoria newtoniana do movimento.

Para chegar a essa generalização, o cientista brasileiro, intuiu que a velocidade estava diretamente relacionada com algum tipo de força até então desconhecida. Logo depois, descobriu que a velocidade guarda certa relação de proporcionalidade com o que chamou por "força induzida".

Essa é uma descoberta muito interessante, pois finalmente a ciência com os seus modernos métodos está confirmando as suposições que Ernst Mach apresentou ao mundo a quase um século sobre a inconsistência em muitos aspectos da mecânica newtoniana. Traz a baila o dinamismo aristotélico, especialmente a teoria do ímpeto e tudo isto sem contradizer os princípios da cinemática de Galileu Galilei (1564-1642) e as leis da dinâmica de Isaac Newton (1642-1727).

A força induzida é a ação que define as características de todos os tipos de movimentos. É por ela que os detalhes do repouso, da velocidade, dos movimentos uniforme e uniformemente variado são avaliados. No caso do movimento uniforme a força induzida permanece constante enquanto que no movimento uniformemente variado ela varia uniformemente no decorrer do tempo. Entretanto, no repouso essa força é nula.

Foi pelo estudo das propriedades dessa força que o cientista brasileiro chegou à generalização da mecânica clássica colocando a dinâmica de Newton como uma teoria restrita ou um caso particular do dinamismo.

A primeira fase dessa teoria estava terminada em 1978 e, após um longo intervalo de dezessete anos abandonado pelo autor, teve sua conclusão definitiva ocorrida na primavera de 1995, com o estabelecimento de quatro leis fundamentais. Essas leis estabelecem a existência de quatro forças mecânicas bem como suas interações e relações.

A primeira estabelece que *a força externa que atua sobre um corpo é igual ao produto entre sua massa pela aceleração que apresenta*. A segunda lei afirma que a *força dinâmica que resulta da força externa é igual ao produto entre uma constante universal denominada por "estímulo" pela aceleração que o corpo adquire*. A terceira lei diz que *a força de inércia é igual à diferença existente entre a força externa pela força dinâmica*. A quarta lei conclui que *a variação da força induzida num móvel é igual ao produto entre a força dinâmica pela variação de tempo de sua interação*.

Essa quatro leis que fundamentam a ciência do dinamismo possibilitaram a criação de uma nova ciência da mecânica. Por elas foi possível demonstrar matematicamente todas a leis de Newton. Por elas demonstrou-se que as leis de Newton representam um caso particular do dinamismo. Por elas foi demonstrado que a primeira lei de Newton desdobra-se em duas. Por elas foi possível demonstrar que a velocidade de um corpo realmente está relacionada com a força induzida. Por elas tornou-se claro demonstrar que na ausência de forças induzidas todo corpo permanece em seu estado de repouso. Por elas Leandro demonstrou que todo corpo permanece em seu estado de movimento retilíneo e uniforme ao infinito devido unicamente à interação da força induzida. Por elas é possível demonstrar tantos outros princípios da mecânica clássica que Leandro escreveu vários livros para expor suas idéias em sua inteireza.

O que é notável é que a teoria consegue sintetizar num conjunto todo harmonioso a filosofia de Aristóteles, a cinemática de Galileu Galilei (1564-1642) e a dinâmica de Newton. A beleza extraordinária dessa teoria torna-se mais evidente, principalmente, quando se considera que na física clássica tradicional a filosofia de Aristóteles não tem consistência lógica ou qualquer sentido.

Ceterum censeo Carthaginem esse delendam.

ARTIGO 33

DINAMISMO

No presente artigo será realizada uma pequena abordagem à moderna ciência do dinamismo, bem como será conduzida uma investigação da relação existente entre força e movimento.

O único propósito em apresentar tal assunto consiste em fornecer ao leitor um exemplo preliminar dos fenômenos estudados por essa nova ciência. Também é bom salientar que a grande parte dos argumentos apresentados neste artigo é de natureza qualitativo e intuitivo.

A ciência do dinamismo foi desenvolvida por Leandro Bertoldo a partir de 1978, quando era apenas um estudante colegial. Ela preocupa-se com o estudo das causas diretas das grandezas cinemáticas. Tem por objetivo explicar todos os tipos de movimentos de um corpo unicamente em função das diversas forças que atuam sobre ele.

Essa ciência está fundamentada em quatro leis básicas, enunciadas nos seguintes termos:

1º- *A força externa que atua sobre um corpo é igual ao produto entre a massa desse corpo pela aceleração que apresenta.*

2º- *A força dinâmica que resulta da força externa, após esta vencer a oposição oferecida pela força de inércia é igual ao produto entre uma constante universal denominada por "estímulo" pela aceleração que produz.*

3º- *A força de inércia exercida pela matéria à alteração do seu estado de repouso em relação à força externa, é igual à diferença entre a intensidade da força externa pela intensidade da força dinâmica.*

4º- *A variação da força induzida comunicada a um móvel pela interação da força dinâmica é igual ao produto entre a intensidade de força dinâmica pela variação de tempo em que atua.*

Estas leis tornam possível prever com precisão absoluta o comportamento de qualquer sistema dinâmico. E representam o fundamento da teoria do dinamismo. Também indicam algumas experiências bastante interessantes que podem ser usadas para confirmá-la, além de sugerir novas áreas que apresentam um interesse para as ciências em geral.

A modificação da posição ocupada por um corpo no decorrer do tempo define o movimento. Uma das grandezas físicas empregadas para avaliar o movimento é denominada por "velocidade". A velocidade é definida como a medida de quanto a posição de um corpo varia no decorrer do tempo. Desse modo a velocidade de um corpo é a variação de sua posição dividida pelo intervalo de tempo em que ocorre essa variação. Já a grandeza física que avalia a velocidade é chamada por "força induzida". A velocidade existe enquanto a força induzida permanece conservada no móvel.

Um outro termo empregado para caracterizar o movimento de um corpo é a "aceleração". A aceleração é extremamente útil se a velocidade do corpo não for constante. Na verdade a aceleração é definida como sendo a medida de quanto a velocidade do móvel varia num dado intervalo de tempo. Mais especificamente, a aceleração de um corpo que se move é a variação da velocidade dividida pelo intervalo de tempo em que a variação ocorre. A grandeza física que avalia a aceleração de um corpo e denominada por "força dinâmica".A aceleração existe enquanto a força induzida é gerada e acumulada no móvel.

Se um corpo se desloca apenas em um sentido ao longo de uma linha reta, tem-se uma velocidade constante e tal movimento não apresenta aceleração. Nestas condições, o móvel apresenta uma força induzida constante, porém não apresenta a interação de uma força dinâmica.

Se o corpo apresenta uma velocidade crescente, então é dito que o móvel possui movimento acelerado. Nessas condições encontra-se sob a interação de uma força dinâmica e, portanto, a sua força induzida aumenta no decorrer do tempo. Se o corpo apresenta uma velocidade decrescente, então ele está sendo desacelerado. Nesta situação a força induzida diminui com o passar do tempo.

A grandeza física conhecida por força externa caracteriza um termo empregado na linguagem cotidiana. A força externa atua na direção da ação e sua intensidade é uma medida da dificuldade de alterar uma situação de equilíbrio para outra. As experiências são claras em demonstrarem que existe uma relação entre força e movimento. E como já foi dito a grandeza física que está relacionada com a velocidade é a força induzida. De forma que uma força induzida constante leva a uma velocidade constante.

É interessante observar que até à época do maravilhoso cientista italiano Galileu Galilei (1564-1642), quase que a totalidade dos filósofos naturais acreditavam que um corpo sobre o qual atuava uma força externa constante movia-se com uma velocidade constante. O equivoco desses filósofos consistia em considerar a força externa como sendo a causa da velocidade, o que é errado. O engano desses estudiosos nasceu do fato de não levarem em análise o efeito dissipador produzido pela força de atrito. Na verdade a força externa está relacionada diretamente com a aceleração do corpo e não com sua velocidade. Por exemplo, na ausência de atrito, uma força externa constante manifesta uma velocidade que varia uniformemente no decorrer do tempo. Isso indica que essa força produz uma aceleração constante e não uma velocidade constante.

Para finalizar o presente artigo devemos considerar o fenômeno da queda livre. Sabe-se que em queda livre apenas uma força atua sobre o corpo enquanto ele está caindo. Esta força é conhecida por força dinâmica gravitacional exercida sobre o corpo pelo planeta. A direção da força dinâmica é vertical e o seu sentido é para baixo. Sua intensidade é constante para todos os corpos independentemente do valor da força externa de atração gravitacional. Portanto, uma vez que a força dinâmica é constante durante a queda, a aceleração é constante. Nestas condições pode-se afirmar que a força induzida aumenta durante o movimento em queda livre acarretando um aumento proporcional da velocidade.

Ceterum censeo Carthaginem esse delendam.

ARTIGO 34

A ORIGEM E DESCOBERTA DO DINAMISMO

Em janeiro de 1978, Leandro Bertoldo era um jovem estudante brasileiro de dezoito anos de idade, morando na cidade de Mogi das Cruzes, no Estado de São Paulo. Nesse ano havia concluído um pequeno artigo com uma descoberta espetacular. Tudo começou em 1976, quando se matriculou no primeiro ano do segundo grau. Nesse ano ele passou a interessar-se pelo estudo da mecânica clássica. E enquanto estudava a cinemática (parte da mecânica que descreve o movimento sem preocupar-se com as suas causas) sua mente inquiridora procurava uma possível explicação para a causa da velocidade e, portanto, dos movimentos.

Em julho desse mesmo ano ele intuiu que a força era a causa direta da velocidade dos corpos. Então decidiu estudar essa força que posteriormente e por ele mesmo foi denominada como "força induzida". Analisando esse fenômeno - a relação entre força e velocidade - para ver se era ou não previsto na física, acabou por descobrir que estava diante de uma nova força do universo, totalmente desconhecida da ciência.

Animado por essa descoberta ele decidiu aprofundar-se no estudo das propriedades dessa força. E raciocinando por analogia com a velocidade descobriu que essa força podia ser induzida, armazenada e transportada por um móvel (corpo em movimento). Também deduziu que a velocidade de um móvel, qualquer que fosse o seu movimento, sempre era diretamente proporcional à força induzida.

Assim, em 1978, Leandro tinha concluído a primeira fase do estudo da teoria denominada por ele de "Dinamismo" -

estudo do movimento ou das grandezas cinemáticas em função de suas forças. Entretanto, essa descoberta extraordinária, aparentemente, não se enquadrava aos conceitos da dinâmica. Então ele resolveu deixar o problema para uma futura e melhor análise.

Mas para se ter uma compreensão melhor da importância e do que significou a descoberta de Leandro, é necessário recuar no tempo, pelo menos uns trezentos anos.

Em 1687, Isaac Newton (1642-1727), um físico inglês, expôs suas três leis do movimento em sua obra prima denominada "Philosophiae Naturalis Principia Mathematica". Essas leis foram enunciadas nos seguintes termos:

Lei I - *Todo corpo permanece em repouso ou em movimento retilíneo e uniforme, a menos que seja obrigado a modificar o seu estado pela ação de forças impressas sobre ele.*

Lei II - *A modificação do movimento é proporcional à força motriz atuante; e ocorre na direção retilínea em que a força é impressa.*

Lei III - *A toda ação corresponde uma reação igual e oposta; ou, as ações mútuas de dois corpos entre si são sempre dirigidas em direções contrárias.*

Tais leis representam todo o arcabouço da mecânica clássica desenvolvida por Galileu Galilei (1564-1642) e sintetizada por Newton. Nota-se que a segunda lei de Newton caracterizou na história da ciência a primeira expressão quantitativa entre força e movimento. Para ser mais preciso, essa lei estabelece a relação entre força externa e aceleração. E não tem nenhuma relação direta com a velocidade, conforme acreditavam os antigos filósofos aristotélicos. Com essas leis Newton fundou a parte da mecânica chamada "dinâmica".

Em termos clássicos, as leis de Newton representavam as únicas explicações disponíveis na física do movimento até a descoberta de Leandro em 1978. Entretanto, nos dezessete anos seguintes, Leandro nem tocou na sua teoria, posto que estava envolvido com centenas de outras pesquisas cientificas em todos os campos da física e da matemática.

Foi em 1995, porém, que a descoberta crucial no dinamismo foi realizada e concluída. Leandro, ao retornar ao seu primeiro trabalho em dinamismo rapidamente formulou a hipótese de que a força induzida e a força externa, esta última prevista pela segunda lei de Newton poderiam estar de alguma forma associadas. Ele sabia que a força externa está relacionada com a aceleração e a força induzida com a velocidade. A idéia era verificar se, uma vez que velocidade a aceleração estão relacionadas, essas forças de igual forma poderiam também guardar uma relação simples.

E por uma dessas formas intuitivas de imaginar, que muitas vezes fazem a ciência brilhar e progredir a passos largos, Leandro raciocinando por analogia e empregando sua formidável intuição estabeleceu em alguns poucos meses suas quatro leis fundamentais que vieram a generalizar a mecânica clássica transformando-a num dinamismo. Essas leis ou oxiomas são enunciadas nos seguintes termos:

Lei I - *A força externa que atua sobre um corpo é igual ao produto entre a massa desse corpo por sua aceleração.*

Lei II - *A força dinâmica que resulta da ação da força externa, após esta vencer a força de inércia, é igual ao produto entre uma constante universal chamada "estímulo" pela aceleração produzida no corpo.*

Lei III - *A força de inércia é a oposição que a matéria oferece à alteração do seu estado de repouso em relação à força externa, sendo igual à diferença existente entre a força externa pela força dinâmica.*

Lei IV - *A variação da força induzida num móvel produzida pela interação da força dinâmica é igual ao produto entre a intensidade dessa força dinâmica pela variação de tempo em que atua.*

Nessas leis está implícita a relação entre força induzida e velocidade. Sendo que essa relação pode ser obtida por substituição das leis cinemáticas com as leis supra mencionadas. Essas leis se distinguem da antiga teoria do dinamismo justamente por sua abrangência. Elas vieram a permitir a criação de uma nova mecânica, possibilitaram a generalização da mecânica clássica, realizaram a união entre a cinemática e dinâmica bem como possibilitaram a demonstração de que a dinâmica newtoniana representa um caso particular do dinamismo de Leandro.

O advento do dinamismo veio a redescobrir e incorporar em seu bojo as idéias dos antigos filósofos aristotélicos de que a velocidade de um corpo está relacionada com a força. Acreditavam que um corpo sobre o qual atuava uma força constante movia-se com uma velocidade constante e, que se a força cessasse a velocidade também cessaria. Idéias essas que desde Galileu e Newton foram totalmente abandonadas e esquecidas por serem incompatíveis com a mecânica clássica racional. O erro dos filósofos aristotélicos estava na aplicação que faziam do conceito de força e também em ignorar a ação da força de atrito em retardar o movimento, o que obriga a contínua aplicação de uma força externa para evitar que o movimento cesse. Entretanto é interessante observar que todas essas idéias, desde Aristóteles até Newton, se tornaram altamente compatíveis na teoria do dinamismo desenvolvida por Leandro. Essa teoria veio a unificar e a esclarecer todos esses princípios em um só corpo teórico, todo lógico e altamente consistente em termos quantitativas e qualitativas.

Com isso, teve início uma das mais excitantes e esclarecedoras pesquisas científicas do século XX: um retorno à estrutura da física clássica sob a ótica aristotélica.

Ceterum censeo Carthaginem esse delendam.

ARTIGO 35

AMPLIAÇÃO DA MECÂNICA

Dentro dos seus limites, a revolucionária ciência da mecânica clássica sistematizada e desenvolvida por Isaac Newton (1642-1727) no final século XVII, sobreviveu à teoria da relatividade e à teoria quântica. Porém, não poderá sobreviver ao atual paradigma provocado pelo dinamismo. Depois de trezentos anos, um novo modelo mecânico da natureza está sendo proposto por Leandro.

Essa nova teoria não veio para refutar completamente a teoria de Newton, mas veio para substituí-la por um modelo, que trata os fenômenos dentro dos moldes da física clássica, cujas leis têm formas simples e representa uma expansão e um profundo refinamento das idéias de Newton.

Durante os últimos meses de 1995, quando esteve realizando a conclusão final da ciência do dinamismo, Leandro verificou que:

Em vez de ser influenciado por apenas um tipo de força, o movimento é resultado da interação de quatro tipos básicos de forças.

A dinâmica Newtoniana é um caso restrito do dinamismo de Leandro.

A performance das leis do dinamismo supera de longe ao desempenho das leis de Newton.

As leis de Newton são casos particulares obtidos a partir das leis do dinamismo.

A dinâmica Newtoniana é um caso particular de uma teoria mais geral. Essa teoria, como já foi dito, é o dinamismo.

As leis do dinamismo, com exceção da primeira, nunca foram deduzidas por ninguém desde o começo da civilização.

Com o dinamismo de Leandro novos conceitos foram introduzidos na física. E novos fenômenos cuja existência nem se suspeitava foram delineados e se tornaram evidentes.

O dinamismo unificou a cinemática e a dinâmica num só corpo doutrinário, além de unificar as leis da mecânica, que se encontravam mais ou menos dispersas.

Todo móvel é um reservatório de força induzida.

A velocidade passou a ser função primordial da força induzida, realizando o sonho dos filósofos aristotélicos.

A lei da inércia é um conceito artificial, devido às limitações impostas pela segunda lei de Newton.

Sob a perspectiva da força induzida, Leandro demonstrou matematicamente que a primeira lei de Newton sofre um desdobro, até então ignorado pela mecânica clássica.

Com o advento da moderna ciência do dinamismo, as suposições da filosofia aristotélica e a mecânica clássica tornaram-se compatíveis, o que até então era uma impossibilidade.

O dinamismo de Leandro com certeza teria agradado a conservadora comunidade acadêmica escolástica partidária de tudo o que corroborasse o aristotelismo.

Em resumo, o dinamismo veio para revolucionar as idéias que se faz a respeito dos fenômenos da mecânica clássica.

Quando Leandro estabeleceu a sua ciência do dinamismo, só havia razões teóricas para se aceitar a nova mecânica. Entretanto, existem certos fenômenos não previstos pela mecânica newtoniana, mas previstos pelo dinamismo que podem ser verificados, por exemplo, o efeito da força induzida transportada por um móvel ou a causa da força de impacto.

Com suas descobertas em mecânica Leandro derrubou as concepções que dominavam a mecânica clássica desde os tempos de Newton. O cientista inglês analisou o movimento apenas em função da única força que conhecia em sua época, restringindo drasticamente a explicação geral da causa do movimento. Antes de Leandro, as leis de Newton nunca foram severamente contestadas da perspectiva da própria física clássica. Ninguém, a não ser Leandro, apresentou provas irrefutáveis que puderam contrapor à enorme autoridade de Newton. Ao deduzir a partir do dinamismo as leis de Newton e encontrar a sua explicação, Leandro descobriu essas provas. Na verdade a emergência da primeira lei de Newton a partir de considerações matemáticas oriundas das leis do dinamismo representa o coroamento da teoria de Leandro.

Com o dinamismo a teoria de Newton tornou-se um caso restrito, de modo que é verdadeira dentro de certas condições e dentro de certos limites. Assim a mecânica clássica foi generalizada e as leis de Newton passaram a representar casos particulares de uma teoria mais abrangente.

Raras vezes uma descoberta científica teve tanto potencial sobre a visão científica de seus contemporâneos!

Ceterum censeo Carthaginem esse delendam.

ARTIGO 36

A FORÇA INDUZIDA

Quando se matriculou no primeiro ano da Escola Estadual de Segundo Grau "Francisco Ferreira Lopes" em 1976, o jovem estudante Leandro Bertoldo começou a trabalhar em pesquisas que tentavam compreender e solucionar a causa imediata da velocidade dos corpos. A teoria de Isaac Newton (1642-1727) estabelece categoricamente que a velocidade não guarda nenhuma relação direta com a força que atua sobre os corpos em movimento. Além do mais, Newton aplicava a mesma lei ao movimento inercial, ao movimento em queda livre e ao peso. Entretanto a interpretação gratuita que era dada aos referidos fenômenos não se encaixava filosoficamente aos fatos de forma intelectual e satisfatória para o jovem pesquisador. Como não bastasse isso, as leis de Newton não previam a intensidade da força de impacto num eventual choque mecânico.

Sabe-se que em certo dia do mês de julho de 1977, Leandro obteve uma certeza surpreendente. A força que causa a velocidade dos corpos não era similar à força que atua sobre o corpo - indicando claramente a existência de pelo menos duas forças a operarem no movimento. Nesse dia ele tinha acabado de descobrir a essência do que seria denominado por ciência do dinamismo.

Em 1978, após dois longos anos de profunda meditação, Leandro realizou a sua grande síntese teórica que deu origem à sistematização de sua primeira teoria do dinamismo. Ele concebeu a idéia de que a velocidade dos corpos é causada pelo que veio a chamar por "força induzida" - algo absolutamente inconcebível do ponto de vista da física newtoniana, para a qual existem apenas as forças externas, as quais só podem ser comunicadas de um corpo para outro através do contato, da atração ou da repulsão e, mesmo assim, não possuindo nenhuma relação direta com a velocidade. A idéia da "indução", que se tornou a viga mestra da teoria de Leandro, deriva, sem margem de dúvida, dos estudos que o autor fazia sobre a indução eletromagnética.

A força induzida descoberta por Leandro, admite as seguintes propriedades:

A causa da velocidade é a força induzida.

A força induzida é comunicada ao móvel.

A força induzida é uma propriedade intrínseca do móvel.

Todo corpo em movimento transporta uma força induzida.

Um corpo em repouso não apresenta força induzida.

Uma força induzida constante causa uma velocidade constante.

Uma força induzida variável acarreta uma velocidade variável.

Todo tipo de movimento deve ser analisado em função de sua causa, ou seja, da força induzida.

Após estabelecer que a velocidade é diretamente proporcional à intensidade da força induzida e ter extraído matematicamente todas as conseqüências desse postulado, Leandro tentou encaixar a sua física aos conceitos matemáticos e filosóficos da mecânica clássica. Entretanto, não conseguindo um resultado positivo de imediato, deixou a questão em aberto para uma ulterior reflexão.

Por dezessete anos ele não se ocupou com o tema do dinamismo, posto que estava envolvido com outras pesquisas, entre as quais se destacam a matemática, a física e a teologia. Porém, ao fazer o inventário de suas pesquisas, sentiu de alguma forma motivado ou reavivado o seu antigo interesse pelo assunto do dinamismo, o que liberou um explosivo processo criativo que viria a alterar profundamente a visão fornecida pela mecânica clássica. Durante os meses que se seguiram o final do ano de 1995, Leandro batalhou sem cessar com os novos conceitos da física até subjugá-los inteiramente. E essa árdua e intensa luta resultou na sistematização e conclusão definitiva da nova teoria do dinamismo. Muito mais ampla e geral do que a anterior desenvolvida em 1987.

Leandro verificou que o fundamento do dinamismo - e de toda a mecânica - é expresso por quatro leis simples. Elas afirmam que:

1ª Lei: *A intensidade de força externa que atua sobre um corpo é igual ao produto entre sua massa pela aceleração que aparece.*

2ª Lei: *A força dinâmica resultante da força externa, após esta vencer a oposição oferecida pela força de inércia, é igual ao produto entre uma constante universal denominada por "estímulo" pela aceleração que provoca no corpo.*

3ª Lei: *A força de inércia que a matéria exerce em oposição à alteração do seu estado de repouso em relação à força externa é igual à diferença entre a intensidade de força externa pela força dinâmica.*

4ª Lei: *A variação de força induzida num móvel, provocada pela interação da força dinâmica, é igual ao produto entre a intensidade dessa força dinâmica pela variação de tempo de interação.*

A aparente simplicidade desse oxiomas esconde o esforço de gigante empreendido por Leandro em sua definição. Graças a isso o dinamismo se mostrou uma boa teoria e superou em muito a dinâmica de Newton.

Partindo dessas leis, Leandro demonstrou que as leis de Newton representavam apenas casos particulares do dinamismo.

Em sua obra máxima "Princípios Matemáticos da Filosofia Natural", Newton havia extraído diretamente dos "Principia" de Descartes a noção de uma equivalência entre os estados de repouso e de movimento, que sob a perspectiva da força externa, tinha alterado radicalmente a teoria do movimento aristotélica, onde o repouso e o movimento eram grandezas físicas totalmente separadas.

Entretanto, Leandro chegou por análise puramente matemática à conclusão de que, sob a perspectiva da força induzida, o repouso e o movimento são dois conceitos altamente distintos. Dessa forma pôde, sem contradizer a Newton, realizar a bipartição da chamada primeira lei de Newton.

Em 1996, Leandro descobriu que Aristóteles, na antiga Grécia, já havia suposto a possibilidade do movimento ter uma explicação filosófica baseada no conceito de um dinamismo, ou seja, que o movimento e o resultado de uma interação contínua de uma força. Mas ele e seus seguidores cometeram graves erros sobre as grandezas físicas envolvidas, de tal forma que a suposição oriunda da filosofia aristotélica não passou pela prova das experiências realizadas no século dezessete por Galileu Galilei (1564-1642) e Isaac Newton (1642-1727).

A filosofia de Aristóteles permitiu a seus discípulos afirmarem que:

Um objeto permanece em movimento enquanto estiver sob a ação de uma força externa.

Que um objeto cessa seu movimento quando cessa a ação da força que atua sobre ele.

Que um objeto, sob a ação de uma força externa maior, é mais rápido do que um objeto sob a ação de uma força menor.

Que um objeto pesado cai mais rápido do que um leve.

O grande erro de Aristóteles e dos seus seguidores está no conceito de força externa e no total desconhecimento da força retardadora do atrito, além do fato de que foi deduzida de uma filosofia falaciosa.

O genial Galileu Galilei demonstrou no século XVII através de muitas experiências que na ausência de atrito, qualquer corpo mantém o seu movimento eternamente, independentemente da ação de qualquer força externa. Também demonstrou que qualquer corpo solto da mesma altura adquire as mesmas velocidades, independentemente do peso que possuem. Com isto demonstrou a falácia das deduções de Aristóteles.

Já leis do dinamismo de Leandro, em harmonia com as descobertas de Galileu e de Newton, permitem a dedução, entre tantas, das seguintes verdades:

Se um corpo em movimento jamais entrará em repouso, a menos que seja impedido pela ação de uma força externa.

Um corpo se moverá para sempre em movimento retilíneo, a menos que uma força externa o desvie.

Um corpo em movimento manterá para sempre sua velocidade de forma constante, a menos que sofra alguma alteração pela ação de uma força externa.

Um corpo em repouso jamais se movimentará, a menos que seja impelido por uma força externa.

Finalmente pode-se acrescentar que a teoria de Newton foi e é extraordinariamente bem sucedida. Ela influenciou radicalmente todo o processo de desenvolvimento da física. É impossível compreender a física moderna sem a compreensão da física newtoniana. Porém, diante da grandeza do dinamismo de Leandro, ela deixa de ser um estágio preliminar no desenvolvimento de qualquer teoria cientifica. Por essa razão pode-se afirmar com muita propriedade, que o dinamismo veio para substituir definitivamente a mecânica newtoniana.

Ceterum censeo Carthaginem esse delendam.

ARTIGO 37

LEANDRO E O DINAMISMO

Em 1976, um jovem estudante brasileiro de dezessete anos de idade tem uma extraordinária intuição que, desenvolvida mais tarde, levaria à substituição definitiva da mecânica newtoniana por uma nova ciência. A teoria do movimento newtoniana sai de cena para dar lugar a teoria do dinamismo. O dinamismo materializou-se em janeiro de 1978. Num artigo completado nesse ano, o jovem Leandro Bertoldo, então com apenas dezoito para dezenove anos de idade, deu início à substituição das imponentes leis de Newton que regem a mecânica e lançou os alicerces que fundamentam a construção de um novo paradigma científico, cujas origens remontam à filosofia dos antigos gregos.

Esse primeiro artigo tratava da força induzida - aquela que causa a velocidade dos corpos. Leandro mostrou como essa força permitia compreender a natureza dos movimentos uniformes e variados. Ele explicou que isso se devia ao fato de que a força induzida, até então desconhecida pela física, era comunicada e permanecia armazenada no móvel. Ele também apresentou o oxioma fundamental de que a velocidade é diretamente proporcional à força induzida. Explicou a causa do repouso e do movimento inercial.

Nesse artigo, Leandro apresentou a sua teoria do dinamismo, em que as noções fundamentais da dinâmica clássica eram subvertidas e substituídas. Nele demonstrou a bipartição do princípio da inércia. Estabeleceu a existência de uma nova modalidade de força. Constatou a relação entre força e velocidade. Conceitos diferentes e aparentemente opostos aos estabelecido pelo maior físico de todos os tempos, o genial inglês Isaac Newton (1642-1727).

Como essa primeira teoria não logrou de imediato uma perfeita harmonia com todos os princípios da mecânica clássica, o jovem pesquisador resolveu deixar de lado todo e qualquer problema para uma futura reflexão. Leandro é o único autor da teoria do dinamismo, com toda certeza, uma das grandes correntes da física contemporânea. Essa teoria seria totalmente reformulada, desenvolvida e concluída pelo próprio autor em 1995, que teve nessa nova fase como principal objeto o fenômeno da interação das quatro forças mecânicas do movimento além de estabelecer equações válidas para a interações e relações entre essas forças (e não apenas para um determinado tipo delas, como ocorreu na teoria inicial ou antiga teoria do dinamismo de Leandro, como ficou sendo chamada a teoria postulada em 1978).

Essa nova teoria, bem mais geral do que a antiga apresentou o conceito de quatro forças fundamentais que tem relação direta com o movimento dos corpos, a saber: "força externa", "força dinâmica", "força de inércia" e "força induzida". Sendo que a interação e a relação entre essas quatro forças foram apresentadas em quatro leis que foram enunciadas nos seguintes termos:

I - *A força externa que atua sobre um corpo é igual ao produto entre a massa desse corpo por sua aceleração.*

II - *A força dinâmica que resulta da força externa após esta vencer a oposição oferecida pela força de inércia é igual ao produto entre a constante universal denominada 'estímulo' pela aceleração produzida.*

III - *A força de inércia que a matéria exerce em oposição à alteração do seu estado de repouso, em relação à força externa, é igual à diferença entre a força externa pela força dinâmica.*

IV - *A variação de força induzida num móvel pela interação da força dinâmica é igual ao produto entre essa força dinâmica pela variação de tempo em que interage.*

O estudo dessas leis; a relação entre elas; bem como a relação com as leis da cinemática e da dinâmica, conduz a conclusões espantosas. As formidáveis concepções que se originaram da teoria do dinamismo ultrapassaram as fronteiras da física e ressuscitaram antigos conceitos da filosofia aristotélica, da teoria do ímpeto e de algumas idéias apresentadas e renegadas por Newton.

A teoria do dinamismo permite demonstrar matematicamente que: 1- a dinâmica Newtoniana é um caso particular do dinamismo; 2- que a primeira lei de Newton é válida somente em relação à força externa, onde o repouso e o movimento retilíneo e uniforme é tido como possuindo a mesma causa; 3- que em relação à força induzida a primeira lei de Newton sofre um processo de bipartição, onde o repouso e o movimento são tidos como causas distintas; 4- das leis do dinamismo emerge matematicamente o conceito de que a força induzida é igual ao produto entre o estímulo pela velocidade, conceito da antiga teoria do dinamismo de Leandro.

É interessante observar, ainda que essas leis consideram os corpos sob dois aspectos: primeiro como elementos passivos das forças externas que atuam sobre eles; segundo, como um veículo ativo da força incidindo sobre outros, resultante de uma força induzida transportada pelo corpo em movimento.

Essas conclusões inesperadas oriundas do dinamismo de Leandro conseguiram generalizar e unificar a cinemática e a dinâmica clássica em um só corpo e conceito. Conseguiram misturar completamente as idéias da filosofia aristotélica com a mecânica newtoniana, sem que ocorresse qualquer contradição.

Os cientistas renascentistas haviam abandonado as idéias dos filósofos aristotélicos porque o conceito de força externa definida na época não se harmonizava com a velocidade dos corpos. E, portanto, tais idéias não passaram pelo crivo do rigorosíssimo método científico a que foram submetidas. Entretanto, quando Leandro definiu a força induzida e sua distinção com a força externa, as essências das idéias filosóficas dos aristotélicos pareceram razoáveis e imergiram matematicamente como uma conseqüência natural da teoria. Um dos grandes méritos de Leandro foi a matematização dada aos conceitos de dinamismo, coisa que nunca foi realizada por qualquer outra pessoa.

Aristóteles e seus seguidores jamais chegaram a reconhecer a existência da força retardadora provocada pelo atrito. Por isso achavam que para manter um corpo em movimento era necessária a ação contínua de uma força externa. Isso torna claro que suas idéias eram extremamente superficiais, e estavam equivocadas, para não dizer erradas. Em outras palavras suas idéias não eram fundamentais. E por causa disso cometeram muitos outros erros graves. Por exemplo, achavam que um corpo pesado cairia mais rapidamente do que um leve.

É bem verdade que Leandro desenvolveu o dinamismo sem ter conhecimento e mesmo consciência sobre as idéias dos filósofos aristotélicos. Se tivesse levado em consideração tais idéias, nunca teria conseguido chegar ao dinamismo. Basta observar que nas quatro leis enunciadas anteriormente, as idéias dos filósofos aristotélicos - referente à relação entre força e velocidade - surgem como conseqüências naturais e não como causas. Porém, o contexto e as grandezas físicas envolvidas são totalmente diferentes.

Finalmente pode-se acrescentar que essa nova teoria do dinamismo é caracterizada por possuir um enorme potencial para influenciar outras disciplinas científicas, bem como a própria filosofia e com capacidade para repercutir de diferentes modos na vida cotidiana.

Ceterum censeo Carthaginem esse delendam.

ARTIGO 38

ESBOÇO DA TEORIA DO DINAMISMO

A Teoria do dinamismo teve início dois anos antes do artigo fundamental concluído em 1978; hoje conhecida por antiga teoria do dinamismo. Leandro estava, então, com dezessete anos de idade. Ao começar os seus estudos de física no colégio Estadual de Segundo Grau Francisco Ferreira Lopes, pôs-se a pensar numa possível causa que explicasse a velocidade dos corpos nos mais diferentes tipos de movimentos. Essa divagação, que anotou em sua essência quantitativa num ensaio, seria o ponto de partida de sua maravilhosa teoria do dinamismo. Como tantas outras concepções decisivas da ciência, esta também nasceu da intuição, apoiada em imagens claras e concretas, que recebia um tratamento matemático à medida que ia sendo desenvolvida. Nesse período inicial do desenvolvimento do dinamismo o jovem pensador tinha em mente e considerava as seguintes questões fundamentais:

Que aspecto quantitativo e qualitativo teria uma força relacionada à velocidade de um corpo em aceleração constante ou variável?

Qual seria o aspecto quantitativo e qualitativo de uma força relacionada à velocidade na ausência de aceleração?

Qual seria a intensidade de força que resulta no choque mecânico de corpos em movimentos variados ou uniformes?

Qual seria a relação entre força e velocidade?

Que tipo de força estaria relacionado com a velocidade dos corpos?

A inspiração juvenil de Leandro foi o fio da meada que o conduziu aos pontos que realmente importava. Pois foram as inesperadas peculiaridades relacionadas com a força e velocidade que levaram à substituição da mecânica newtoniana. Para se entender, como e porque isso ocorreu, é preciso recordar um elemento decisivo da revolução científica do século dezessete: as leis de Newton, enunciadas modernamente nos seguintes termos:

1ª Lei: *Na ausência de forças externas, um corpo isolado está em repouso ou em movimento retilíneo e uniforme.*

2ª Lei: *A resultante das forças que agem sobre um corpo é igual ao produto de sua massa pela aceleração adquirida.*

3ª Lei: *A qualquer ação de uma força segue-se uma correspondente reação de mesma intensidade, direção e sentidos opostos.*

A primeira lei de Newton afirma que, a menos que sejam submetidos à ação de forças externas, todos os corpos tendem a permanece em repouso, ou em movimento retilíneo e uniforme. Tal lei não explica por que razão os corpos permanecem em repouso ou por que motivos permanecem num movimento em linha reto ao infinito. Também nada esclarece sobre a causa da velocidade manter-se indefinidamente.

Pelo critério da segunda lei de Newton, não há força num corpo em movimento retilíneo e uniforme que se dirige ao infinito. Pelos termos da segunda lei de Newton a aceleração aumenta com o aumento da intensidade da força. Sob o ponto de vista da segunda lei de Newton um corpo em queda livre, no decorrer de todo o seu movimento, está sob influencia da ação de uma força chamada peso. Pelo conceito da segunda lei de Newton não existe nenhuma relação entre velocidade e força. Entretanto nenhuma dessas situações consegue explicar a força de impacto que aparece num eventual choque mecânico de um corpo em movimento inercial ou em movimento variado. Não explica por que a velocidade se mantém constante ao infinito ou qual a relação entre força e velocidade.

É bom salientar o fato de que a segunda lei de Newton é aplicada indiscriminadamente a três fenômenos distintos e, em conseqüência, três hipóteses gratuitas são dadas para explicar os seguintes fenômenos: o movimento livre, a queda livre e o peso; mesmo sabendo-se que o movimento livre é diferente do movimento em queda livre; mesmo sabendo-se que em queda livre todos os corpos caem com a mesma aceleração independentemente de sua massa ou peso; mesmo sabendo-se que em queda livre o corpo não têm peso; mesmo sabendo-se que a aceleração de um corpo não é produzida pelo peso, mas pelo campo gravitacional do planeta; mesmo sabendo-se que a segunda lei de Newton, simplesmente, é aplicada quantitativamente, porém não faz nenhuma previsão da veracidade de tais hipóteses.

Ao considerar tais questões, sob a perspectiva de uma previsão matemática, Leandro acabou sentido que havia criando um sério desconforto em relação às explicações extremamente limitadas fornecidas pelas leis de Newton. E diante da imponente e extraordinária estrutura da física newtoniana, Leandro passou a representar o seu papel. E sua ousada resolução dos problemas anteriormente levantados, levou-o a desmontar toda a complexa estrutura da física de newtoniana e substituí-la por leis mais fundamentais.

Em 1978, Leandro havia chegada à conclusão de que era necessário introduzir na física clássica um novo conceito. O conceito de força induzida. E naquele histórico artigo apresentou as seguintes proposições fundamentais:

A força induzida é comunicada ao corpo e permanece intrinsecamente armazenada no móvel. Ela é a causa da velocidade e do movimento retilíneo uniforme ao infinito. E, em parte responsável pela força de impacto.

A variação de força induzida é diretamente proporcional à variação de tempo.

A variação de velocidade de um móvel é diretamente proporcional à variação da força induzida.

Em relação a um referencial inercial, todo corpo permanece em seu estado de repouso devido a ausência de forças induzidas.

Em relação a um referencial inercial, qualquer corpo permanece em seu estado de movimento retilíneo uniforme, devido a interação de uma força induzida constante.

Num corpo em movimento retilíneo uniforme não existe a ação de forças externas, apenas a interação de uma força induzida no móvel.

Para alterar o estado de repouso ou de movimento de um corpo é necessário induzir ou extrair a força induzida desse corpo.

Esses princípios aparentemente contradizem as leis da física clássica. Porém, quando desenvolvidas em todas as suas conseqüências, acabam explicado bem melhor os fenômenos da mecânica clássica e mostram que as contradições são apenas aparentes.

Algumas das principais conseqüências introduzidas com o conceito de força induzida consistem em sua relação direta com a velocidade e na bipartição do princípio da inércia.

Ao oferecer resultados tão inesperados, surgiu um sério problema em relação às leis de Newton, onde o conceito de força induzida não estava previsto e nem era compatível. Assim diante das leis de Newton, o paradoxo da força induzida ficou suspenso como um detalhe a ser resolvido. Como não conseguiu de imediato uma solução que se harmonizasse com os conceitos física clássica, Leandro deixou qualquer estudo para uma ulterior reflexão.

Essa situação perdurou por dezessete anos, quando então Leandro retornou à cena de sua teoria original. Sua ousada resolução do "detalhe" em aberto jogou toda a teoria de Newton para o escanteio.

Analisando psicologicamente o conceito de força induzida desenvolvida por Leandro, pode-se afirmar que a relação entre força e velocidade está em perfeita harmonia com o senso comum moldado intuitivamente partir das experiências da vida cotidiana. Na verdade, antes da época de Galileu os filósofos aristotélicos supunham equivocadamente que uma força externa fosse necessária para manter um corpo em movimento e que um corpo em repouso estivesse em seu estado natural. Em 1995 seu sentimento o levava à busca dos fundamentos mais gerais do movimento. Para isso procurava a generalização e a harmonia de sua teoria com a mecânica clássica. Tal generalização levou-o à descoberta de leis muito mais fundamentais do que aquelas que ele havia estabelecido em 1978 ou aquelas enunciadas Newton em 1687. Tudo isso resultou que sua antiga teoria do dinamismo ou a dinâmica de Newton poderiam ser tratadas então como casos particulares dessa teoria geral.

Nessa nova teoria do dinamismo Leandro estabeleceu quatro leis fundamentais. Delas derivam toda a mecânica clássica e toda a teoria do dinamismo. Elas são enunciadas nos seguintes termos:

1ª Lei: *A intensidade de força externa que atua sobre um corpo é igual ao produto entre a massa desse corpo pela aceleração que apresenta.*

2ª Lei: *A intensidade da força dinâmica, que resulta da ação força externa após esta vencer a oposição oferecida pela força de inércia, é igual ao produto entre a constante universal denominada 'estímulo' pela aceleração adquirida.*

3ª Lei: *A intensidade da força de inércia, que a matéria exerce em oposição à alteração do seu estado de repouso em relação à força externa, é igual à diferença matemática entre a intensidade da força externa pela intensidade da força dinâmica.*

4ª Lei: *A variação da força induzida num corpo, pela interação da força dinâmica no decorrer do tempo, é igual ao produto entre a intensidade dessa força dinâmica pela variação do tempo em que dura essa atuação.*

Empregando essas quatro leis fundamentais, Leandro conseguiu acomodar em sua teoria o conceito de força induzida com todas as suas conseqüências e incorporou as leis de Newton como um caso particular observado sob a perspectiva da força externa.

Na mecânica de Newton o repouso e o movimento apresentam a mesma causa: a total ausência de força externa.

Na teoria do dinamismo de Leandro, repouso e movimento são tratados como entidades totalmente distintas, cujas causas são explicadas pela ausência ou presença de forças induzidas. Enfim, com a teoria do dinamismo foram subvertidos nada menos do que os conceitos fundamentais da física clássica.

Ceterum censeo Carthaginem esse delendam.

ARTIGO 39

A ERA DO DINAMISMO

Em 1978, convencido de que a relação entre velocidade e força era uma realidade física, Leandro chegou a uma nova concepção sobre a natureza da causa do movimento. Segundo o ponto de vista predominante na física clássica a força tem relação com a aceleração, mas nunca com a velocidade. Sem saber retomou, em novos termos, a uma idéia equivocada e abandonada dos antigos filósofos aristotélicos. Leandro pensou na força como algo comunicado, que se acumula e que permanece conservado no móvel, ao que chamou de "força induzida".

Em sua antiga teoria do dinamismo ele havia chegado às seguintes conclusões:

1ª - *A velocidade é diretamente proporcional à força induzida.*

2ª - *A variação de força induzida é diretamente proporcional à variação de tempo.*

3ª - *Somente por sua força induzida, qualquer móvel segue em movimento retilíneo e uniforme ao infinito, a menos que uma força externa venha a alterar tal força induzida.*

4ª - *Pela ausência de força induzida, qualquer corpo permanece em seu estado de repouso eterno, a menos que essa situação venha a ser alterada pela indução de uma força no corpo.*

Embora possa ser ainda considerado um modelo incipiente, o dinamismo de Leandro veio a transgredir e a alterar profundamente a visão do mundo apresentado pela física clássica. Não apenas pelo emprego do conceito de força induzida e sua relação com a velocidade, mas também pelas conseqüências que daí decorrem. Uma delas é representada claramente pela bipartição do princípio da inércia. Na dinâmica newtoniana, o repouso e o movimento livre são tratados como tendo uma única causa - a inércia dos corpos. Já no dinamismo, o repouso e o movimento livre são tratados como apresentando causas totalmente distintas e antagônicas. O repouso é caracterizado pela ausência de força induzida no corpo, já o movimento livre apresenta como causa a força induzida armazenada no corpo.

Esses princípios, sem que Leandro soubesse, vieram a restaurar o suave cheiro das antigas e renegadas idéias dos filósofos aristotélicos. Estes fizeram suas suposições derivando-as do senso comum. Embora Leandro tenha realizado a unificação da filosofia aristotélica com a física clássica, a visão de sua teoria é rigorosamente mecanicista regida por leis inflexíveis e exatas. Tudo isso derivado dentro da mais rigorosa demonstração matemática.

Estes conceitos, a princípio, assentados em inferências com a cinemática, representavam apenas o começo das descobertas de Leandro. E o desenvolvimento posterior da teoria do dinamismo aprofundaria e acentuaria ainda mais sua ruptura com a mecânica newtoniana. Entretanto esse passo somente foi dado em 1995, dezessete anos depois de sua descoberta inicial.

Segundo a teoria de Newton a força externa é a causa da aceleração e não a causa da velocidade. Pois uma força de intensidade constante produz uma aceleração constante, resultando numa velocidade que varia uniformemente no decorrer do tempo. Segundo a teoria de Leandro a força induzida é a causa da velocidade. Segundo Galileu Galilei (1564-1642), velocidade e aceleração estão relacionadas. A pergunta que Leandro fazia era: como a força induzida está relacionada com a força externa?

Ao analisar tais relações, Leandro chegou à conclusão de que existem quatro forças fundamentais relacionadas com o movimento dos corpos. Sendo que estas forças foram denominadas por "força externa", "força dinâmica", "força de inércia" e "força induzida". E a relação entre elas foi resumida no seguinte enunciado: *Uma força externa aplicada sobre o corpo, ao vencer a oposição oferecida pela força de inércia, - esta provocada pela resistência da matéria à alteração do seu estado de repouso em relação à força externa - resulta numa força dinâmica, que produz no móvel no decorrer do tempo uma força induzida.*

Leandro sintetizou todas as suas conclusões em quatro leis que se tornaram o fundamento da teoria do dinamismo. Essas leis foram enunciadas nos seguintes termos:

1ª - *A força externa é igual ao produto entre a massa de um corpo por sua aceleração.*

2ª - *A força dinâmica é igual ao produto entre a constante universal denominada por "estímulo" pela aceleração produzida.*

3ª - *A força de inércia é igual à diferença matemática entre a força externa pela força dinâmica.*

4ª - *A variação da força induzida é igual ao produto entre a força dinâmica pela variação de tempo.*

Dessas leis infere-se que o cientista concebeu o dinamismo como uma associação de forças e movimentos, duas entidades perfeitamente distintas, porém combinadas nos fenômenos materiais. Essa interpretação está fundamentada no paradigma criado pela física clássica. Porém os princípios desenvolvidos na teoria do dinamismo extrapolam os marcos estabelecidos pela chamada revolução científica do século dezessete.

Com essas leis, o jovem pesquisador unificou as idéias dos antigos filósofos aristotélicos - que ensinavam ser a velocidade causada por uma força - com as leis de Newton sobre o movimento dos corpos. O resultado disso foi que Leandro produziu um sofisticadíssimo modelo que supera tanto ao dos antigos filósofos aristotélicos como os princípios da mecânica clássica estabelecida por Galileu, Descartes e Newton.

Ceterum censeo Carthaginem esse delendam.

ARTIGO 40

A CONCLUSÃO DO DINAMISMO

Entre as muitas contribuições científicas realizadas por Leandro Bertoldo, a mais original foi a criação de uma nova disciplina, que chamou de "dinamismo" - ciência que estuda as grandezas físicas envolvidas no movimento dos corpos em função direta das forças que os provocam. A sua obra fundamental apresenta todos os princípios que caracterizam uma nova visão do paradigma mecanicista desenvolvido no século dezessete.

O que levou Leandro a descobrir a teoria do dinamismo, antes de tudo e bem a princípio, foi seu total desconhecimento da dinâmica de Newton. E ao antecipar uma explicação para as causas do movimento teve a idéia genial e intuitiva de que a força guardava uma relação direta com a velocidade. E por isso mesmo gastou algum tempo à procura de uma explicação teórica e matemática para a causa do movimento e o mais importante é que seus esforços foram coroados de êxito.

Em sua origem essa idéia cruzou-lhe a mente em julho de 1976. Ele era então um jovem aluno do primeiro ano da Escola Estadual de Segundo Grau "Francisco Ferreira Lopes" localizada em Mogi das Cruzes, Estado de São Paulo.

Entre o desenvolvimento de suas inúmeras especulações juvenis, que começavam a percorrer por todo tipo de assunto, perguntava-se: Qual seria a relação entre força e velocidade? Qual seriam as características e natureza dessa força? Qual seria sua relação com as leis de Newton? E desse modo ao cogitar sobre as causas físicas da velocidade, chegou a uma nova e surpreendente teoria da física.

De imediato passou a dedicar seu tempo livre a realizar árduos cálculos matemáticos, chegou a imaginar vários modelos e artifícios teóricos, raciocinou por analogia, até que obteve resultantes consistentes.

Assim em 1978 ao concluir seu artigo, havia realizado a sua primeira grande síntese da mecânica e acreditou ter encontrado uma das sutilezas da natureza que havia passado despercebida pelos maiores gênios do mundo. A regra fundamental desse modelo é que a velocidade é diretamente proporcional ao que chamou por força induzida. Pode parecer que o modelo mecânico de Leandro pareça simples ou ingênuo. Porém a busca de uma inteligibilidade na compreensão dos fenômenos naturais é desde a mais remota Antiguidade o fator primordial que tem impulsionado o desenvolvimento de toda e qualquer ciência.

Esse modelo estabelecia, como conseqüência da relação direta entre força e velocidade, as seguintes verdades:

1º - *Somente por causa de sua força induzida qualquer móvel mantém uniformemente seu movimento em linha reta ao infinito, a menos que uma força externa venha a alterar tal situação.*

2º - *Na ausência de força induzida qualquer corpo mantém o seu estado de repouso para sempre, a menos que uma força externa venha a alterar tal situação.*

Entretanto, quanto tentou aplicar essas idéias à dinâmica, percebeu que a coisa não se encaixava. Aparentemente, não era consistente com as leis de Newton. A força induzida não tinha aparentemente qualquer relação com a força externa. Sua idéia não levava em consideração o conceito de massa. Como recusava a abandonar o seu modelo fez muitas outras tentativas, mas não conseguiu harmonizar o dinamismo com a dinâmica clássica.

Por essa mesma época outros fenômenos começavam a chamar a atenção de Leandro, bem como a exercer uma fascinante atração. E como não havia conseguido resolver de imediato a questão entre o dinamismo e a dinâmica resolveu deixar qualquer problema uma futura consideração.

Embora não tenha renunciado ao seu modelo, verdade é que, durante dezessete anos não tocou na sua teoria, posto que estava ocupado com interessantes pesquisas em outras áreas da física e da matemática. Porém, nunca esqueceu o seu modelo de mecânica, no qual acreditava piamente que representava um passo além de Newton.

O que tanto atraía Leandro no modelo dinamismo eram razões puramente intuitivas e lógica racional. Ele via nesse modelo uma estrutura perfeita, clara, e plena de significação, de harmonia e de beleza. E uma vez configurado, esse modelo transformou-se para ele numa verdadeira obsessão.

Uma pessoa menos ousada ou mesmo persistente teria simplesmente descartado tal modelo, em nome dos fundamentos seculares e imorredouros da física newtoniana. Porém, felizmente, não foi o caso de Leandro. Com aquele arrojado atrevimento que tem caracterizado as mentes altamente criativas, ele se lançou à tarefa de corrigir a deficiência de seu modelo inicial, sem se deixar perturbar pelos dogmas estabelecidos na ciência.

Assim em 1995, realizando um esforço incansável para fundamentar e concretizar o seu modelo, acabou descobrindo rapidamente as novas leis do movimento e com isso revolucionando a mecânica clássica. Como conseqüência inesperada acabou dando uma feição realista às suposições dos filósofos aristotélicos, que até então não tinham qualquer realidade física. Unificou a ciência da cinemática e da dinâmica num único corpo. Demonstrou que as leis de Newton representavam casos particulares do movimento.

O lance audacioso de Leandro consistiu em incorporar à sua original teoria o conceito de novas forças que já havia intuído, mas não captado em sua essência. Em linguagem matemática, as forças que dão fundamento à moderna ciência do dinamismo são expostas da seguinte maneira:

1ª - *A força externa aplicada sobre um corpo igual ao produto entre sua massa por sua aceleração.*

2ª - *A força dinâmica, que resulta da força externa após esta vencer a oposição oferecida pela força de inércia, é igual ao produto entre a constante denominada "estímulo" pela aceleração que o corpo adquire.*

3ª - *A força de inércia, que a matéria exerce em oposição à alteração do seu estado de repouso em relação à força externa, é igual à diferença entre a força externa pela força dinâmica.*

4ª - *A variação da força induzida num corpo, pela interação da força dinâmica no decorrer do tempo, é igual ao produto entre a intensidade dessa força dinâmica pela variação de tempo.*

Esse modelo tem tudo para ser um tremendo sucesso. Se adequada perfeitamente à observações experimentais, é extremamente simples, matematicamente elementar, fácil de ser visualizado e representado graficamente, além da vantagem adicional de ser altamente intuitivo.

As conseqüências deduzidas das leis desse modelo vieram a restringir o secular dogma do princípio da inércia herdado de Descartes. É curioso que o patriarca da física clássica Isaac Newton (1642-1727), tenha chegado próximo do dinamismo em 1684, porém como a sua segunda lei não tinha qualquer relação direta com essas idéias, Newton acabou por abandoná-las totalmente em favor do princípio da inércia. Na verdade foi somente por um preconceito contra a filosofia de Descartes é que Newton relutou em aceitar o princípio da inércia, deixando-se influenciar pelas idéias dos filósofos aristotélicos.

É certo que se Newton tivesse perseverado e trabalhado um pouco mais as suas idéias iniciais, teria tudo para descobrir a ciência do dinamismo. O que lhe faltou foi o conceito operativo entre força e velocidade, que poderia ter chegado facilmente por uma analogia com a cinemática. Como teria sido diferente a história da física se Newton houvesse descoberto o conceito de dinamismo!

O curioso é que a mesma ferramenta que Leandro teve em suas mãos, Newton também as teve. Porém, cada um seguiu por caminhos diferentes. Assim, o dinamismo chega ao mundo com trezentos anos de atraso. Com essa ciência veio uma revolucionária forma de enxergar o universo através das novas leis do movimento. E a descoberta dessas leis é de tal forma importante que influi profundamente em vários campos de estudo, tão diversos como a cinemática, dinâmica, filosofia aristotélica, etc. Com Leandro, a filosofia aristotélica e a física clássica chegaram à sua suprema realização. Essas duas ciências eram tão incompatíveis que a filosofia aristotélica foi posta fora de combate, diante dos novos métodos científicos desenvolvidos no século dezessete. De fato, somente no final do século XX, com a teoria do dinamismo de Leandro é que os fundamentos restritos da física clássica foram reconhecidos. Essa nova teoria unificou as idéias da filosofia aristotélica com física clássica de Galileu e Newton.

O dinamismo representa a tendência do autor em explorar possibilidades ignoradas pela física, o que veio a flexibilizar as fronteiras entre a mecânica e a filosofia aristotélica. Segundo o autor, o dinamismo foi a idéia mais original que já lhe ocorreu.

Devido a sua beleza estética, demonstrada pelas deslumbrantes relações e previsões proporcionadas pelas quatro leis, essa nova ciência representa um monumento duradouro da simplicidade existente na natureza.

Ceterum censeo Carthaginem esse delendam.

ARTIGO 41

O DINAMISMO ARISTOTÉLICO

Na Antigüidade o filósofo grego Demócrito, nascido em Abdera, na Trácia no ano 480 a.c., apresentou ao mundo, sem nenhuma prova a não ser o simples raciocínio, suas celebres suposições sobre os átomos. Entre tantos princípios, ensinava o seguinte:

Todas as coisas acontecem em conseqüência de uma causa, e necessariamente.

Que no vácuo os átomos mais pesados caem mais depressa do que os mais leves.

Aristóteles (384-322 a.c.), também totalmente destituído de qualquer prova, ao comentar a teoria atômica de Demócrito, argumentou que se o vácuo existisse tudo deveria cair com a mesma velocidade. Entretanto, como sua filosofia considerava que o universo está preenchido por um elemento sutil, concluiu que o vácuo é inconcebível e que, portanto, não têm existência real. Por isso considerou falsa a teoria dos átomos.

Aristóteles também escreveu sobre os corpos que se movem. Aparentemente, ele supunha que a causa da velocidade era devida unicamente à ação de uma força externa. Assim ele raciocinava:

Para que um corpo mantenha o seu movimento é necessário que ele seja continuamente impulsionada pela ação de uma força externa.

Quanto maior for a velocidade desse corpo tanto maior será a ação da força externa que o impele.

Quando a ação da força externa cessar de impulsionar esse corpo, o seu movimento também cessará.

Fundamentados nos ensinos de Aristóteles, seus discípulos supunham que um corpo em repouso estivesse simplesmente em seu "estado natural".

Desse modo os filósofos aristotélicos pensavam que para um corpo mover-se em linha reta com velocidade constante, era necessária a presença da ação uma força externa para empurrá-lo continuamente, de outro modo esse corpo retornaria ao seu estado natural de repouso.

Por esses princípios verifica-se que a filosofia aristotélica não aceita na matéria senão a ação de forças, cuja ação operando em conjunto determina as mais diversas propriedades dos corpos. Nesse sentido e somente nesse sentido ela estava possuída do espírito do dinamismo, onde o movimento é considerado a um só tempo potência e ato.

O principal erro de Aristóteles e de seus seguidores consistiu em não reconhecerem que o atrito é uma força retardadora do movimento, efeito que exige a contínua aplicação de uma força externa para manter o corpo em movimento com a mesma velocidade.

Dezoito séculos depois de Aristóteles, o cientista italiano, Galileu Galilei (1564-1642) descobriu o grande erro dos filósofos aristotélicos. E em 1638 publicou um livro fundamental intitulado "Dialogo Sobre Duas Novas Ciências", no qual apresentava as suas conclusões sobre os movimentos dos corpos.

Ao trabalhar com superfícies cada vez mais polidas verificou que a velocidade de um corpo lançado nessas superfícies decrescia cada vez mais lentamente do que quanto lançado na superfície anterior, percorrendo cada vez uma distância maior, antes de parar. Ao extrapolar as conclusões dessas experiências pôde afirmar que ao eliminar totalmente o atrito, um corpo continuaria indefinidamente em movimento retilíneo com velocidade constante, sem que seja necessária a ação de qualquer força para manter tal velocidade. Embora Galileu não tenha enunciado sua descoberta do fenômeno da inércia na forma de uma lei, ele havia percebido que era um princípio de natureza universal e empregou-o em muitos casos ao explicar os fenômenos do movimento.

O princípio de Galileu passou a fazer parte integrante do chamado "princípio da inércia", cuja enunciação rigorosa é devida primeiramente ao físico, matemático e filósofo francês René Descartes (1596-1650). Tal princípio afirma que, a menos que sejam submetidos à ação de uma força externa, todos os corpos tendem a manter o seu estado de repouso ou de movimento retilíneo e uniforme.

O princípio da inércia foi adotado pelo físico inglês Isaac Newton (1642-1727), como a primeira de suas três leis do movimento. Em 1687 ele publicou sua obra prima, sob o título de "Princípios Matemáticos da Filosofia Natural", onde apresentou o enunciado da sua primeira lei nas seguintes palavras: *Qualquer corpo permanece em seu estado de repouso ou de movimento retilíneo uniforme, a menos que seja obrigado a modificar tal situação por forças aplicadas sobre ele.*

Pelo critério do princípio da inércia, repouso e movimento retilíneo uniforme (inercial) são fenômenos físicos equivalentes. Ou seja, não existe nenhuma diferença entre um corpo em repouso em relação a outro que se move com velocidade constante. Ambas as situações são perfeitamente válidas, naturais e equivalentes quando se considera a ausência de forças externas.

Essa conclusão contrariava também as idéias dos filósofos aristotélicos que consideravam o repouso e o movimento como possuidores de causas distintas. Para eles um corpo movia-se devido a ação de uma força externa e entrava em repouso para ocupar o seu estado natural.

Por argumentos puramente filosóficos Aristóteles ensinava que no vácuo, os corpos pesados e os leves cairiam com a mesma velocidade. Porém, ele concluiu que isso era uma impossibilidade porque o vácuo era um ente inconcebível.

Para os discípulos de Aristóteles tal conclusão permitia inferir da autoridade do "mestre" a tese de que os corpos pesados caem com uma rapidez maior do que os mais leves. Assim o aristotelismo ensinava que o movimento para baixo de qualquer corpo pesado é tanto mais rápido quanto maior for seu tamanho.

Novamente foi Galileu quem argumentou contra essa concepção equivocada. Ele descobriu experimentalmente que, desprezada a resistência do ar, todos os corpos caem com a mesma aceleração, não importando o seu tamanho, peso ou constituição física e química.

Na verdade a força externa está em correlação, não com a velocidade como pensava Aristóteles, mas com a aceleração, conforme Newton apresentou em sua segunda lei, enunciada nos seguintes termos: *A resultante das forças aplicadas sobre um corpo é igual ao produto entre a sua massa pela aceleração adquirida.*

Desse modo, no século dezessete a autoridade de Aristóteles foi seriamente contestada e sofreu um tremendo abalo. Toda a sua física era incompatível com as novas descobertas científicas da física. De tal forma que suas idéias sobre o dinamismo dos corpos que se movem foi totalmente abandonada por estarem destituídas de realidade física e em total desacordo com as experiências.

Trezentos anos depois, um jovem estudante desconhecendo totalmente as idéias dos filósofos aristotélicos chegou a idéias semelhantes, porem não iguais. Leandro utilizando os conceitos do moderno método científico desenvolveu quatro leis fundamentais do movimento que vieram a reformar a base da física clássica e como conseqüência anexou à ciência da mecânica as idéias do dinamismo. Essas leis são enunciadas nos seguintes termos:

1ª - *A intensidade da força externa que atua sobre um corpo é igual ao produto entre a massa desse corpo por sua aceleração.*

2ª - *A intensidade da força dinâmica, que resulta da força externa após esta vencer a oposição oferecida pela força de inércia, é igual ao produto entre uma constante denominada 'estímulo' pela aceleração que o corpo passa a adquirir.*

3ª - *A intensidade da força de inércia, exercida pela matéria em oposição à alteração do seu estado de repouso em relação à força externa, é igual à diferença entre a intensidade dessa força externa pela intensidade da força dinâmica.*

4ª - *A variação da intensidade da força induzida, pela interação da força dinâmica no decorrer do tempo, é igual ao produto entre a intensidade dessa força dinâmica pela variação de tempo em que interage.*

Essas quatro leis formam todo o fundamento e arcabouço da moderna teoria do dinamismo desenvolvida por Leandro Bertoldo. Através dessa teoria foi possível demonstrar matematicamente que:

A velocidade de um corpo é igual ao produto entre uma constante de proporcionalidade denominada 'estímulo' pela intensidade da força induzida.

O interessante no trabalho de Leandro é a descoberta de que a essência dos princípios do dinamismo, aparentemente incompatível com as leis da física clássica são, de fato, interligado, e de que existe uma origem comum em ambas idéias.

Diferentemente de Newton, Leandro traçou a distinção entre movimento e ausência de movimento como conceitos totalmente distintos. Sob a perspectiva da força induzida, podem-se deduzir matematicamente os seguintes princípios:

Na ausência de força induzida, um corpo está em repouso.

Sob a interação de uma força induzida, um corpo está em movimento.

Sob a interação de uma força induzida constante, um corpo está em movimento retilíneo e uniforme ao infinito.

Sob a perspectiva da força externa, Leandro demonstrou matematicamente que:

Na ausência de forças externas, todos os corpos mantêm o seu estado de repouso ou de movimento retilíneo e uniforme ao infinito.

Esse princípio nada mais é do que uma reafirmação da primeira lei de Newton. Dessa forma o princípio da inércia somente têm significado sob a ótica do conceito de força externa.

Um dos erros dos filósofos aristotélicos residia primordialmente no seu conceito de força externa aplicado na velocidade. Esse conceito não explica adequadamente o movimento. Pois na verdade a força que está em correlação direta com a velocidade não é a força externa, mas sim a força induzida descoberta por Leandro. Outro erro desses filósofos foi o seu total desconhecimento do efeito que a força de atrito exerce em dissipar o movimento. Além do mais, essas idéias não eram fundamentais, não foram demonstradas experimentalmente ou matematicamente e nem representavam a verdadeira causa do movimento.

Assim, não é possível atribuir aos filósofos aristotélicos uma antecipação do moderno dinamismo. A teoria esposada e desenvolvida por Leandro no final do século XX, baseia-se em fatos definidos que são experimentalmente verificados por meio de previsões rigorosamente exatas obtidas pelo método matemático e observação experimental, da mesma forma que os ulteriores desenvolvimentos da teoria. Além do mais a teoria e as grandezas físicas descobertas por Leandro são totalmente diferentes daquelas empregadas pelos filósofos aristotélicos. Assim sem essa clara prova experimental, a suposição dos filósofos aristotélicos não passou, simplesmente, de uma grossa adivinhação. O dinamismo desenvolvido dentro da filosofia aristotélica não tem nenhuma base firme ou científica. De tal forma que foi destronada pela critica científica fundamentada no moderno método cientifico concebido por Galileu e Newton. Na verdade a teoria do dinamismo aristotélico era antes de tudo uma filosofia do que uma ciência. Por isso a glória pela descoberta do moderno dinamismo cabe unicamente ao cientista brasileiro Leandro Bertoldo.

Ceterum censeo Carthaginem esse delendam.

ARTIGO 42

O DINAMISMO DE NEWTON

Na primavera de 1661, um jovem muito inteligente, para não dizer genial, chamado Isaac Newton (1642-1727) matriculou-se no Trinity College da Universidade de Cambridge. Nessa Universidade o currículo era baseado no pensamento aristotélico. Ali se ensinava, inclusive, uma introdução à física aristotélica. E a influência de Aristóteles e do aristotelismo no pensamento e nas idéias de Newton foi tão grande que por essa época ele escreveu o seguinte lema num livro em branco: *Amicus Plato amicus Aristoteles magis amica veritas* - "Platão é meu amigo; Aristóteles é meu amigo; mas minha melhor amiga é a verdade" - Esse lema revela que para Newton, Platão e Aristóteles representam a base de grandes ensinos, mas que ele se guiava unicamente pela verdade. Em outras palavras ele não estava preso à autoridade de ninguém, mas seguia aquilo que entendia ser a verdade. Apesar disso o aristotelismo exerceu uma influência tão forte sobre Newton que veio a moldar boa parte do seu pensamento até mesmo em sua idade madura.

Na primeira versão de um pequeno tratado de nove páginas intitulado *De motu corporum in gyrum* - Do movimento dos corpos numa órbita - escrito em 1684, Newton ainda influenciado pelas idéias dos filósofos aristotélicos e pelo conceito medieval de ímpeto, apresentou uma curiosa definição sobre o movimento retilíneo e uniforme:

E (chamo) força de um corpo ou força intrínseca de um corpo àquilo que faz com que ele tenda a permanecer em seu movimento em linha reta.

E ao apresentar uma hipótese sobre o assunto ele decidiu por ampliar sua definição numa conceituação mais generalizada do movimento uniforme, que foi enunciada nos seguintes termos:

Por sua força intrínseca apenas, todo corpo segue uniformemente em linha reta para o infinito, a menos que algo extrínseco venha impedi-lo.

Dentro do contexto da moderna definição de dinamismo dado por Leandro Bertoldo, o conceito newtoniano de "força intrínseca" é absolutamente um conceito característico da teoria do dinamismo, que poderia muito bem corresponder ao de "força induzida".

Numa terceira versão bem mais elaborada do seu tratado original *De motu*, Newton substituiu o termo "Hipótese" pelo termo "Lei". Nessa nova versão a primeira lei não sofreu nenhuma modificação, mas continuava afirmando que os corpos deslocam-se uniformemente ao infinito exclusivamente em função de sua simples força intrínseca.

É interessante observar que ao estabelecer a segunda lei nessa versão, Newton definiu a ação de uma força denominada por "força impressa", nos seguintes termos:

A mudança do movimento (aceleração) é proporcional à força impressa e ocorre na direção da reta em que essa força é impressa.

Observa-se que Newton compreendia a existência de duas forças distintas operando no movimento, a "intrínseca" e a "impressa". E com esses dois conceitos em mãos fez uma tentativa desesperada para esclarecer e definir tais forças. Observe:

a) "a força intrínseca, inata e essencial de um corpo".

b) "a força induzida para empurrar ou impressa sobre um corpo".

A pedra fundamental que alicerçaria todo o futuro desenvolvimento da dinâmica newtoniana consistia na numa perfeita e exata compreensão dessas duas forças fundamentais ao movimento. Assim, Newton direcionou todo o seu esforço e energia em torno do desafio oferecido por esses dois novos conceitos.

Na verdade essas duas forças são totalmente incompatíveis entre si. Enquanto a força intrínseca guarda relação com o movimento retilíneo e uniforme, a força impressa guarda relação somente com os movimentos variados. E não existe nenhuma relação direta entre essas duas forças. Na verdade, do jeito que estava, a força intrínseca era totalmente incompatível com a lei de força impressa. E como não bastasse isso, Newton não conseguiu desenvolver uma relação quantitativa para a força intrínseca.

À medida que caminhava a largos passos para estabelecer uma dinâmica extremamente rigorosa fundamentada dentro dos exatos moldes quantitativos estabelecidos pelo método científico, ele percebeu as dificuldades em que estava envolvido. E como não chegou de imediato a uma compreensão teoricamente mais profunda e quantitativa da força intrínseca, começou discretamente a readaptar o seu conceito original para que se harmonizasse com o conceito de força impressa. Na dinâmica essa foi uma das grandes derrotas que Newton sofreu.

Nos textos de revisão que se seguiram à terceira versão da obra *De motu*, Newton começou a aproximar-se bem devagarzinho e discretamente do princípio da inércia. E algumas pequenas alterações bastante sutis nas definições do movimento foram transubstanciando o seu conceito inicial de força intrínseca.

Observe como a revisão do conceito de força intrínseca apresentada por Newton o estava conduzindo ao caminho do princípio da inércia, o qual ele conhecia muito bem através das obras de Galileu e de Descartes:

A força intrínseca, inata e essencial de um corpo é o poder pelo qual ele se mantém em seu estado de repouso ou de movimento uniforme em linha reta, e é proporcional à quantidade do corpo. Na verdade, ele se exerce proporcional-

mente à mudança de estado e, por ser exercida, pode ser chamada de força exercida de um corpo.

Note que a força intrínseca passou a receber outras qualificações e definições. E além do mais, agora ela passou a ser responsável não somente pelo movimento uniforme em linha reta, mas também pelo repouso do corpo. Observe a tentativa de Newton em definir quantitativamente a força intrínseca, como sendo uma grandeza proporcional à "quantidade do corpo". Atente para os novos nomes da força intrínseca: *inata e essencial de um corpo... pode ser chamada de força exercida de um corpo.*

No segundo texto revisto, Newton introduziu mais uma mudança muito significativa na definição do conceito de força intrínseca, mediante a qual ele atribuiu a sua causa à matéria e não a um corpo. Mais tarde ele novamente sugeriu outro nome para essa força: *Vis inertiae* - ou seja, a força de inércia.

Também retificou a sua primeira lei de modo semelhante, afirmando que um corpo, por sua simples força intrínseca, perseverava em seu estado de repouso ou de movimento uniforme em linha reta.

Pode-se constatar que a esta altura Newton abandonou o conceito de força intrínseca como sendo a causa do movimento uniforme. E além do mais, um breve aditamento na definição de "força impressa" veio a ratificar essa mudança; observe:

Essa força consiste somente na ação, e não mais permanece no corpo depois que a ação for concluída.

Com as alterações das definições e da lei da força intrínseca, Newton definitivamente submeteu-se às evidências do princípio da inércia. Esses dois conceitos não eram idéias originais de Newton. Na verdade fazia vinte anos que a teoria medieval aristotélica do ímpeto vinha disputando e levando grande vantagem sobre o princípio da inércia na preferência e gosto de Newton, simplesmente porque representava de forma clara e objetiva o princípio de causa e efeito. E sua convicção sobre o assunto vinha desde o seu primeiro ensaio juvenil "Do movimento violento", nas *Quaestiones*, onde doutrinava que uma força inerente aos corpos os mantinham em movimento. Entretanto, nos "Princípios" de René Descartes (1596-1650) e no "Diálogo" de Galileu Galilei (1564-1642), Newton encontrou-se diante de uma concepção totalmente inusitada e inovadora do movimento uniforme, o conceito definido pelo princípio da inércia, que ele viria a adotar plenamente vinte anos mais tarde.

Quando publicou a sua obra máxima, *Principia mathematica philosophiae naturalis* - "Princípios Matemáticos da Filosofia Natural" - em 1687, Newton suprimiu toda referência relativa ao conceito de força intrínseca no enunciado da primeira lei. Com isso eliminou o caminho e todo vestígio que o havia conduzido e levado a submeter-se ao princípio da inércia. De tal sorte que a sua primeira lei foi enunciada nos seguintes termos:

Todo corpo permanece em seu estado de repouso ou de movimento uniforme em linha reta, a menos que seja obrigado a modificar o seu estado por forças impressas nele.

Agora sim! Essa lei é totalmente compatível com a segunda lei de Newton. Pois na ausência de uma força impressa, um corpo permanece no estado em que se encontra; ou seja, em repouso ou em movimento uniforme em linha reta ao infinito. O que Newton fez foi renunciar a uma explicação casual em termos de "forças" para o movimento retilíneo e uniforme, como era sua intenção inicial.

Ao abandonar o conceito de força intrínseca, Newton na verdade perdeu a única oportunidade que tinha para conhecer uma realidade muito mais profunda da natureza do movimento. Dessa forma, acabou por sepultar o que teria sido a sua teoria do dinamismo. Essa teoria deveria aguardar trezentos anos para voltar à tona. E como teria sido diferente a física se Newton houvesse concebido o dinamismo!

Assim, em 1978 um jovem estudante colegial, sem nenhum conhecimento das idéias de Newton sobre o assunto, concluiu um breve artigo científico de vinte páginas manuscritas, denominado "Dinamismo". Nessa obra apresentava as seguintes leis quantitativas e qualitativas:

A velocidade de um móvel é diretamente proporcional à força induzida.

Pela interação contínua da força induzida, um móvel mantém seu estado de movimento retilíneo e uniforme ao infinito, a menos que uma força externa venha a alterar a força induzida.

Na ausência de força induzida, um corpo mantém o seu estado de repouso, a menos que uma força externa venha a comunicar uma força induzida no corpo.

Por essa mesma época Leandro, não conseguindo encontrar uma relação exata entre a sua teoria e a dinâmica newtoniana, resolveu deixou todos os problemas para uma ulterior e melhor reflexão.

Em 1995 voltou a abordar os problemas deixados sem solução dezessete anos antes. E em questão de alguns poucos meses estabeleceu quatro leis fundamentais que vieram a revolucionar a sua própria teoria original bem como toda a mecânica clássica. Essas leis foram enunciadas nos seguintes termos:

Lei I - *A força externa que atua sobre um corpo é igual ao produto entre a massa desse corpo por sua aceleração.*

Lei II - *A força dinâmica que é a resultante da força externa, após esta vencer a oposição oferecida pela força de inércia, é igual ao produto entre uma constante universal denominada por 'estímulo' pela aceleração que o corpo adquire.*

Lei III - *A força de inércia que a matéria exerce em oposição à alteração do seu estado de repouso em relação ao referencial força externa, é igual à diferença entre o valor dessa força externa pela força dinâmica resultante.*

Lei IV - *A variação da força induzida que a força dinâmica comunica ao móvel no decorrer do tempo é igual ao produto entre a intensidade dessa força induzida pela variação de tempo em que atua.*

Essas leis vieram a generalizar e aumentar os horizontes de toda a mecânica clássica. A partir delas é possível extrair toda a teoria do dinamismo criada por Leandro, bem como deduzir matematicamente toda a dinâmica de Newton e cinemática de Galileu. Essa teoria é evidente por si mesma. Tem tudo para resultar num novo paradigma da física. Entretanto, Thomas Khun (1923-1996), sugeriu que as mudanças nas idéias científicas não ocorrem unicamente por causa de novas descobertas. Estas são algumas vezes ignoradas simplesmente porque os cientistas não estão preparados para recebê-las. Espero que esse não seja o destino da moderna teoria do dinamismo de Leandro, pois suas conseqüências ainda não foram totalmente exploradas. *Ceterum censeo Carthaginem esse delendam.*

ARTIGO 43

CONCEITO DE INÉRCIA

O conceito de inércia proposto pelo físico italiano Galileu Galilei (1564-1642) em sua obra *Dialogo*, e pelo filósofo francês René Descartes (1596-1650) em sua obra *Princípios*, foi enunciado formalmente por este último nos seguintes termos:

Tudo, naturalmente, persiste no estado em que se encontra, a menos que seja interrompido por uma causa externa, donde um corpo, uma vez deslocado, manterá sempre a mesma celeridade, quantidade e determinação de seu movimento.

Esse princípio passou por sucessivas reformulações antes que o físico inglês Isaac Newton (1642-1727) o elevasse a uma expressão mais depura e operacional em perfeita harmonia com o princípio fundamental da dinâmica. Aquele princípio passou a ser conhecida dentro da física clássica como sendo a primeira lei de Newton que é enunciada nos seguintes termos:

Qualquer corpo permanece em seu estado de repouso ou de movimento uniforme em linha reta, a menos que tal situação seja modificada pela ação de forças aplicadas sobre ele.

Entretanto, a princípio, Newton não havia adotado as idéias cartesianas de inércia, que é algo intrínseco ao corpo. Estando ainda preso aos conceitos da antiga física aristotélica, havia adotado o conceito medieval de *impetus* que seria algo comunicado ao corpo, conforme a sua hipótese apresentada na primeira e segunda versão de sua obra *De motu*. Observe:

Por sua força intrínseca somente, qualquer corpo segue uniformemente em linha reta ao infinito, a menos que algo extrínseco venha impedi-lo.

Newton logo percebeu que o conceito de força intrínseca operando num movimento uniforme em linha reta era totalmente incoerente ou incompatível com o princípio fundamental da dinâmica, segundo o qual toda força produz uma aceleração. Posteriormente ele resolveu a contradição. De uma maneira bem discreta e quase que relutantemente foi abandonando o conceito de força intrínseca para em seguida adotar o princípio da inércia. Desse modo explicou que a causa de um corpo permanecer em repouso é a mesma que o faz descolar-se em movimento retilíneo e uniforme.

Newton agiu assim porque seu alvo imediato não era uma dinâmica, mas sim a lei da gravitação universal e suas conseqüências. Mas ao fazer isso perdeu a grande oportunidade de descobrir as causas primeiras do repouso e do movimento retilíneo e uniforme em linha reta ao infinito e até mesmo do movimento variado.

Newton nunca chegou a uma expressão quantitativa para a sua suposta força intrínseca. Nunca conseguiu ver como essa força intrínseca se relacionava com a sua definição quantitativa de força impressa; esta passou a ser conhecida como sendo o princípio fundamental da dinâmica. Todas essas questões teriam que aguardar a vinda de outra criatura do mesmo gênero de Newton para serem respondidas.

Trezentos anos depois. Mogi das Cruzes, 1976, no Colégio Estadual de Segundo Grau Francisco Ferreira Lopes, matricula-se um jovem de cerca de dezessete anos de idade. Vem motivado pela oportunidade de prosseguir seus estudos em ciências. Não tinha nada que o destacava dos demais. Na verdade apresentava características que dificultavam sua aprendizagem. Em particular, uma grande timidez e uma certa dificuldade em pronunciar corretamente algumas palavras.

Esse jovem aluno chamava-se Leandro Bertoldo. E já trazia em seu espírito, um acentuado interesse pelas áreas de ciências exatas. Enquanto os seus colegas tinham por ídolos os cantores populares ou esportistas, ele tinha como seus heróis os grandes nomes da ciência, entre os quais se destacavam Galileu Galilei, Johannes Kepler e Isaac Newton. Nas biografias desses gigantes da ciência, há muito tempo vinha deleitando-se e sonhando.

Nesse ano tem início os seus estudos de física, começado pela cinemática - parte da mecânica que estuda a descrição do movimento sem preocupar-se com suas causas. E antecipando uma possível explicação para o fenômeno da velocidade, em julho desse mesmo ano, passa a defender para si mesmo a ousada tese de que a velocidade está relacionada com uma força. Posteriormente, ao pesquisar as propriedades dessa força chegou à conclusão que ela é muito diferente daquela definida pelo princípio fundamental da dinâmica. Em 1978 havia terminado o seu primeiro artigo completo sobre o assunto. Esse artigo foi intitulado "Dinamismo" e apresentava quatro leis centrais e suas conseqüências com a ciência da cinemática. Essas quatro leis foram enunciadas nos seguintes termos:

Definição: *A força induzida é uma grandeza física que é comunicada ao móvel. Ela se acumula, permanece conservada e é transportada pelo móvel.*

Lei 1ª - *A velocidade de um móvel é diretamente proporcional à força induzida.*

Lei 2ª - *A variação da força induzida é proporcional à variação de tempo.*

Lei 3ª - *Unicamente por causa da força induzida transportada por um móvel, o corpo permanece em movimento uniforme em linha reta ao infinito.*

Lei 4ª - *Na ausência de força induzida, um corpo permanece em seu estado de repouso para sempre.*

Em essência essa era a teoria do dinamismo de Leandro em 1978. Entretanto, por mais que tentasse, ele não conseguiu relacionar os conceitos acima enunciados com as leis de Newton em especial com o conceito de massa. E também não tinha nenhuma explicação para essa dificuldade. Assim achou melhor deixar qualquer questão para um estudo posterior.

Nesse estado a sua teoria ficou abandonada por dezessete anos. E durante esse longo período esteve pesquisando e es-
crevendo vários artigos dentro das áreas da física clássica e
moderna, criou cálculos matemáticos e novos modelos de geometria, desenvolveu alguns conceitos matemáticos para a lingüística e estudou exegese bíblica, entre tantos outros assuntos.
Em 1995, ao fazer um inventário de suas pesquisas, retornou à sua primeira teoria. As perguntas que não foram respondidas dezessete anos antes se tornaram claras diante das
novas idéias que lhe brotavam. E no espaço de alguns meses
descobriu o que chamou de leis fundamentais do dinamismo.
Essas leis revelavam uma realidade mais profunda da natureza.
Mais profunda do que aquelas apresentadas por sua antiga teoria. Muito mais profundas do que aquelas apresentadas pela
dinâmica de Newton.

Essa teoria, criada, desenvolvida e sistematizada por
Leandro constitui a primeira exposição e a mais completa sistematização da física clássica do dinamismo, sintetizando num
todo único e consistente a cinemática de Galileu, a dinâmica de
Newton e a filosofia medieval fundamentada no aristotelismo.
Tudo isso no contexto da mais rigorosa matemática e ciência da
natureza, com fundamento na metodologia da pesquisa científica moderna.

Essa teoria pode ser resumida na seguinte frase: *A força
externa aplicada sobre um corpo, após vencer a oposição oferecida pela força de inércia, aparece como uma resultante denominada por força dinâmica. Esta comunica ao móvel no decorrer do tempo uma força induzida.* Ela unificou a física clássica com a física antiga dentro da mais rigorosa demonstração
matemática. E o núcleo central do moderno dinamismo são as
suas quatro leis fundamentais, que foram enunciadas nos seguintes termos:

Lei I - *A intensidade da força externa que atua sobre
um corpo é igual ao produto entre a massa desse corpo por
sua aceleração.*

Lei II - *A intensidade da força dinâmica, que é a resultante da força externa após esta vencer a oposição oferecida pela força de inércia, é igual ao produto entre uma constante denominada 'estímulo' pela aceleração que o corpo apresenta.*

Lei III - *A intensidade da força de inércia, que a matéria exerce em oposição à alteração do seu estado de repouso em relação ao referencial da força externa, é igual à diferença matemática entre a intensidade da força externa pela intensidade da força dinâmica.*

Lei IV - *A variação da intensidade da força induzida num móvel pela força dinâmica no decorrer do tempo, é igual ao produto entre a intensidade da força dinâmica pela variação de tempo de sua interação.*

Essas quatro leis permitiram a demonstração de que a teoria inicial de Leandro era um caso particular de uma teoria mais geral. Também permitiram demonstrar que a dinâmica newtoniana era um caso restrito do dinamismo. Por essas leis foi demonstrado que a velocidade está diretamente relacionada com a força induzida, permitindo a Leandro deduzir as seguintes leis:

1º - Para o movimento uniformemente variado Leandro enunciou que: *A variação da intensidade da força induzida é igual ao produto entre o estímulo pela variação de velocidade.*

2º - Para o movimento uniforme e retilíneo, Leandro enunciou que: *A intensidade da força induzida é igual ao produto entre o estímulo pela velocidade.*

Observa-se que a mesma lei é aplicada igualmente a dois tipos diferentes de movimentos, mostrando com isso a generalização alcançada pela teoria do dinamismo.

Leandro também demonstrou que o princípio da inércia só tem sentido quando o considera sob a perspectiva da força externa. Apresentou a demonstração de que sob a ótica da força induzida o princípio da inércia sofre uma distinta divisão no que foi chamado de "princípio do repouso" e "princípio do movimento", cujo enunciado rigoroso foi obra de Leandro. Esses dois últimos princípios apresentam os seguintes enunciados:

3º - *Sob a ação da força induzida todos os corpos permanecem em seu estado de movimento retilíneo e uniforme ao infinito, a menos que uma força externa venha a alterar tal força induzida.*

4º - *Na ausência de força induzida todos os corpos permanecem em seu estado de repouso, a menos que uma força externa venha comunicar-lhe uma força induzida.*

Pelo critério da força induzida, repouso e movimento são conceitos distinto, cuja causa está relacionada com a ausência ou presença de força induzida. Pode-se ainda afirmar que a força induzida dos corpos em movimento apresenta a marca distintiva do movimento verdadeiro. Na verdade a força induzida nos móveis define-lhes satisfatoriamente os movimentos absolutos.

Por tudo que foi apresentado até agora, nota-se que Leandro foi o responsável pelo formalismo matemático da teoria do dinamismo. Essa teoria representa um novo paradigma - mudanças nas idéias científicas - pronto e perfeitamente acabado.

Essas descobertas foram resultados de uma nova maneira de ver os fenômenos da natureza e nisso reside sua maior importância dentro da história das grandes descobertas. Formulando essas leis, Leandro reestruturou todo o conhecimento científico da natureza e abalou os alicerces que fundamentavam a concepção da física newtoniana. Destruiu a idéia de que a força não tem relação com a velocidade ou que no movimento uniforme em linha reta ao infinito não existe a interação de forças. Em lugar de conceber o princípio da inércia como sendo causa única do repouso e do movimento, mostrou que em relação à força induzida esse princípio sofre um processo de bipartição.

Por tudo isso e muito mais que não foi discutido ou levado em consideração no presente artigo pode-se afirmar que Newton e Leandro foram apenas meninos que um dia em épocas diferentes brincaram na mesma praia divertindo-se em pro-curar uma pedrinha mais lisa ou uma conchinha mais bonita do que as outras, embora diante deles houvesse um oceano de verdades e mistérios ainda inexplorados que se estendia para além da infinita linha do horizonte.

Ceterum censeo Carthaginem esse delendam.

ARTIGO 44

O ESTADO DO DINAMISMO

O filósofo grego Demócrito, que viveu entre 460 e 370 a.c., sugeriu que a força está relacionada com a velocidade dos corpos. Na sua teoria atômica havia considerado que no vácuo os átomos mais pesados deveriam apresentar uma velocidade maior do que os átomos mais leves. Sua idéia era tão revolucionária que foi rejeitada e considerada absurda pelo maior filósofo de todos os tempos: Aristóteles de Estagira (384-322 a.c.). É evidente que os homens notaram a relação entre movimento e força desde os primórdios dos tempos. Para empurrar, puxar, arremessar, jogar uma pedra é necessário exercer uma força. A revolucionária invenção da roda e da tração animal atesta o fato de que o homem conhecia a relação entre força e movimento.

Aristóteles rejeitou o conceito de vácuo e a teoria atômica de Demócrito. Argumentou que se o vácuo existisse, tudo deveria cair com a mesma velocidade. Com esse conceito a filosofia de Aristóteles deixava uma porta aberta que possibilitaria aos filósofos aristotélicos enunciarem uma teoria que explicasse o comportamento dos corpos graves em movimento.

Entretanto, limitou-se a concluir, aprioristicamente, que a força externa é a causa do movimento. E que quanto maior for a força externa que atua sobre um corpo tanto maior será sua velocidade. E que, portanto, um corpo pesado cai mais rápido do que um leve. Tudo isso, no entanto, como já foi dito sem a necessária verificação experimental ou determinação quantitativa.

Dezoito séculos depois de Aristóteles, conta a lenda que Galileu Galilei (1564-1642) subiu ao alto da Torre de Pizza e simultaneamente soltou dois corpos se pesos diferentes que adquiriram as mesmas velocidades e chegaram juntos ao solo, demonstrando com essa experiência que as idéias dos filósofos aristotélicos estavam totalmente erradas.

Os métodos de Galileu para demonstrar a propriedade dos corpos em queda livre estavam essencialmente corretos, muito embora os seus conhecimentos sobre as propriedades das forças fossem extremamente deficientes.

Todavia recorresse a muitos fundamentos apriorísticos e incorretos, a teoria dos filósofos aristotélicos constituiu a base de toda e qualquer discussão em mecânica durante a Idade Média - até a divulgação das idéias de Descartes, Kepler, Galileu e de Newton.

Por causa desses gigantes da ciência as idéias dos filósofos aristotélicos foram desprezadas e abandonadas pelos mais eminentes cientistas renascentistas, cujas evidências, a força não tinha qualquer relação com a velocidade. Não causa, portanto, qualquer estranheza que os filósofos aristotélicos, que não conseguiram provar a sua teoria, fossem completamente ignorados e esquecidos nos séculos seguintes.

Esses filósofos também defendiam a idéia de que para um corpo manter o seu movimento era necessário que estivesse continuamente sob a ação de uma força externa. E que cessada a ação dessa força, o corpo perdia o seu movimento e ocuparia o seu lugar natural de repouso.

Galileu Galilei, depois de uma longa vida dedicada unicamente ao estudo da física, não alimentava dúvidas sobre a inconsistência da teoria aristotélica. Divulgou então uma teoria completamente inédita, segundo a qual os corpos movem-se ao infinito independentemente da permanente ação de uma força externa e que todos os corpos caem com a mesma aceleração, independentemente de seus pesos.

Embora os filósofos aristotélicos tivessem relacionado o movimento à força, uma verdade fundamental lhes havia escapado: a força externa é a causa da aceleração e não da velocidade.

A teoria de Galileu encontrou um tremendo defensor dos seus pontos de vista no notável físico inglês Isaac Newton, nascido em 1642, o qual, endossou as idéias de Galileu através de suas três leis fundamentais publicadas em 1687. Com suas descobertas Newton tornou-se o maior físico que já viveu sobre a face da Terra.

Suas três leis podem ser enunciadas nos seguintes termos:

Lei I - *Na ausência de forças externas, qualquer corpo permanece em repouso ou em movimento retilíneo e uniforme ao infinito.*

Lei II - *A intensidade de força externa aplicada sobre um corpo é igual ao produto entre sua massa pela aceleração adquirida.*

Lei III - *De toda ação de uma força segue-se uma força de reação de mesma intensidade e direção, porém de sentidos opostos.*

Com essas leis tornaram-se claros os erros das idéias dos filósofos aristotélicos. Era o golpe de misericórdia que viera para descartá-las definitivamente da ciência. Finalmente essas idéias foram totalmente rejeitadas e abandonadas.

Passado trezentos anos, mais precisamente em 1976, Leandro Bertoldo, ao iniciar o seu estudo de física, descobriu que a velocidade dos corpos estava relacionada com o que chamou por força induzida. Em breve compreendeu que havia descoberto uma nova força da natureza e que sua idéia demolia a antiga noção, longamente acalentada, segundo a qual, não existe nenhuma força operando num corpo em movimento retilíneo e uniforme. Assim em 1978 concluiu um breve artigo onde sistematizava matematicamente suas idéias originais bem como as conseqüências dessas idéias na ciência da cinemática. Esse ano marca o nascimento do que ele chamou por ciência do *dinamismo*.

Esse artigo apresentava basicamente quatro leis, a saber:

1ª Lei: *A variação de velocidade é diretamente proporcional à variação de força induzida.*

2ª Lei: *A variação de força induzida é diretamente proporcional à variação de tempo.*

3ª Lei: *Unicamente por causa da interação da força induzida, o móvel mantém seu estado de movimento retilíneo e uniforme ao infinito, a menos que uma força externa venha a alterar essa situação.*

4ª Lei: *Devido a ausência de força induzida, o corpo mantém seu estado de repouso, a menos que uma força externa venha a alterar essa situação.*

Essas leis revolucionaram a mecânica clássica e reintroduziram na física as essências da antiga filosofia aristotélica. Entretanto, Leandro estava diante de uma grande dificuldade. Ele não conseguiu encaixar sua teoria no contexto da filosofia da dinâmica newtoniana. E como não conseguiu imediatamente a solução dos problemas que surgiram, deixou qualquer reflexão para uma ulterior consideração.

Durante dezessete anos, Leandro nem tocou em sua teoria, posto que estava sobrecarregado em várias pesquisas, nas áreas da física, da matemática, da exegese bíblica, etc. Entretanto em 1995, retorna ao problema de sua teoria inicial. E a partir dos estudos que realizara, pode enunciar as leis fundamentais do dinamismo, nas quais hoje se baseia toda uma ciência da mecânica. Essas leis afirmam que:

Lei I - *A força externa que atua sobre um corpo é igual ao produto entre a massa desse corpo por sua aceleração.*

Lei II - *A força dinâmica que interage nu corpo é igual ao produto entre uma constante denominada 'estímulo' pela aceleração adquirida por esse corpo.*

Lei III - *A força de inércia de um corpo é igual à diferença entre a força externa pela força dinâmica.*

Lei IV - *A variação da força induzida num móvel é igual ao produto entre a força dinâmica pela variação de tempo.*

Através dessas quatro leis foi possível obter os seguintes resultados:

a) Deduzir toda a antiga teoria do dinamismo inicial de Leandro;

b) Obter toda a dinâmica de Newton;

c) Generalizar a mecânica clássica;

d) Fundir a cinemática e a dinâmica em um conceito todo único e consistente.

e) Restaurar a idéia medieval de "impetus", fundamentada na filosofia aristotélica.

O conceito básico dessa nova teoria do dinamismo foi o conceito de força de inércia. Isso possibilitou fundamentar filosoficamente a teoria do dinamismo nos seguintes termos:

A força externa que atua sobre um corpo qualquer, ao vencer a oposição oferecida pela força de inércia, emerge numa resultante denominada por força dinâmica. Esta por sua vez, no decorrer do tempo, comunica ao móvel uma força induzida.

A força externa é definida como sendo uma ação de origem externa exercida sobre um corpo. A força dinâmica é definida como sendo uma resultante da força externa, após esta vencer a oposição oferecida pela força de inércia. Já a força de inércia é caracterizada pela oposição que a matéria exerce em alterar o seu estado de repouso, em relação ao referencial da força externa. Finalmente a força induzida é definida como uma interação intrínseca ao móvel. Ela é gerada pela força dinâmica interagindo nesse móvel no decorrer do tempo.

A força dinâmica pode consistir apenas numa interação momentânea, não permanecendo no móvel depois de cessada sua ação. Enquanto permanece no móvel o movimento é variado. Entretanto, cessada sua ação, o móvel mantém um movimento retilíneo e uniforme ao infinito unicamente em função da interação da força induzida.

Pelo que se depreende pode-se concluir que a teoria do dinamismo é um conceito inovador que trouxe ao mundo um novo paradigma científico.

Ceterum censeo Carthaginem esse delendam.

ARTIGO 45

RESTAURAÇÃO DO DINAMISMO

As suposições de que o movimento tem por fundamento causal num dinamismo - ação simultânea entre força e movimento - tiveram sua origem da antiga Grécia, dois mil e trezentos anos antes de Leandro Bertoldo criar e desenvolver a moderna ciência do dinamismo na forma como é apresentada hoje. A mecânica medieval, em essência, defendia as seguintes idéias, que demonstram um tipo muito primitivo de dinamismo:

1º - *Um corpo em repouso está no seu estado natural.*

2º - *Qualquer corpo em movimento está sob a ação de uma força externa.*

3º - *Para que um corpo mantenha o seu movimento em linha reta com velocidade constante é necessário que ele esteja continuamente sob a ação de uma força externa.*

4º - *Cessada a ação da força externa o corpo entra em seu estado natural de repouso.*

5º - *Um corpo que cai apresenta movimento tanto mais rápido quanto maior for seu peso.*

Os antigos filósofos da natureza enganaram-se porque ignoravam o efeito dissipador do movimento provocado pela oposição da força de atrito, e por isso mesmo laboraram num erro crasso.

O dinamismo, uma idéia que fascinara os filósofos medievais durante séculos, foi totalmente abandonada pelos cientistas renascentistas. Isto porque, com justiça, fora reprovado nas provas experimentais. Assim, diante moderno método cientifico, ficou claro que essas idéias não passavam de conjeturas equivocadas fundamentadas em conceitos totalmente errados.

Com isso a dinâmica newtoniana passou a exercer um papel primordial na explicação dos fenômenos cinemáticos.

O método científico estabelece que, quando um cientista apresenta uma hipótese, ela deve ser avaliada dentro dos seguintes parâmetros:

1º- *Os dados obtidos do fenômeno observado devem obrigatoriamente estar em perfeita conformidade com a hipótese enunciada.*

2º- *A hipótese do cientista deve descrever o fenômeno em seus aspectos fundamentais.*

3º- *A hipótese lançada também deve explicar os resultados de fenômenos já conhecidos.*

4º- *A hipótese representa um avanço científico quando faz a previsão de novos resultados.*

5º- *Experiências devem testar a capacidade da hipótese em prever os resultados enunciados.*

6º- *Quando a soma das evidências em favor de uma hipótese é suficientemente grande, ela torna-se uma teoria científica.*

Em 1976, quase trezentos anos depois de Newton, um jovem chamado Leandro Bertoldo, redescobriu por conta própria o espírito da filosofia do dinamismo, pois afinal de contas é um conceito extremamente intuitivo. Entretanto havia uma diferença muito significativa: não se tratava de uma suposição, posto que estava fundamentada dentro do mais rigoroso método científico moderno.

Na Escola Estadual de Segundo Grau "Francisco Ferreira Lopes", esse jovem adolescente de dezessete anos, desconhecendo inteiramente as suposições dos filósofos aristotélicos ao pesquisar por conta própria, e sozinho as causas do movimento, chegou a uma conclusão surpreendente e totalmente diferente da teoria clássica de Newton.

Nesse trabalho concluído em 1978, ele havia apresentado os seguintes postulados básicos:

1°- *A variação de velocidade dos corpos em movimento uniformemente variado é diretamente proporcional à variação da força induzida.*

2°- *A velocidade dos corpos em movimento retilíneo e uniforme é diretamente proporcional à força induzida que transporta.*

3°- *A variação de força induzida num corpo é diretamente proporcional à variação de tempo.*

4°- *A força externa é igual ao produto entre a massa do corpo por sua aceleração.*

De imediato começou a explorar e a desenvolver as conseqüências de sua idéia original, chegando a inusitadas conclusões:

5°- *Unicamente pela interação da força induzida um móvel mantém seu movimento uniforme e retilíneo ao infinito a menos que a ação de uma força externa venha a modificar essa força induzida.*

6°- *Na ausência de força induzida, um corpo mantém seu estado de repouso para sempre a menos que a ação de uma força externa venha a comunicar ao corpo uma força induzida.*

Em sua forma original os postulados de Leandro não eram tão abrangentes quanto a forma em que foi exposto no presente artigo. O seu trabalho inicial, apresentava um tratamento detalhado do comportamento da força induzida em relação à velocidade. Esse trabalho original não tinha uma teoria filosófica completa do movimento. Essa teoria somente seria construída em 1995, quando ele estabeleceu quatro leis fundamentais, a saber:

Lei I - *A força externa que atua sobre um corpo é igual ao produto entre a massa desse corpo por sua aceleração.*

Lei II - *A força dinâmica que interage num corpo sob a ação de uma força externa é igual ao produto entre a constante de proporcionalidade chamada por "estímulo" pela aceleração desse corpo.*

Lei III - *A força de inércia exercida pela matéria é igual à diferença matemática existente entre a força externa pela força dinâmica.*

Lei IV - *A variação de força induzida num móvel é igual ao produto entre a força dinâmica pela variação de tempo de interação desta.*

Entretanto pelo que se observa, depreende-se que essa ciência veio a ligar as idéias da filosofia aristotélica defendida na Idade Média aos métodos científicos mais sofisticados da física moderna. É estranho que uma sucessão de grandes físicos após Galileu Galilei (1564-1642) tenham ignorado a ligação entre a física clássica e a filosofia dos aristotélicos. Na verdade, durante esses últimos trezentos anos ninguém percebeu essa ligação até que Leandro com as suas pesquisas a redescobriu!

O dinamismo de Leandro apresenta evidências mais do que suficientes para o apoiar, de tal forma que já não pode ser considerado uma hipótese, mas verdadeiramente, uma teoria cientifica. Essa descoberta não deixou o jovem pesquisador nem um pouco intimidado pelo fato de que os cientistas mais geniais que já viveram sobre a face do planeta nos últimos trezentos anos, não tivessem dado conta dos fundamentos científicos do dinamismo. Na verdade ele sente-se muito honrado de que tenha sido ele esse homem.

Ceterum censeo Carthaginem esse delendam.

ARTIGO 46

RASCUNHOS DO DINAMISMO

A história do dinamismo é exclusiva e única no mundo. Apesar de ser uma das maiores pesquisas dos últimos tempos no campo da física clássica, qualquer pessoa pode compreendê-la completamente. Na verdade, sua primitiva idéia remonta aos antigos filósofos gregos. E apesar de ser uma idéia extremamente intuitiva, ela foi abandonada a partir da renascença por estar fundamentada em conceitos totalmente equivocados. E por mais de trezentos anos a suposição aristotélica que tratava o movimento como um dinamismo esteve fora de vista da ciência.

Empregando as técnicas da ciência moderna na demonstração de suas idéias originais, Leandro chegou a resultados surpreendentes. De suas pesquisas emergiram as antigas idéias filosóficas da física aristotélica que predominaram durante a toda a Idade Média. Entretanto, seus resultados apresentam novas grandezas físicas que superam de longe, aqueles defendidos pelos filósofos aristotélicos e além do mais, estão fundamentados no moderno método cientifico. Isso representa o trabalho de gigante realizado por uma única pessoa nestes últimos tempos.

A matemática envolvida na demonstração de Leandro é uma das mais fáceis do mundo. E existe uma enorme beleza intrínseca e única na teoria do dinamismo. Essa beleza reside no fato de que o dinamismo é uma teoria muito simples de ser entendida apelando para o bom senso e para a intuição. Trata-se de uma teoria que pode ser enunciada em termos bem familiares a qualquer estudante de segundo grau.

Leandro, apesar de ser um homem do século XX, absorveu as tradições científicas renascentistas. Ao colocar-se no centro das descobertas de Isaac Newton, tornou-se inegavelmente seu maior continuador. E ao subir nos ombros gigantes de Newton pode enxergar mais longe e dar um passo maior. Entretanto, para isso, ele fez uma pergunta que Newton aparentemente não considerou ou imaginou e ao fazê-lo foi conduzido à moderna ciência do dinamismo. Essa pergunta foi a seguinte: que tipo de força guarda relação direta com a velocidade em qualquer tipo de movimento?

A rejeição da física medieval realizada por Galileu e Newton levou ao abandono do antigo e precário dinamismo aristotélico durante os três últimos séculos. Esse período mostra bem a importância da ciência desenvolvida por Galileu e Newton. Entretanto, é difícil imaginar que o princípio filosófico do dinamismo aristotélico poderia fundamentar a mesma ciência que o rejeitou.

É simplesmente inacreditável que a idéia de dinamismo no movimento, embora seja um conceito enunciado de maneira tão simples e claro, pudesse ter ficado abandonado por tão longo tempo. Totalmente longe dos avanços do conhecimento científico. Distante da compreensão a física clássica e moderna. Afastado do desenvolvimento da teoria da relatividade e da mecânica quântica.

Também é interessante reforçar o fato de que a idéia de dinamismo permaneceu abandonada e esquecida durante todo esse tempo. Sendo que justamente essa forma de ciência fornece uma compreensão maior a respeito da natureza e do próprio universo. Tudo em perfeita harmonia e fundamentado no emprego da intuição e da inspiração. Porém, suas conclusões são consideradas absolutas.

Isso somente pode ser compreensível diante do seguinte argumento: a física apresenta hipóteses que precisam ser testada e aprovada somente diante da evidência experimental. Se falharem, obrigatoriamente são modificadas ou substituídas por outras conjecturas. Foi exatamente isso que aconteceu com a suposição do dinamismo aristotélico na Renascença. Essa filosofia não se confirmou com os fatos observados e a partir desse período perdeu toda a sua importância para as pesquisas físicas subseqüentes, tornando-se apenas mais uma simples curiosidade histórica da filosofia aristotélica. Mas agora, com as descobertas inusitadas de Leandro, está claro que sua importância ressurge das cinzas de uma maneira inesperada e avassaladora.

Na teoria do moderno dinamismo, Leandro descobriu e desenvolveu as leis fundamentais dessa ciência, o que veio a criar uma ponte de ligação entre a física clássica e a filosofia do antigo dinamismo. Isso possibilitou a generalização da mecânica clássica num conceito único, consistente e harmonioso. É bom lembrar que a generalização e a unificação de conceitos físicos sempre foi o objetivo supremo dos cientistas em todas as épocas.

O moderno dinamismo de Leandro ficou dessa forma ligado profundamente à filosofia aristotélica tocando em todas as teorias da filosofia natural. Essa filosofia havia proporcionado uma visão única do movimento e havia impulsionado as idéias da física medieval.

A descoberta de Leandro não resolveu apenas um problema abandonado e esquecido pela física. Mas representou uma ampliação do horizonte da própria ciência. A idéia de dinamismo estava morta e sepultada desde a Renascença. Entretanto, foi ressuscitada do pó dos séculos para uma nova vida neste final de milênio. Isso causou ao seu autor uma emoção muito intensa que se manifestou no momento de glória dessa teoria.

Ceterum censeo Carthaginem esse delendam.

ARTIGO 47

COMENTÁRIOS SOBRE O DINAMISMO

Leandro Bertoldo, cientista brasileiro nas áreas de física e matemática que a partir dos dezessete anos de idade começou a desenvolver uma teoria que relacionava e explicava quantitativamente e qualitativamente as causas dos mais diferentes tipos de movimentos. Essa teoria denominada por "Dinamismo" representa uma idéia de caráter singular, unificador e dinamocêntrica.

Sua teoria foi tão bem-sucedida que provou que em todos os tipos de movimento existe uma força interagindo. Através dessa teoria foi possível realizar a unificação da cinemática e da dinâmica num único conceito teórico. Essa teoria permitiu deduzir novas leis para o movimento, além de explicar e demonstrar as leis de Newton. Com isso tornou-se claro que a mecânica newtoniana representa um caso particular de uma teoria mais geral.

Leandro desenvolveu a sua idéia, segundo a qual a velocidade de um corpo em qualquer tipo de movimento está relacionada a uma nova modalidade de força. Uma força intrínseca ao móvel denominada por ele de "força induzida". Segundo esse cientista, a força induzida apresenta algumas propriedades bastante interessantes:

1ª - *Ela é uma força comunicada ao móvel por um processo de indução.*

2ª - *Permanece conservada e não existe fora do movimento.*

3ª - *Ela é transportada pelo móvel.*

4ª - *É uma força acumulativa.*

Sua teoria estabelece, como princípio primordial, que:
A velocidade adquirida por um corpo é diretamente proporcional à intensidade da força induzida que o mesmo transporta.

Disso infere-se que, uma velocidade constante é causada por uma força induzida constante; uma velocidade variável é provocada pela interação de uma força induzida variável e, uma velocidade nula implica numa força induzida nula.

Portanto, pode-se afirmar que no movimento retilíneo e uniforme a força induzida é constante no decorrer do tempo. Já no movimento uniformemente variado a força induzida varia uniformemente com o passar do tempo. E em repouso o corpo apresenta força induzida nula. Tudo isso indica que o movimento pode ser classificado em função da força induzida transportada pelo móvel.

Assim, Leandro foi levado a enunciar os seguintes postulados:

1º - Apenas por causa da força induzida o móvel mantém seu estado de movimento retilíneo e uniforme ao infinito, a menos que uma força externa venha a alterar tal situação.

2º - *Na ausência de força induzida o corpo encontra-se no estado de repouso, a menos que uma força externa venha a modificar tal situação.*

Essa era a situação da teoria de Leandro em 1978. Até esse ponto o cientista não tinha nenhuma idéia que pudesse relacionar esses conceitos à mecânica clássica. E na época as suas tentativas para encaixar as referidas conclusões na dinâmica newtoniana fracassaram, principalmente porque o conceito de força enunciado por Newton está relacionado com a aceleração e não com a velocidade. E também porque a teoria inicial de Leandro não levava em consideração o efeito da inércia provocada pela massa de um corpo.

Como não conseguiu de imediato uma solução para a questão que se levantava e agigantava, bem como outros problemas de física e de matemática lhe chamavam a atenção, então resolveu deixar a questão de lado para uma ulterior cuidadosa reflexão. Assim passaram-se dezessete longos anos até que em 1995 retornou ao estudo de sua teoria inicial. De imediato atacou o problema e não o largou enquanto não o subjugou inteiramente. E em questão de poucos meses havia desenvolvido uma nova teoria do dinamismo, onde as forças explicavam todas as causas dos movimentos além de descrevê-los quantitativamente e qualitativamente. Em síntese essa teoria afirma que:

A força externa que atua sobre um corpo, após vencer a força de inércia, emerge numa resultante denominada força dinâmica que comunica ao corpo uma força induzida.

Pelo que se depreende observa-se que a teoria do dinamismo está fundamentada no conceito de quatro forças básicas, caracterizada e definida da seguinte maneira:

A força externa é uma ação aplicada no exterior de um corpo. A fonte dessa força pode ser de resultado muscular, mecânico, elástico, elétrico, magnético, gravitacional, etc.

A força de inércia é caracterizada pela oposição oferecida pela matéria à alteração do seu estado de repouso em relação ao referencial da força externa.

A força dinâmica é a força que resulta da ação força externa, após esta vencer a oposição oferecida pela força de inércia.

A força induzida é comunicada no móvel no decorrer do tempo pela interação da força dinâmica.

Fundamentado nessa teoria Leandro estabeleceu as suas leis fundamentais do dinamismo, enunciadas nos seguintes termos:

Lei I - *A força externa é igual ao produto entre a massa de um corpo por sua aceleração.*

Lei II - *A força dinâmica é igual ao produto entre uma constante denominada "estímulo" pela aceleração provocada no corpo.*

Lei III - *A força de inércia é igual à diferença entre a força externa pela força dinâmica.*

Lei IV - *A variação da força induzida é igual ao produto entre a força dinâmica pela variação de tempo.*

A partir dessas quatro leis, Leandro demonstrou o fundamento da sua teoria inicial; deduziu as leis de Newton; generalizou a mecânica clássica; unificou rigorosamente a dinâmica newtoniana com as idéias dos filósofos aristotélicos; forneceu uma nova visão da natureza; desenvolveu e definiu novos conceitos físicos e enfim, deu um passo a mais em direção a uma compreensão mais lógica e rigorosa da natureza e do próprio universo.

Ceterum censeo Carthaginem esse delendam.

ARTIGO 48

A GÊNESE DO DINAMISMO

O trabalho do cientista brasileiro Leandro Bertoldo sobre o dinamismo é de imensa importância para a física contemporânea, pois veio para unificar os conceitos individuais da cinemática e da dinâmica em termos de uma nova força. A chamada força induzida.

Ignorando totalmente a explicação dada pela física clássica, Leandro não estava apegado ao modelo newtoniano e por conta própria encarou a tarefa de descobrir a relação existente entre força e movimento. E sem aquele conhecimento prévio chegou à conclusões totalmente diferentes daquelas obtidas por pelo célebre físico inglês Isaac Newton (1642-1727).

Assim, em 1978, Leandro propôs um modelo em que, não somente a aceleração estava relacionada com uma força externa, mas que também a própria velocidade poderia ser gerada pelo que chamou por força induzida.

Para chegar a esse inovador conceito de força induzida, Leandro raciocinou fazendo analogia ao comportamento da velocidade dos corpos em seus mais diversos tipos de movimentos. Nessa época suas perguntas eram:

1) *Qual será o comportamento de uma força que interage num móvel com velocidade que varia uniformemente no decorrer do tempo?*

2) *Qual será a natureza da força que interage num móvel com velocidade constante em movimento retilíneo e uniforme?*

3) *Quais serão as conseqüências para os movimentos dos corpos na ausência dessa força?*

4) *Será essa força a causa que mantém o móvel num movimento ao infinito?*

5) *Será o aumento dessa força a causa do aumento da velocidade dos corpos?*

6) *Que força é a causa primordial da velocidade?*

7) *Que tipo de força está relacionada com o movimento?*

8) *Terá essa força alguma relação com a intensidade do impacto?*

Ao responder a essas perguntas e a muitas outras que não foram apresentadas neste artigo, Leandro acabou por descobrir o conceito de força induzida. Tal força é definida como sendo uma interação comunicada ao móvel num processo de indução, possuindo a propriedade de ser acumulada, conservada e transportada pelo corpo em movimento.

E ao desenvolver as conseqüências desse conceito estabeleceu varias conclusões bastante interessantes. A principal é que a velocidade de um corpo é diretamente proporcional à força induzida. A partir daí deduziu matematicamente que a variação de força induzida é proporcional à variação de tempo.

A princípio sua idéia era a seguinte: quando um móvel está sob a ação de uma força externa, é gerada uma força induzida que varia uniformemente no decorrer do tempo. A taxa de variação da força induzida é o que ele batizou em 1995, por força dinâmica, definida como sendo a modificação sofrida pela força induzida durante um dado intervalo de tempo.

Quando o móvel está submetido à ação de uma força dinâmica uniforme (movimento uniformemente induzido), a velocidade, a aceleração, a força induzida, a força dinâmica e a força externa guardam uma certa relação. Com o desenvolvimento dessa teoria, Leandro descobriu o princípio da bipartição do princípio da inércia, e com isso enunciando os seguintes princípios fundamentais:

1º- *Por causa da força induzida um móvel mantém seu movimento uniforme e retilíneo ao infinito, a menos que uma força externa venha a alterar tal situação.*

2º- *Na ausência de força induzida um corpo está em repouso eternamente, a menos que uma força externa venha a alterar tal situação.*

Logo Leandro verificou que sua teoria encontrava uma certa dificuldade para engrenar-se com a teoria dinâmica de Newton. Principalmente por causa do conceito de massa e sua relação com o movimento. Como em 1978 não conseguiu dar uma resposta satisfatória para suas perguntas, deixou a questão de lado para uma ulterior reflexão.

Passado dezessete anos, retornou ao problema deixados sem solução pela sua teoria. E em questão de alguns poucos meses desenvolveu uma teoria qualitativa e quantitativa com a introdução do conceito de interação entre quatro forças básicas, que foram denominadas por: força externa, força dinâmica, força de inércia e força induzida.

A teoria é algo muito simples e - assim como a dinâmica de Newton - está fundamentada em algumas leis básicas. As leis do movimento, formuladas por Leandro, tratam das relações entre as quatro forças fundamentais do movimento. De um modo geral, pode-se afirmar que força é a interação que mantém ou altera o estado de movimento de um móvel.

A primeira lei de Leandro diz que *a força externa que atua sobre um corpo é igual ao produto entre sua massa pela aceleração adquirida.*

A segunda lei de Leandro afirma que *a força dinâmica é diretamente proporcional à aceleração que apresenta. Onde a constante de proporcionalidade é denominada por estímulo.*

A terceira lei de Leandro diz que *a força de inércia exercida por um corpo é igual à diferença entre a força externa pela força dinâmica.*

A quarta lei de Leandro estabelece que *a variação de força induzida num móvel é igual ao produto entre a força dinâmica pela variação de tempo.* Com essas leis previu que as próprias leis de Newton estão relacionadas com as forças induzida e dinâmica. Com elas demonstrou a sua antiga teoria do dinamismo de 1978. Generalizou a mecânica clássica num conceito único e inovador. Restaurou em forma moderna as antigas suposições filosóficas defendidas pelos filósofos aristotélicos. Essas quatro leis estão inseparavelmente unidas. Todas as quatro descrevem a estrutura da natureza de uma forma lógica e consistente. Diminuir qualquer uma delas, solapar um único elemento arruinaria toda a estrutura. Seria como quebrar uma perna de uma mesa de quatro pernas. O dinamismo não pode ser compreendido sem o equilíbrio dessas quatro leis.

Ao passo que individualmente defensáveis essas leis são harmonicamente inseparáveis. Existe um fio dourado que liga, traz harmonia, simetria e beleza à teoria do dinamismo. Aqueles que a compreendem sentem-se plenamente satisfeitos e recompensados por terem conhecido o dinamismo.

Ceterum censeo Carthaginem esse delendam.

ARTIGO 49

RASCUNHANDO O DINAMISMO

O dinamismo, a maior conquista intelectual da filosofia da mecânica moderna, descreve o movimento simultaneamente em função de suas causas imediatas. Representa uma incrível descoberta que traz um grande benefício à humanidade por suas conseqüências, por sua luz e por permitir uma maior compreensão da estrutura da física e, portanto, da própria natureza. Por ser a chave que abre a compreensão dos fundamentos da física, reúne conceitos básicos como movimento, velocidade, aceleração, força, etc. Sendo que teve uma primeira fase criada quantitativamente em 1978 e uma segunda fase desenvolvida qualitativamente em 1995, unicamente sob os abnegados esforços de Leandro Bertoldo.

Nos últimos três séculos os físicos vêm se orientado pela luz proveniente de dois métodos de pesquisas, o experimental e o matemático. Pode-se acrescentar que os desenvolvimentos matemáticos da ciência do dinamismo foram extremamente metódicos e realizados com muita precisão, sendo que os seus resultados, portanto, são da mais absoluta confiança.

O passo fundamental no desenvolvimento da teoria do dinamismo foi dado, como já foi dito, em 1978, quando o jovem estudante brasileiro descobriu ser possível a existência da indução uma força num móvel (corpo em movimento) durante o efeito da variação do movimento.

Ele havia demonstrado que, para que a força induzida fosse gerada, o móvel tinha que ser submetido à ação de uma força externa. E quando a ação da força externa cessava, também cessava a geração de força induzida. Porém observou que o móvel mantinha conservada em seu movimento a força induzida que fora gerado quando da aplicação inicial da força externa.

Nesse ano (1978), sistematizou seus resultados - sem dar qualquer explicação teórica sobre seu significado - em um artigo denominado simplesmente "Dinamismo". A base desse artigo e de toda a ciência do dinamismo desenvolvido posteriormente está no conceito original de Leandro da relação fundamental entre velocidade e força induzida. A partir desse conceito pôde desenvolver suas arrojadas idéias sobre a mecânica do movimento.

A data desse artigo é celebrada pelo autor como sendo a do nascimento da física do dinamismo, embora só dezessete anos mais tarde é que o dinamismo moderno, base da atual concepção da mecânica clássica, tenha sido inteiramente sistematizado e desenvolvido por Leandro.

As relações matemáticas e físicas desenvolvidas naquele artigo inicial foram estabelecidas sem deixar qualquer margem a dúvidas. Porém a maior dificuldade era a justamente inexistência de uma teoria qualitativa. Também havia algumas questões a serem respondidas, tais como a relação quantitativa e qualitativa existente entre a massa e a força induzida ou a relação desses conceitos com a força externa. Como não conseguiu uma solução imediata deixou todos os problemas para uma futura e melhor reflexão.

Nesse artigo inicial Leandro sabia que a velocidade estava relacionada com o que chamou por força induzida. Diante desse conceito tinha dois dos quatro pontos vitais sobre as forças mecânicas. Ainda não descobrira claramente os dois conceitos restantes: a "força dinâmica" e a "força de inércia". Não obstante, ele concluiu o seu artigo com tudo o que sabia sobre o dinamismo até aquele momento. É interessante observar que, embora a força dinâmica estivesse implícita nesse trabalho, ele não a percebeu, pois ainda não tinha uma teoria qualitativa geral do movimento.

Em 1995 retornou aos seus estudos iniciais. E rapidamente resolveu os problemas deixados sem solução dezessete anos antes. Ao fazer isso, descobriu a interação de quatro forças. De tal forma que a "força induzida" é uma das quatro forças fundamentais do movimento. As outras três, são a "força externa", "força dinâmica" e "força de inércia". Nesse mesmo ano Leandro demonstrou a inter-relação existente entre essas quatro forças.

De imediato estabeleceu uma teoria do movimento fundamentada em quatro leis básicas. Essas leis são enunciadas nos seguintes termos:

1ª - *A intensidade de força externa que atua sobre um corpo é igual ao produto entre a massa desse corpo por sua aceleração.*

2ª - *A força dinâmica que resulta da força externa após esta vencer a oposição oferecida pela força de inércia é igual ao produto entre a constante universal denominada por "estímulo" pela aceleração que aparece.*

3ª - *A força de inércia que a matéria exerce à alteração do seu estado de repouso em relação à força externa é igual à diferença entre a força externa pela força dinâmica.*

4ª - *A variação de força induzida num móvel pela interação da força dinâmica no decorrer do tempo é igual ao produto entre a intensidade dessa força dinâmica pela variação de tempo decorrida de interação.*

Essas leis incrivelmente simples esclarecem todos os conceitos, fenômenos e grandezas físicas da mecânica clássica. Elas representam a maior generalização alcançada por uma teoria cientifica da mecânica moderna.

Por ter grandes implicações no tratamento do movimento, Leandro tornou-se o pioneiro que provou pela primeira vez que o dinamismo além de explicar todos fenômenos da mecânica clássica, introduz novos conceitos, novas grandezas, novas idéias na física e ao mesmo tempo, aproximou a física medieval da moderna ciência física. Com isso ele realizou o que era considerado impossível: introduzir idéias fundamentalmente novas nas ciências exatas, ainda mais na física clássica.

Ter em consideração a teoria de Newton e aderir à teoria do dinamismo de Leandro não são coisas incompatíveis, pois a dinâmica newtoniana está em perfeita harmonia com o dinamismo. Na verdade a dinâmica de Newton é um caso particular do dinamismo de Leandro. Dessa forma o dinamismo contém melhor informação que qualquer teoria sobre mecânica jamais escrita.

Kant (1724-1804) ao analisar os fundamentos do conhecimento existente em sua época, considerou a física elaborada por Isaac Newton (1642-1727) como sendo a própria ciência. Sob a ótica dos dias atuais, pode-se afirmar que nesse ponto, Kant laborou num erro. Pois o dinamismo demonstrou claramente as limitações da ciência newtoniana.

A descoberta do dinamismo é o acontecimento mais extraordinário realizada dentro dos moldes da física clássica numa época em que não se imaginava ou se considerava qualquer alteração na base da física. Entretanto a idéia é tão simples que é difícil imaginar que não tenha sido descoberta nos últimos trezentos anos de existência do moderno método científico. Por isso o dinamismo permanece como uma conquista científica única. Têm tudo para revolucionar a física clássica, porém veio à luz com trezentos anos de atraso quando já estava em vigor a física relativística e a física quântica.

Ceterum censeo Carthaginem esse delendam.

ARTIGO 50

CONCEITOS DO DINAMISMO

Até o final do século XVI, as idéias aristotélicas de que um corpo de maior peso cai mais rapidamente do que um de menor peso; ou que, um corpo mantém seu movimento devido unicamente à contínua ação de uma força externa, e que cessada a ação dessa força o corpo entra no seu estado natural de repouso, eram idéias consideradas verdadeiras e incontestáveis.

No entanto, o emprego do método científico - a matematização e a experimentação - aplicada aos fenômenos físicos, levaram o aguerrido físico italiano Galileu Galilei (1564-1642) a demonstrar que o peso é irrelevante ao movimento dos corpos em queda livre; e que para um corpo manter o seu movimento ao infinito não é necessário a ação contínua de uma força externa.

Isso fez com que os cientistas, a partir do século XVII, adotassem o rigoroso método científico e passassem a investigar as causas naturais do movimento dos corpos em queda livre ou das órbitas dos planetas. Entre esses cientistas tem-se destacado: Johanes Kepler, Christiaan Huygens, Edmund Halley, Robert Hook, Christopher Wren e Isaac Newton.

Apoiando-se nos ombros desses gigantes, Isaac Newton que já enxergava muito bem, pode enxergar ainda mais longe. Assim, em 1687 propôs uma teoria dinâmica do movimento fundamentada em três leis, a saber:

Lei I - *Qualquer corpo permanece em seu estado de repouso ou de movimento retilíneo e uniforme ao infinito, a menos que uma causa externa venha a alterar tais situações.* Portanto conclui-se que, na ausência de uma força externa o móvel permanece com uma velocidade constante no decorrer do tempo. E que a força não têm relação direta com a velocidade do móvel.

Lei II - *A intensidade da força aplicada sobre um móvel é igual ao produto entre a massa desse móvel pela aceleração que adquire.* Baseado nessa lei pode-se afirmar que, sob a contínua ação de uma força de intensidade constante um móvel apresenta uma velocidade que varia uniformemente no decorrer do tempo. E que a força está diretamente relacionada com a aceleração do corpo.

Lei III - *À ação de uma força aplicada segue-se a reação de uma força oposta de mesma intensidade.*

Essas leis vieram a revolucionar o estudo do movimento. Elas representaram e representam base de toda a física clássica. Suas aplicações são praticamente infinitas e graças a elas a engenharia passou a caminhar com passos de gigantes levando o homem até mesmo à lua. E apesar do advento da teoria da relatividade e da mecânica quântica, essas leis permaneceram inabaláveis e perfeitamente válidas no território do mundo cotidiano.

Durante os trezentos anos de existência das leis de Newton, ninguém se atreveu a contestar seriamente as bases dessas leis. Entretanto, em 1976, em São Paulo, Leandro Bertoldo, então estudante colegial, deparou intuitivamente com uma possível explicação para a causa da velocidade dos corpos. A princípio ele não tinha nenhuma pista, apenas sua intuição. Simplesmente sabia ou sentia que a velocidade de alguma forma estava relacionada com algum tipo de força. Ao estudar melhor o fenômeno ele compreendeu que a velocidade e a grandeza física que descobriu e chamou por "força induzida" estavam intimamente relacionadas e que são grandezas intrínsecas ao movimento. Então formulou a hipótese de que o móvel pode ser induzido por uma força e também pode dissipar essa "força induzida". Os resultados dos seus estudos foram sistematizados em 1978, num pequeno e belo artigo denominado simplesmente "Dinamismo". Nesse artigo ele apresentava as seguintes leis fundamentais:

Lei I - *A velocidade de um móvel é diretamente proporcional à intensidade da força induzida.*

Lei II - *A variação da força induzida é diretamente proporcional à variação de tempo.*

Lei III - *Na ausência de força induzida o corpo encontra-se em estado de repouso, a menos que uma força externa venha a alterar tal situação.*

Lei IV - *Unicamente sob a interação de uma força induzida o móvel mantém seu estado de movimento retilíneo e uniforme ao infinito, a menos que uma força externa venha a modificar tal situação.*

Desse modo, um estudante colegial decifrou a teoria do século explicando que, inacreditavelmente, a velocidade está diretamente relacionada com um tipo de força denominada por "força induzida". Porém, até então, ele tinha apenas algumas leis quantitativas, mas não tinha nenhuma teoria qualitativa para explicá-las. E ao tentar justificar as suas leis a partir das leis de Newton, encontrou-se em grandes dificuldades. Por isso resolveu deixar as questões levantadas para uma posterior reflexão.

Dezessete anos depois retornou ao tema do dinamismo. E imediatamente descobriu as relações fundamentais das interações entre as forças e os movimentos, com isso estabeleceu uma nova e abrangente teoria do movimento que revisou profundamente as leis de Newton e suas conseqüências. Esse novo artigo científico estava carregado de novidades: o advento de uma nova ciência da mecânica que vai além da mecânica newtoniana. Assim, uma nova era no estudo da mecânica clássica despontou para o mundo. Essa teoria estava alicerçada na interação de quatro forças fundamentais do movimento descobertas por Leandro: a "força externa", a "força dinâmica", a "força de inércia" e a "força induzida". Nessa teoria generalizada do dinamismo, Leandro estabeleceu as seguintes leis:

Lei I - *A intensidade de força externa aplicada sobre um corpo é igual ao produto entre a sua massa por sua aceleração.*

Lei II - *A intensidade da força dinâmica é igual ao produto entre a um constante universal chamada estímulo pela aceleração que o corpo apresenta.*

Lei III - *A força de inércia de um corpo é igual à diferença matemática entre a intensidade de força externa pela intensidade de força dinâmica.*

Lei IV - *A variação de força induzida num corpo é igual ao produto entre a intensidade de força dinâmica pela variação de tempo que decorre em sua interação.*

Com essas leis, Leandro realizou uma das maiores descobertas científicas da física clássica. Uma das mais completas: descobriu as causas, as grandezas físicas envolvidas, as leis do movimento e a teoria para explicá-las.

A genialidade de Leandro consistiu em apresentar as suas leis do movimento matematicamente e em sugerir um mecanismo pelo qual o processo cinemático e dinâmico ocorre e se correspondem em cada uma de suas grandezas físicas. Assim, explicava-se que *uma força externa aplicada sobre um corpo, ao vencer a oposição oferecida pela força de inércia, emerge como uma resultante denominada força dinâmica. Está por sua vez, no decorrer do tempo induz no móvel a chamada força induzida.*

O dinamismo veio para propor uma nova visão e reestruturação da física clássica. Essa nova ciência, criada e desenvolvida por Leandro têm um potencial enorme para exercer uma grande influência na física. O efeito desse novo paradigma a nível clássico atinge todo o mundo natural, porque diz respeito aos fenômenos que ocorrem no cotidiano do ser humano.

É interessante observar que no final do século XIX, os físicos acreditavam piamente que não havia mais nada a ser descoberto no mundo da física clássica. Que tudo se resumia a questões de melhores e mais exatas medições. No entanto, a tese de Leandro Bertoldo, vista sob a ótica clássica, veio a demonstrar a falácia desses argumentos. Mais que tudo, suas descobertos apontam para alterações profundas no âmbito da física clássica, com muito material para ser explorada por vários anos.

Ceterum censeo Carthaginem esse delendam.

ARTIGO 51

DIVAGAÇÕES SOBRE O DINAMISMO

Embora algumas teorias sobre a causa do movimento tenham sido propostas já no século IV a.c., o dinamismo - estudo científico da força em relação ao movimento operando no mesmo instante - só teve início no final do século XX, com pesquisas da descrição das grandezas físicas cinemáticas em função das suas causas imediatas. A princípio o dinamismo nasceu visando-se a compreensão da causa da velocidade. A física do dinamismo acabou reforçando um conceito antigo - relação direta entre velocidade e força renegada pela ciência moderna. Entretanto, esse conceito é invocado como fundamental para a exata compreensão do movimento e da própria estrutura da física. Tal conceito foi resgatado do ostracismo científico e filosófico pelo estudante brasileiro Leandro Bertoldo em 1978, por sua teoria do dinamismo, a qual estabelece a absorção ou a dissipação de forças de um móvel mediante o processo de indução. Os avanços científicos possibilitados pelo moderno dinamismo conduziram a uma nova forma de entender o mundo da mecânica clássica que surpreende pela semelhança com as mais antigas concepções da filosofia aristotélica.

A descoberta de importância fundamental realizada pela ciência do dinamismo consistiu no estudo das características e propriedades específicas da força relacionada com a velocidade do móvel. Nessa ciência foi demonstrada a proporcionalidade entre a velocidade e força, a qual foi denominada por "força induzida".

Leandro havia estabelecido que a velocidade estava relacionada com uma força em particular. E que essa força era comunicada ao móvel num processo de indução, aparentemente, pela ação de da força externa. Além do fato de poder ser induzido, ele descobriu que ela apresentava várias propriedades interessantes, como por exemplo: poder ser conservada, transportada, acumulada, dissipada, etc.

Após estudar as propriedades das forças induzidas ele passou a estabelecer as leis do movimento sob a ótica do dinamismo. Na época, essas leis eram as seguintes:

Lei 1ª - *A velocidade de um móvel é diretamente proporcional à força induzida que o mesmo transporta.*

Lei 2ª - *A variação da força induzida é diretamente proporcional à variação de tempo em que o móvel está sob a ação de uma força externa.*

Lei 3ª - *Unicamente devido a interação da força induzida o móvel mantém o seu movimento retilíneo e uniforme ao infinito, a menos que uma força externa venha a alterar essa força induzida.*

Lei 4ª - *Na ausência de força induzida o móvel permanece em repouso para sempre, a menos que a ação de uma força externa sobre o corpo venha a induzir uma força.*

Quando Leandro chegou ao seu resultado, ele era diferente de tudo o que era conhecido pela física. Entretanto por vários motivos esse resultado não se encaixava dentro do moldura da teoria dinâmica de Newton. E como não conseguiu de imediato uma solução o problema que apareceram, o jovem deixou qualquer questão para uma futura reflexão.

Passados dezessete anos, ele retornou ao problema abandonado em 1978. Para compreender o que estava acontecendo foi necessário demonstrar o que foi feito de errado e o que foi feito corretamente e qual caminho seguir. E em questão de alguns meses acabou por estabelecer uma completa teoria do dinamismo fundamentada em quatro leis básicas. Com essas novas leis conseguiu demonstrar o que estava certo e errado na suposição dos aristotélicos; e também, o que estava completo e deficiente na teoria de Newton. Desse modo o dinamismo superou e unificou ambas as teorias num conceito único, harmonioso e consistente.

Os filósofos aristotélicos haviam afirmado e ensinado durante séculos que para manter o movimento de um corpo era absolutamente necessário a ação de uma força externa e, que cessada a ação dessa força o corpo retorna ao seu estado natural de repouso. Esses pensadores haviam cometido dois erros cruciais. O primeiro consistiu em ignorar o efeito dissipativo do movimento causado pela força de resistência oferecida pelo atrito da matéria com a matéria. O segundo erro consistiu em considerar a causa da velocidade com sendo a ação direta da força externa. Evidentemente para manter um corpo em movimento é necessária a ação de uma força externa para compensar o efeito da força de atrito retardadora. Entretanto, isso não significa que a força externa está relacionada com a velocidade do corpo. Mesmo porque se o atrito for eliminado o corpo mantém seu movimento independentemente a ação da força externa. E isso não foi reconhecido pelos filósofos aristotélicos.

Já a teoria de Newton esta correta. Entretanto é absolutamente incompleta simplesmente porque Newton descobriu apenas uma das forças fundamentais que interage no movimento. Ele descobriu a lei da força externa, justamente aquela que causa a aceleração dos corpos. Por isso a primeira lei de Newton é parcial, pois ao desconhecer a existência da força induzida interagindo no movimento, ela pode apenas avaliar o movimento em função da força externa que se aplica a movimento acelerado e não ao movimento retilíneo e uniforme ao infinito. Por isso a primeira lei de Newton pode ser enunciada nos seguintes termos: na ausência de força externa, um corpo está em repouso ou em movimento retilíneo e uniforme ao infinito, a menos que uma força externa venha a alterar qualquer uma dessas situações. Isso é claro, a força externa não têm nada a ver com a situação de um corpo "encontrar-se" no estado de repouso ou de movimento retilíneo e uniforme ao infinito. Entretanto a ação da força externa quebra o repouso ou o movimento retilíneo e uniforme ao infinito.

É essencial comparar todas as quatro leis do dinamismo ao estudar um assunto específico, a fim de compreender todo o ensino do dinamismo. Pois o melhor fundamento da teoria do dinamismo é representado por suas quatro leis básicas. Essas leis, que foram obtidas em 1995, são as seguintes:

Lei I - *A força externa que atua sobre um corpo é igual ao produto entre a massa desse corpo por sua aceleração.*

Lei II - *A força dinâmica que resulta da força externa após esta vencer a oposição oferecida pela força de inércia é igual ao produto entre uma constante universal chamada "estímulo" pela aceleração que o corpo adquire.*

Lei III - *A força de inércia que a matéria exerce em oposição à alteração do seu estado de repouso em relação ao referencial da força externa é igual à diferença matemática entre a força externa pela força dinâmica.*

Lei IV - *A variação de força induzida num móvel no decorrer do tempo pela interação da força dinâmica é igual ao produto entre a intensidade dessa força dinâmica pela variação de tempo decorrido de interação.*

As referidas leis permitiram que Leandro realizasse a dedução matemática das seguintes verdades:

1º - *A variação de força induzida é igual ao produto entre o estímulo pela variação de velocidade de um corpo em movimento uniformemente variado.*

2º - *A força induzida é igual ao produto entre o estímulo pela velocidade do corpo em seu movimento retilíneo e uniforme ao infinito.*

3º - *Na ausência de força induzida o corpo encontra-se no estado de repouso, a menos que uma força externa venha a alterar tal situação.*

4º - *Unicamente por causa da força induzida o corpo mantém o seu estado de movimento retilíneo e uniforme ao in-*

finito, a menos que uma força externa venha a modificar tal situação.

5º - Na ausência de força externa, um corpo pode encontrar-se na total ausência de força induzida, ou induzida por uma força constante a menos que uma força externa venha modificar tal situação.

6º - Na ausência de força externa, um corpo pode encontra-se no estado de repouso ou de movimento retilíneo e uniforme ao infinito, a menos que uma força externa venha modificar tal estado.

Podem-se estudar as quatro leis do dinamismo e ainda assim deixar de reconhecer a beleza intrínseca ou de compreender o maravilhoso sentido profundo que elas encerram. A idéia de que a teoria do dinamismo permite sua própria interpretação provem dela própria. Visto que a teoria do dinamismo contém uma unidade central regida por quatro leis, é possível compreender um assunto comparando-o com as leis fundamentais que regem a teoria.

Ceterum censeo Carthaginem esse delendam.

ARTIGO 52

O DESENROLAR DO DINAMISMO

O estudo das grandezas cinemáticas em relação direta e simultânea com as suas causas correspondentes é conhecido como dinamismo. Até o século dezesseis, pensava-se que o movimento mantinha-se por causa da ação de uma força externa atuando continuamente sobre o corpo e que cessada a ação dessa força o corpo retornaria ao seu estado natural de repouso. O dinamismo moderno teve início em 1978, quando o estudante brasileiro Leandro Bertoldo escreveu um pequeno tratado com suas descobertas originais e inusitadas em física. Essa monografia mostra que a velocidade de um corpo está intrinsecamente relacionada com uma força em particular. E que a velocidade é diretamente proporcional ao que chamou por "força induzida".

A antiga teoria que descrevia a causa do movimento no mundo natural teve a sua origem na Antiguidade, com Aristóteles (384-322 a.C.). E durante a Idade Média foi grandemente desenvolvida pelos filósofos aristotélicos que introduziram o conceito de ímpeto. Entretanto, essas idéias não passavam de suposições bem elaboradas misturadas com a filosofia aristotélica do estado natural das coisas. Esse modelo foi abandonado no século XVII, quando o cientista italiano Galileu Galilei (1564-1642) submeteu a suposição aristotélica à prova do moderno método experimental, e a idéia medieval veio a mostrar-se totalmente equivocada. Galileu havia demonstrado experimentalmente que para um corpo manter-se em movimento não era necessário que o mesmo estivesse constantemente submetido à ação de uma força externa. Por causa desse fato e de muitos outros verificados pela experiência, a suposição aristotélica sobre a causa do movimento foi totalmente descartada pelos mais eminentes cientistas do mundo.

Os resultados de Galileu Galilei e de muitos outros cientistas foram generalizados e sintetizados em alguns princípios matemáticos pelo maior físico que já viveu sobre a face do planeta, o inglês Isaac Newton (1642-1727). Isso ocorreu em 1687 com a publicação de sua obra máxima "Philosophiae Naturalis Principia Mathematica". Nessa obra Newton apresentou três leis fundamentais à compreensão do movimento. Essas leis afirmam que:

Lei I - *Qualquer corpo permanece em seu estado de repouso ou de movimento uniforme em linha reta ao infinito, a menos que sofra uma modificação em seu estado pela ação de forças aplicadas nesse corpo.*

Lei II - *A intensidade de força aplicada sobre um corpo corresponde ao produto entre a massa desse corpo pela aceleração que passa a apresentar.*

Lei III - *De toda ação sempre se segue uma reação igual e de sentido oposto.*

Durante os séculos XVIII e XIX, a física alcançou extraordinários avanços em muitos de seus ramos clássicos. Entretanto, a mecânica permanecia praticamente inalterada no estado em que Newton a deixou. Somente uma mudança significativa ocorreu na metade do século XIX, quando então vários cientistas eminentes introduziram na física o conceito de energia. Na verdade esse foi o único acréscimo sério introduzido na mecânica newtoniana nesses últimos trezentos anos. Mas essa situação estava para mudar.

Como foi dito, em 1978, o estudante colegial Leandro Bertoldo, num pequeno artigo denominado "Dinamismo", apresentou a tese de que a causa da velocidade (intensidade do movimento) de um corpo poderia ser facilmente explicada admitindo a existência de uma força induzida com propriedades acumulativa e conservativa que era transportada pelo móvel. Essa força apresentava algumas evidências externas, como, por

exemplo, sua manifestação no momento impacto de um corpo contra um anteparo qualquer. Esse tratado representou o início de uma revolução na física clássica. Nele Leandro estabeleceu algumas leis de importância fundamental, a saber:
Lei I - *A velocidade de um corpo é diretamente proporcional à força induzida que transporta.*
Lei II - *A variação de velocidade de um corpo é diretamente proporcional a variação da força induzida que transporta.*
Lei III - *A variação de força induzida é diretamente proporcional à variação de tempo.*
Lei IV - *Na ausência de força induzida o corpo encontra-se no estado de repouso, a menos de uma força externa venha a alterar tal situação.*
Lei V - *Unicamente devido a força induzida um corpo mantém ao infinito o seu movimento retilíneo e uniforme, a menos que uma força externa venha a alterar a força induzida.*

Essas leis representavam avanços notáveis na mecânica. Entretanto era muito diferente daquelas apresentada por Newton. Realmente, Leandro havia deduzido as leis quantitativas do movimento, porém não tinha uma teoria geral. E quando tentou encaixar as suas leis dentro do contexto das leis de Newton, encontrou algumas dificuldades, então resolveu deixar toda e qualquer reflexão sobre o assunto para uma posterior averiguação.

Durante mais de uma década e meia Leandro nem ao menos tocou no assunto. Finalmente em 1995 voltou ao problema que havia abandonado por tanto tempo. E em questão de alguns meses resolveu todos as questões deixadas sem solução na teoria anterior e desenvolveu uma completa teoria do dinamismo. Nessa teoria propunha quatro leis fundamentais nas quais estavam implícitas as suas leis anteriores estabelecidas em 1978, bem como as leis de Newton estabelecidas em 1687. Essas novas leis são enunciadas nos seguintes termos:

Artigos Sobre o Dinamismo
256

Lei I - *A força externa que atua sobre um corpo é igual ao produto entre e massa desse corpo por sua aceleração.*

Lei II - *A força dinâmica que resulta da força externa, após esta vencer a oposição oferecida pela matéria, é igual ao produto entre uma constante de caráter universal denominada "estímulo" pela aceleração que o corpo adquire.*

Lei III - *A força de inércia que a matéria exerce em oposição à alteração do seu estado de repouso em relação ao referencial da força externa é igual à diferença matemática existente entre a força externa pela força dinâmica.*

Lei IV - *A variação da força induzida num móvel pela interação da força dinâmica no decorrer do tempo é igual ao produto entre a intensidade dessa força dinâmica pela variação de tempo de sua interação.*

As conseqüências dessas leis são notáveis e também bastante graves. Além de abranger toda a dinâmica newtoniana, elas parecem de alguma forma restaurar as antigas suposições aristotélicas a respeito do movimento. Essas suposições não concebiam o movimento sem a interação de alguma força.

É bem verdade que os filósofos aristotélicos erraram em suas idéias porque ao deixarem de conceber a força de resistência oferecida pela ação do atrito e por isso supunham que era necessária a ação contínua de uma força externa para manter o movimento e que cessada a ação dessa força o corpo retornaria ao seu estado natural de repouso.

A teoria de Leandro é muito diferente daquela defendida pelos filósofos aristotélicos. Ele demonstrou que a força que causa e mantém o movimento ao infinito é a força induzida e não a força externa; demonstrou que o corpo entra em repouso devido a ausência de força induzida e não devido ao retorno a um estado natural; a teoria apresentada por Leandro está fundamentada em leis quantitativas e não apenas em leis qualitativas; as idéias desenvolvidas no dinamismo de Leandro estão em plena harmonia com todas as experiências já realizadas pela física clássica o que não ocorreu com as idéias dos filósofos aristotélicos; as leis do dinamismo são compatíveis com os princípios da física clássica, coisa que não ocorre com as leis desses filósofos.

A teoria do dinamismo de Leandro é muito diferente daquela defendida por Isaac Newton. Ela não somente engloba a teoria dinâmica newtoniana, como demonstra que as próprias leis de Newton representam um caso particular do dinamismo. Sob a ótica da força induzida o princípio da inércia de Newton sofre um processo de bipartição, passando a existir uma explicação para o repouso e uma explicação para o movimento retilíneo e uniforme ao infinito. Sob a perspectiva da força externa que causa somente movimento acelerado, pode-se afirmar que na ausência de força externa um corpo está em repouso ou em movimento uniforme em linha reta ao infinito. Portanto a força externa não explica o repouso ou o movimento uniforme em linha reta, na verdade esses dois efeitos existem devidos unicamente à inexistência da ação da força externa nessas duas situações. Apesar do princípio da inércia estar em perfeita harmonia com o princípio fundamental da dinâmica newtoniana, este último não esclarece nada a respeito das causas que causam os efeitos anunciados no princípio da inércia.

Tudo isso faz do dinamismo uma teoria geral da mecânica. E por alterar a própria estrutura da física, muitos fenômenos podem e devem ser reanalisados e melhor compreendido sob a perspectiva do dinamismo de Leandro.

Ceterum censeo Carthaginem esse delendam.

ARTIGO 53

EVIDENCIAS SUBJETIVAS DO DINAMISMO

O método científico das ciências exatas, fundamentado na matemática e na experiência, representa a única e principal fonte de onde se podem extrair informações confiáveis sobre qualquer fenômeno que ocorra na natureza. A confiabilidade desse método em momento algum foi questionada, sendo ele responsável pelo extraordinário progresso alcançado pela humanidade nos últimos trezentos anos. E com esse fundamento podemos considerar algumas evidências que apóiam a verdade do dinamismo:

1º- Primeiramente considere a evidência da confiabilidade do método matemático como ferramenta empregada no desenvolvimento de uma teoria bem sucedida. Para isso tenha em mente alguns exemplos: I - Na década de 1860, o físico escocês Maxwell desenvolveu uma teoria matemática que previa a existência de ondas eletromagnéticas. Em 1886/1887 Hertz realizou as primeiras experiências que vieram a comprovar definitivamente a existência das ondas eletromagnéticas. II - Outro exemplo ocorreu em 1905, quando Albert Einstein previu teoricamente a lei do efeito fotoelétrico, levando em consideração a quantização da energia. Essa teoria foi confirmada experimentalmente em 1914 por Millikam. III - Considere mais um exemplo clássico caracterizado pela teoria de De Broglie. Essa teoria lançava a ousada hipótese da existência de "ondas de matéria" e previa matematicamente o comprimento dessa onda. Essa idéia foi dramaticamente confirmada por Davisson, Germer e Thomson. Assim como tantas teorias, o dinamismo está fortemente atado ao método matemático. Portanto, esse fato representa uma das maiores evidências a favor da realidade da teoria do dinamismo.

2º- O dinamismo é uma teoria matemática. E como tal, somente será considerada verdadeira se for aprovada nos testes experimentais, como na realidade ocorre com qualquer teoria. Entretanto, enquanto isso não acontece, o máximo que se pode esperar da teoria do dinamismo é que a mesma forneça informações ou previsões de algumas propriedades básicas dos fenômenos conhecidos dos cientistas. Mesmo que isso não comprove 100% a validade do dinamismo, pelo menos representa uma excelente caminhada, pois permite uma avaliação parcial das verdades apresentadas por essa teoria. E nesse teste o dinamismo passa com louvor, deixando uma alta taxa de evidência que representa a verdade.

3º- A teoria do dinamismo não contradiz nenhuma das "leis" experimentais anteriormente estabelecidas na mecânica clássica. Muito pelo contrário explica essas leis em seus mínimos detalhes.

4º- A teoria do dinamismo apresenta uma perfeita e completa harmonia com os princípios da física clássica. É uma teoria concebida sob a perspectiva clássica.

5º- Através da teoria do dinamismo é possível deduzir as leis de Newton, evidenciando que essas leis representam um caso particular do dinamismo. E se esse argumento fosse aplicado à teoria da gravitação de Newton quando esta deduziu o princípio da queda livre de Galileu Galilei como um caso particular da lei da gravitação universal, ou quando a teoria de Newton deduziu as três leis de Kepler, a teoria newtoniana teria sido considerada como altamente confiável.

6º- As previsões das leis de Newton a partir das idéias do dinamismo confirmam a validade desse modelo e, conseqüentemente, a existência dos fenômenos previstos pelo modelo que ainda não foram observados.

7º- Estando a teoria em harmonia com as leis de Newton, logo está em harmonia com todas experiências que as fundamenta.

8º- É importante notar que existem significativas evidências nas previsões do dinamismo, como por exemplo: no movimento uniformemente variado a força induzida aumenta e como conseqüência ocorre um aumento da velocidade. As experiências mostram que o impacto apresenta uma força que será tanto maior quanto maior for a velocidade do móvel, como a velocidade está na dependência da força induzida, logo a força de impacto têm sua parcela de ação na força induzida. Tais resultados confirmam os detalhes descritos e previsto pela teoria do dinamismo. Assim, as previsões do dinamismo oferecem evidências fortes para a aceitação da teoria de Leandro.

9º- A ciência é construída a partir de uma interação existente entre a experiência e a matemática. Desse modo pode-se concluir que, como a teoria do dinamismo está fundamentada na matemática e até onde foi possível de verificar, está em perfeita harmonia com os fatos experimentais conhecidos.

10º- Como os físicos guiam-se pela evidência experimental e pela matemática, fica claro que o dinamismo, até onde pode ser verificado, está de acordo com ambas evidências.

11º- De qualquer modo a teoria do dinamismo funciona nos fenômenos que são de conhecimento geral, e isso representa um passo suficientemente grande para justificar a sua verdade, até que se prove em contrário.

Existem muitas teorias que se apóiam em evidências, como por exemplo, a teoria da evolução. Mas claro que evidências não são provas e sim um de verificação da consistência de uma teoria. Mas também é sabido que as evidências representam um tremendo ponto de apoio na comprovação de uma tese. E pelo que foi exposto no presente artigo está largamente comprovado que existe evidências suficientemente sólidas para apresentar o dinamismo como uma verdade peculiar a uma teoria. E ao encerrar o presente artigo quero que fique bem claro:

existem evidências suficientemente fortes que indicam claramente que a teoria do dinamismo fornece a melhor descrição da
realidade já observada, e além do mais a teoria dispõe de fatos
e provas, conforme se verifica em outros artigos sobre o assunto.

Ceterum censeo Carthaginem esse delendam.

ARTIGO 54

INFORMAÇÕES SOBRE O DINAMISMO

A causa do movimento é uma questão que intriga o homem desde a mais remota Antigüidade. E só foi satisfatoriamente respondida por Leandro Bertoldo no final do século XX com o estabelecimento da teoria do dinamismo.

Ao entrar para o colégio de 1976, Leandro, motivado por sua curiosidade juvenil, deu início a uma apurada investigação sobre a física do movimento. Dois anos depois escreveu seu revolucionário artigo científico denominado simplesmente "Dinamismo". Esse artigo sintetizava milênios de estudos. Ali apresentava uma compreensão mais profunda das grandezas físicas envolvidas no movimento dos corpos analisadas unicamente em função de suas causas. Ele havia descoberto a harmonia entre o movimento e a força.

A lei básica que está por traz da origem e desenvolvimento da teoria do dinamismo, foi enunciada por Leandro nos seguintes termos: *A velocidade é diretamente proporcional à força induzida.* Quando analisou essa lei em relação ao movimento uniformemente variado, verificou que *a variação de velocidade é diretamente proporcional à variação de força induzida.* Por sua vez essa lei relacionada com a equação cinemática que descreve a variação da velocidade em função do tempo, permitiu-lhe enunciar seguinte conclusão: *A variação de força induzida é diretamente proporcional à variação de tempo.*

Com essas três leis quantitativas, Leandro estabeleceu as seguintes leis qualitativas: *Na ausência de força induzida o corpo encontra-se em estado de repouso a menos que uma força ex-*

terna venha a alterar esse estado. A seguir afirmou que: *Sob a interação de uma força induzida um corpo encontra-se em estado de movimento uniforme e retilíneo ao infinito, a menos que uma força externa venha a alterar essa situação.*

Entretanto, todas essas conclusões eram totalmente diferentes daquelas estabelecidas pela dinâmica apresentada na monumental obra de Isaac Newton (1642-1727), "Philosophiae naturalis principia mathematica", -"Princípios matemáticos da filosofia natural"-, editada em julho de 1687 por Edmund Halley (1656-1742).

Nessa obra magistral, Newton apresentou as suas três leis do movimento, que são enunciadas nos seguintes termos:

Lei I - *Qualquer corpo mantém o seu estado de repouso ou de movimento retilíneo e uniforme ao infinito, a menos que uma força externa venha a alterar essa situação.*

Lei II - *A intensidade de força externa aplicada sobre um corpo é igual ao produto entre a massa desse corpo por sua aceleração.*

Lei III - *De toda ação segue-se uma reação de mesma intensidade e de sentidos contrários.*

Quanto Leandro tentou encaixar a sua teoria do dinamismo na teoria dinâmica de Newton, encontrou sérias dificuldades que não conseguiu resolver de imediato. E por isso deixou o problema para uma ulterior verificação.

Após obter os resultados iniciais a respeito do dinamismo do movimento, Leandro não voltou a tocar mais nesse assunto durante dezessete anos. A razão desse prolongado silêncio foi seu interesse sempre crescente pelo estudo e pesquisa dos fundamentos dos ramos clássicos da física, o que resultou numa série de artigos científicos extremamente interessantes. Com essa atitude o dinamismo foi relegado a um segundo plano. E isso continuou até o dia que ele resolveu fazer um inventário de suas pesquisas. Somente então é que voltaria a dedicar especial atenção à questão abandonada por tanto tempo e obteria as leis do movimento em sua forma final.

Assim, em 1995 ele retornou à sua antiga teoria do dinamismo. Dela ele havia concluído que era perfeitamente possível encontrar uma explicação simples para a causa da velocidade dos corpos. Agora tinha a plena convicção de que a solução do problema da velocidade requeria uma nova formulação da mecânica, que fora apenas superficialmente abordado no seu artigo de 1978. Apesar de ter as ferramentas matemáticas, ele precisava também de novos conceitos físicos.

Assim, em sua nova teoria, propôs que a força externa interage com a força de inércia da matéria, emergindo numa resultante que chamou por força dinâmica. Sendo que essa comunica ao móvel, no decorrer do tempo, uma força induzida. Com isso a teoria do dinamismo de Leandro passou a ser melhor do que a dinâmica newtoniana para explicar a diversidade dos fenômenos do movimento. Por exemplo, ela explica de forma simples e natural a causa da força de impacto: quanto maior for a quantidade de força induzida transportada pelo móvel, tanto maior será a força de impacto numa eventual colisão contra um anteparo fixo. Explica de forma clara e objetiva a causa da velocidade: quanto maior a força induzida comunicada num móvel, tanto maior será a sua velocidade. E assim por diante.

Na verdade qualquer fenômeno relacionado com o movimento pode ser explicado pelas quatro forças fundamentais que interagem no móvel. A interação dessas quatro forças resultou nas quatro leis formuladas por Leandro. Elas determinam toda informação necessária à exata descrição do movimento de objetos materiais em função de suas causas. Em suas próprias palavras:

Lei I - *A intensidade de força externa que atua sobre um corpo é igual ao produto entre a massa desse corpo por sua aceleração.*

Lei II - *A intensidade de força dinâmica que interage num corpo é igual ao produto entre a constante universal denominada por "estímulo" pela aceleração que se segue.*

Lei III - *A força de inércia de um corpo é igual à diferença entre a intensidade de força externa pela intensidade de força dinâmica.*

Lei IV - *A variação de força induzida num móvel é igual ao produto entre a intensidade da força dinâmica pela variação de tempo que interage.*

Esse estudo foi limitado a forças aplicadas e interagindo num ponto material, observado de um referencial inercial, onde são válidas as leis de Leandro. Também é interessante lembrar que essas quatro leis formam toda a estrutura conceitual da nova mecânica do dinamismo. E que tal teoria representa nada mais, nada menos do que uma profunda revolução na mecânica clássica.

Convencido por suas notáveis descobertas mecânicas, Leandro declarou em vários artigos que o modelo dinâmico newtoniana era insuficiente e em alguns aspectos teoricamente inconsistente. Na teoria newtoniana a força produz apenas aceleração, mas com Leandro a força apresenta-se em várias modalidades produzindo não apenas aceleração, mas também velocidade. Com o dinamismo fica claro que o conceito de inércia newtoniano é uma idéia equivocada e artificial.

Leandro não só criou uma nova ciência da mecânica, baseada na interação de forças em corpos materiais aplicável a todo tipo de movimento, como também demonstrou que a dinâmica newtoniana é um caso particular do dinamismo. E usando o rigoroso método matemático, ele uniu permanentemente a cinemática e a dinâmica em um único conceito todo harmonioso e completo. Segundo a física de Leandro, qualquer tipo de movimento pode ser compreendido pelo conceito de força induzida. Sendo que esta é o resultado da força dinâmica interagindo num móvel no decorrer do tempo.

A teoria de Leandro veio a reformular e substituir as idéias da mecânica clássica que prevalecem em seu tempo. Tudo isso simplesmente para retroceder ainda mais no tempo. Na verdade as idéias obtidas do dinamismo de Leandro retrocediam vinte e quatro séculos no tempo, quando Aristóteles (384-322 a.c.) lançava as suposições do seu conceito de dinamismo.

Esse filósofo afirmava, e isso sem nenhum fundamento científico, que para um corpo manter o seu estado de movimento era absolutamente necessário a ação de uma força externa aplicada sobre esse corpo de forma contínua e que cessada a ação dessa força, o corpo retornaria ao seu estado natural de repouso. Na verdade a idéia de Aristóteles está totalmente equivocada, pois não reconhecia a oposição retardadora do movimento oferecida pela força de atrito.

É interessante testemunhar que as suposições aristotélicas e os resultados obtidos por Galileu e Newton não tiveram qualquer contribuição ou participação nas descobertas e avanços obtidos por Leandro em sua teoria do dinamismo. Com isso Leandro foi o único que concebeu e deu à luz a moderna teoria do dinamismo tornando-se, dessa forma, o seu pai.

Ceterum censeo Carthaginem esse delendam.

ARTIGO 55

A INDUÇÃO NO DINAMISMO

Em 1976, um jovem adolescente brasileiro chamado Leandro Bertoldo matriculou-se no primeiro ano do Colégio Estadual de Segundo Grau Francisco Ferreira Lopes. Ao receber as suas primeiras aulas de física, teve sua orientação iniciada para o estudo da cinemática - parte da mecânica clássica que descreve o movimento sem preocupar-se em conhecer as suas causas. Quase que de imediato e por conta própria pôs-se a investigar o movimento nos mínimos detalhes, visando encontrar uma maneira racional (quantitativa e qualitativa) de explicar a "causa" imediata da velocidade dos corpos. Ele rapidamente estabeleceu uma relação entre força e velocidade.

Nos dois anos seguintes, quanto mais ele refletia sobre o problema do movimento, mais ficava convencido de que a física newtoniana jamais poderia explicar as causas e propriedades observadas na velocidade. Ao aplicar as leis de Newton para descrever a causa direta da diversidade do movimento, constatou que eram insuficientes para determinar diretamente a intensidade da velocidade unicamente em função da força definida pelo enunciado da segunda lei de Newton.

Leandro sabia que para um corpo movimentar-se era necessária a ação de uma certa força. Sabia também que para o corpo manter uma velocidade constante era necessário aplicar continuamente uma força com o objetivo de vencer a oposição oferecida ao movimento pela força de atrito, caso contrário o corpo cessaria o seu movimento. E ao analisar as propriedades da velocidade de um corpo em movimento no vácuo, foi conduzido a considerar uma força com certas características peculiares e fundamentais. E ao estudar as propriedades dessa força foi levado a definir uma nova grandeza física que denominou por "força induzida."

Assim estudando o comportamento da velocidade em diversos tipos de movimento, Leandro concluiu que:

Toda vez que a velocidade varia com o tempo, surge no móvel uma força induzida.

A seguir propôs suas leis básicas que deram origem à moderna teoria do dinamismo. Essas leis foram enunciadas nos seguintes termos:

A velocidade é diretamente proporcional à força induzida que o móvel transporta.

Essa lei é perfeitamente válida para o movimento retilíneo e uniforme. Quanto ao estudo do movimento variado em geral foi levado a enunciar a seguinte lei:

A variação de velocidade é diretamente proporcional à variação da força induzida que ocorre no móvel.

Ao estudar o movimento uniformemente variado, verificou que a referida lei é perfeitamente aplicável a esse tipo de movimento. E ao relacioná-la com a expressão que define a aceleração no movimento uniformemente variado, pode enunciar a seguinte lei:

A variação da força induzida num móvel é diretamente proporcional à variação de tempo.

Para entrar em repouso o móvel precisa dissipar a força induzida que transporta. E para entrar em movimento o corpo necessita receber força induzida. Assim Leandro foi levado aos seguintes enunciados:

Na ausência de força induzida um corpo permanece em seu estado de repouso, a menos que uma força externa venha a alterar tal situação.

Sob a interação de uma força induzida um corpo mantém o seu estado de movimento retilíneo e uniforme ao infinito, a menos que uma força externa venha a agir sobre o móvel e alterar sua força induzida.

Essas leis fazem parte integrante do primeiro artigo científico de Leandro sobre o dinamismo, escrito em 1978. A partir desse artigo ele adquiriu a firme convicção da existência de uma verdade mais profunda do conhecimento do que aquela que aparenta representar realidade. Ele constatou pela sua teoria que, fenômenos que numa análise superficial podem aparentar completa independência, apresentam na verdade uma causa comum. Assim verificou que o dinamismo faz muito mais sentido do que a cinemática ou a dinâmica em conjunto. Essas teorias, embora juntas, são independentes e isto leva a uma descrição fragmentada e incompleta da realidade. Leandro revelou ao mundo uma realidade mais profunda e fundamental que atua nos bastidores dos fenômenos do movimento. Sua teoria apresentou uma mais descrição clara, objetiva, profunda e unificada da natureza do universo em que o homem vive.

Entretanto, faltava na física de Leandro uma teoria fundamental do movimento. E embora as formulas apresentadas possam descrever quantitativamente os resultados experimentais, apenas elas não eram suficientes. Para que de fato se possa compreender e analisar a física que opera por trás de qualquer fenômeno, é indispensável um fundamento conceitual sólido que venha a justificar a existência de uma determinada lei.

Porém, quando Leandro dedicou-se à tarefa de encontrar o verdadeiro significado físico de suas leis, viu-se em sérias e várias dificuldades. Nem mesmo conseguiu enquadrar o seu modelo aos conceitos definidos pelas leis de Newton. E além do mais seu modelo era incapaz de explicar a influência da massa no movimento ou a relação entre a força externa e a força induzida. Assim, ele resolveu deixar esses e outros problemas para uma ulterior reflexão.

Passados dezessete anos, Leandro retornou às questões do dinamismo e rapidamente desenvolveu uma nova base conceitual para a física clássica, que influenciará profundamente a forma como os cientistas passarão a compreender e ver a natureza. E de modo a desvendar a física que estava escondida atrás de suas leis, Leandro foi levado a propor uma idéia inovadora: *A força externa que atua sobre um corpo, ao vencer a força de inércia que a matéria exerce em oposição à alteração do seu estado de repouso, emerge numa resultante denominada força dinâmica, que comunica ao móvel no decorrer do tempo uma força induzida.* Essa teoria está alicerçada em quatro leis fundamentais, a saber:

Lei I - *A força externa que atua sobre um corpo é igual ao produto entre a massa desse corpo por sua aceleração.*

Lei II - *A força dinâmica que resulta da força externa, após esta vencer a oposição oferecida pela força de inércia, é igual ao produto entre uma constante universal denominada "estímulo" pela aceleração que produz no corpo.*

Lei III - *A força de inércia que a matéria exerce em oposição à alteração do seu estado de repouso em relação ao referencial da força externa é igual à diferença matemática existente entre a força externa pela força dinâmica.*

Lei IV - *A variação de força induzida num corpo pela interação da força dinâmica no decorrer do tempo é igual ao produto entre a intensidade dessa força dinâmica pela variação de tempo.*

As várias formas como essas forças interagem e manifestam-se mostram uma origem comum e fundamental. Elas estão diretamente relacionadas entre si e ao mesmo tempo são mutuamente dependentes.

A idéia desenvolvida por Leandro é notável e muito engenhosa. Ela apresenta muitos pontos positivos em seu favor: as previsões de sua teoria são extremamente eficientes quando comparadas com as experiências. Em particular, Leandro podia estabelecer os parâmetros matemáticos do princípio da inércia, ou seja, ele podia prever os dados da primeira lei do movimento em perfeita concordância com o enunciado de Newton.

Como uma força dinâmica pode gerar uma força induzida? A resposta para essa pergunta é muito simples: de modo a gerar uma força induzida, uma força dinâmica tem que interagir de forma contínua no decorrer do tempo sobre um corpo em movimento. Uma força dinâmica em repouso, como, por exemplo, aquela que interage num peso, não produzira nenhum efeito de força induzida.

Assim fica claro que a força dinâmica é depositada no móvel no decorrer do tempo. E à medida que se acumula nesse móvel, sua velocidade aumenta. Sendo que essa força dinâmica - que é depositada no móvel e que se acumula - produz a chamada força induzida. Cessada o depósito da força dinâmica, a produção de força induzida também cessa. E a força dinâmica que havia sido depositada no móvel permanece conservada numa quantidade constante como força induzida. E tudo isso permanece assim, a menos que uma força externa venha a alterar essa quantidade.

Resumindo: *Uma força externa que age sobre um corpo, emerge desse corpo como uma resultante chamada força dinâmica, que, por sua vez, induz no móvel no decorrer do tempo a conhecida força induzida.* A conclusão é clara e de significado muito avançado: força externa e força induzida estão unificadas pelo movimento. Desse modo nasceu a ciência do dinamismo.

A força induzida caracteriza a diversidade de movimento. Em outras palavras, o movimento varia conforme a variação da força induzida no móvel. Se a força induzida varia de forma uniforme no decorrer do tempo, o movimento será classificado como movimento uniformemente variado. Se a força induzida permanece constante no decorrer do tempo, o movimento será denominado por retilíneo e uniforme.

Para finalizar o presente artigo pode-se afirmar que a teoria de Leandro realizou uma grande síntese que veio a unir as várias peças da mecânica clássica, transformando-a numa teoria mais ampla e consistente. Leandro não só integrou as partes da mecânica num todo coerente, mas foi muito mais longe, estabelecendo uma sólida fundação conceitual e matemática para a ciência do dinamismo que veio a revelar novos segredos da natureza.

Ceterum censeo Carthaginem esse delendam.

ARTIGO 56

AS ORIGENS DO DINAMISMO

Em 1978, Leandro Bertoldo, então com dezoito para dezenove anos de idade, escreveu no início desse ano um extraordinário artigo, intitulado "Dinamismo", no qual justificava a importância da relação entre velocidade e força. Ele finalmente havia encontrado a solução para as suas idéias sobre a causa do movimento imaginada dois anos antes. Sua descoberta é grande quando se considera a sua idade e o fato de que ele estava sozinho e não tinha predecessores. Quando concluiu o seu artigo, Leandro estava matriculado no terceiro ano colegial da Escola Estadual de Segundo Grau Francisco Ferreira Lopes. E além das suas atividades estudantis, trabalhava no Fórum, prestava o serviço militar obrigatório e ainda arranjava tempo para desenvolver suas pesquisas.

Em seu notável artigo, Leandro construiu a fundação conceitual da moderna teoria do dinamismo a partir de dois postulados básicos: O primeiro estabelecia as propriedades da força induzida como uma grandeza física caracterizada por uma força acumulativa transportada pelo móvel, sendo ela mesma a causa da velocidade; o segundo postulado afirmava que a velocidade é uma grandeza física, cuja intensidade é diretamente proporcional à força induzida. Esses postulados mostram claramente que ele estava procurando uma teoria que pudesse explicar a dependência exata que existe entre a velocidade e força induzida, ou seja, dada a força induzida, a teoria deveria ser capaz de prever a velocidade.

Esses dois postulados são totalmente inovadores na física. Mesmo que tenham a aparência de inocentes, eles trazem sérias conseqüências para os conceitos newtonianos de inércia e de força. A idéia genial de Leandro foi a de tornar a força induzida compatível com a velocidade. De fato, ao impor esses dois postulados, Leandro estava garantindo que a velocidade e a força induzida eram conceitos e grandezas físicas que guardavam entre si uma relação intrínseca de proporcionalidade. E será nessa lei que Leandro irá mais tarde encontrar a solução que desvendará todo o mistério do dinamismo geral.

Quando ele relacionou essa lei com os conceitos matemáticos da cinemática - parte da mecânica clássica que estuda a descrição quantitativa e qualitativa do movimento sem interessar-se por suas causas - obteve algumas conclusões notáveis. A primeira foi que a variação de velocidade é diretamente proporcional à variação de força induzida. Isso o guiou na conclusão de que a variação de força induzida é diretamente proporcional à variação de tempo. O conceito de força induzida e de velocidade o levou a estabelecer que na ausência de força induzida o corpo permanece em repouso e, sob a interação da força induzida o corpo permanece em movimento retilíneo e uniforme ao infinito.

Essas conclusões aparentemente estão em contradição com as leis de Newton e com a filosofia da dinâmica clássica. Por exemplo, a primeira lei de Newton estabelece que o conceito de repouso, e de movimento retilíneo uniforme possuem uma só e mesma causa: a inércia. Já com Leandro a primeira lei de Newton sofreu um processo de bipartição, estabelecendo causas diferentes para o repouso e para o movimento retilíneo uniforme ao infinito. A segunda lei de Newton define força como sendo uma ação que causa apenas aceleração. Já com Leandro a força apresenta-se como uma modalidade que causa a velocidade. Para Newton um corpo em movimento inercial não está associado a nenhuma força. Porém, Leandro considera que um corpo em movimento inercial está sob a interação de uma força induzida de valor constante. Muitos outros exemplos poderiam ser citados, mas creio que estes são mais do que suficiente para demonstrar as diferentes idéias entre a dinâmica e o dinamismo. E além do mais, como já foi dito, todas essas contradições são apenas aparente. Entretanto em 1978, Leandro não consegui solucioná-las, e por isso mesmo resolveu deixar de lado todo e qualquer problema para uma ulterior reflexão.

Passados dezessete anos, todos dedicados ao estudo e pesquisa da física e da matemática, Leandro retornou aos conceitos e problemas do dinamismo. E em alguns meses solucionou-os de forma admirável. E para isso introduziu novas grandezas na física, bem como criou e desenvolveu toda uma nova teoria do dinamismo do movimento. Em síntese, essa teoria afirma que, quando uma força externa atua sobre um corpo e vence a oposição oferecida pela força de inércia, ela emerge como uma resultante chamada força dinâmica, esta por sua vez comunica ao móvel no decorrer do tempo a já conhecida força induzida.

O dinamismo havia revelado as limitações da mecânica newtoniana na descrição da causa dos movimentos. E para desenvolver a teoria do dinamismo, Leandro teve que descobrir uma estrutura conceitual totalmente diferente, alicerçada em conceitos físicos e matemáticos. Essa nova teoria foi fundamentada em quatro leis básicas que englobava sua própria teoria inicial do dinamismo, bem como toda a dinâmica clássica desenvolvida por Newton. Essas leis são enunciadas nos seguintes termos:

Lei I - *A intensidade de força externa que atua sobre um corpo é igual ao produto existente entre a massa desse corpo por sua aceleração.*

Lei II - *A intensidade de força dinâmica que interage num corpo é igual ao produto entre uma constante denominada 'estímulo' pela aceleração desse corpo.*

Lei III - *A intensidade da força de inércia de um móvel é igual à diferença entre a intensidade da força externa pela intensidade da força dinâmica.*

Lei IV - *A variação da força induzida num móvel é igual ao produto entre a intensidade de força dinâmica pela variação de tempo de interação.*

Não existe dúvida de que a teoria de Leandro representa a síntese de uma enorme quantidade de fenômenos dinâmicos e cinemáticos.

Observe algumas das incríveis conseqüências da teoria do dinamismo:

I - A teoria do dinamismo apresenta uma altíssima precisão e um nível de qualidade compatível com a física clássica. Ela acomoda-se aos dados experimentais já observados além de revelar as causas por trás do comportamento do movimento e da velocidade.

II - Com o dinamismo, as idéias e suposições da filosofia natural de Aristóteles, totalmente renegadas ao esquecimento nos últimos três séculos, retornam com uma força surpreendente. Em termos filosóficos pode-se afirmar juntamente com os filósofos aristotélicos medievais que o movimento é a um só instante "potência" e "ato".

III - Ficou claramente demonstrado que a dinâmica de Newton, cuja a influência é extremamente perceptível no dia-a-dia e que tem levado ao desenvolvimento de tantas tecnologias, é um caso particular do dinamismo de Leandro.

IV - A previsão da primeira lei de Newton a partir das idéias de força induzida e dinâmica, deram um apoio muito forte à teoria do dinamismo e convenceu Leandro de sua validade geral.

V - A diferença entre Aristóteles e Leandro é que as idéias deste último pensador representam algo de absoluto e fundamental, sendo que a busca do absoluto tem sido sempre o objetivo supremo da física em todos os tempos.

Podemos encerrar o presente artigo afirmando que o dinamismo representa uma generalização da mecânica clássica. Essa nova teoria é uma fonte que jorra mais luz sobre a natureza e fornece poderosas ferramentas para a reestruturação da física clássica. E aquele que assim proceder certamente se notabilizará.

Ceterum censeo Carthaginem esse delendam.

ARTIGO 57

ESTRUTURA DO DINAMISMO

O dinamismo considera o estudo do movimento em relação à sua causa. Em sua forma moderna, essa ciência teve sua origem em 1978, quando um jovem estudante colegial chamado Leandro Bertoldo pesquisou por conta própria a causa da velocidade. As suas descobertas demonstram que a velocidade está relacionada com uma certa força. E que essa força possui propriedades muito peculiares, tais como o fato de poder ser acumulada, conservada, transportada, bem como o de poder ser criada por um processo indutório. Por isso recebeu o nome de força induzida. Após definir a força induzida e suas propriedades, Leandro enunciou a seguinte lei fundamental: *a velocidade de um móvel varia proporcionalmente em conformidade com a força induzida acumulada e transportada pelo móvel.*

O passo seguinte foi bastante simples. Bastou relacionar a referida conclusão com as leis da cinemática e obter os novos resultados que caracterizam o moderno dinamismo. A princípio esses resultados e conclusões foram enunciados nos seguintes termos:

1º - *A variação da velocidade de um móvel, num movimento variado qualquer, é diretamente proporcional à variação da força induzida que se processa nesse móvel.*

2º - *A variação da velocidade de um móvel, num movimento uniformemente variado, é diretamente proporcional à variação da força induzida nesse móvel.*

3º - *A velocidade de um móvel, num movimento retilíneo e uniforme ao infinito, é diretamente proporcional à força induzida que transporta.*

4º - *A variação da força induzida de um móvel em movimento uniformemente variado é diretamente proporcional à variação de tempo.*

5º - *Um móvel em movimento retilíneo e uniforme ao infinito transporta uma força induzida que permanece conservada num valor constante.*

6º - *Um corpo em repouso não apresenta força induzida.*

7º - *Sob a ação de uma força externa constante o móvel apresenta uma força induzida que varia uniformemente no decorrer do tempo.*

8º - *Uma força induzida que varia uniformemente no decorrer do tempo é a causa do movimento uniformemente variado.*

9º - *Uma força induzida que permanece constante no decorrer do tempo é a causa do movimento retilíneo e uniforme.*

Quando Leandro procurou uma explicação lógica e consistente entre a sua teoria do dinamismo e a dinâmica newtoniana; quando tentou relacionar a segunda lei de Newton com a sua lei da força induzida; quando tentou compreender o efeito da massa na força induzida; quando tentou conciliar a primeira lei de Newton que apresenta o repouso e o movimento como sendo uma só coisa, enquanto que o dinamismo previa a bipartição do repouso e do movimento em dois fenômenos totalmente diferentes, então ele viu-se em sérias dificuldades para conciliar tais situações. Por isso deixou essas questões de lado para uma ulterior reflexão.

Nos dezessete anos seguintes ele esteve envolvido com pesquisas em várias áreas da física clássica e da matemática, obtendo resultados formidáveis. No entanto, sua idéia mais original em física foi a criação do dinamismo. Em 1995, ao fazer um inventário de suas descobertas foi levado a refletir sobre os problemas levantados por sua teoria do dinamismo. E em questão de alguns meses solucionou-os de forma extraordinária, criando uma nova teoria e obtendo quatro leis fundamentais à explicação de todo e qualquer tipo de movimento.

Em síntese essa teoria afirma que *a força externa ao atuar sobre um corpo e ao vencer a força de inércia emerge numa resultante chamada força dinâmica; esta por sua vez comunica ao móvel uma força induzida.* Essa teoria possibilitou que Leandro enunciasse as suas quatro leis fundamentais do movimento, a saber:

Lei I - *A força externa que atua sobre um corpo é igual ao produto entre a massa desse corpo por sua aceleração.*

Lei II - *A força dinâmica que interage num corpo é igual ao produto entre a constante denominada "estímulo" pela aceleração que esse corpo apresenta.*

Lei III - *A força de inércia que a matéria exerce em oposição à alteração do seu estado de repouso é igual à diferença entre a força externa pela força dinâmica.*

Lei IV - *A variação de força induzida num móvel no decorrer do tempo é igual ao produto entre a interação da força dinâmica pela variação de tempo.*

Com essas novas leis a indução passou a ser um processo segundo o qual uma força dinâmica em movimento gera uma força induzida em um móvel. Em outras palavras, para gerar uma força induzida é necessário que a força dinâmica possa interagir de forma contínua, no decorrer do tempo, sobre um corpo em movimento. Uma força dinâmica em repouso, como, por exemplo, aquela que interage num peso, não produzirá nenhuma força induzida.

Essas leis possibilitaram estabelecer uma relação bastante clara entre os limites da segunda lei de Newton e os limites da lei da força induzida de Leandro; ou seja, a força externa está vinculada à força induzida unicamente em função da força dinâmica.

Elas explicam que sob a perspectiva da *força induzida,* a primeira lei de Newton, conhecida também como princípio da inércia, sofre um processo de bipartição, caracterizando o repouso e o movimento uniforme como fenômenos possuidores de causas diferentes. Já sob a perspectiva da *força externa* - sua total ausência no repouso e no movimento uniforme - resulta na primeira lei de Newton. Ou seja, o repouso e o movimento uniforme são caracterizados por uma causa em comum.

Com isso pode-se concluir que a teoria de Leandro sobre o dinamismo do movimento representa algo de muito mais absoluto e fundamental do que a dinâmica de Newton. Essa nova teoria veio para realizar uma revisão mais rigorosa e profunda na física clássica. Como disse o Dr. Marcelo Gleiser em seu livro maravilhoso chamado "A Dança do Universo", às páginas 281: "Desde os pré-socráticos até nossos dias, a busca do absoluto é uma inspiração constante para a criatividade científica". Sendo que esse princípio reflete exatamente o fundamento estabelecido pela teoria do dinamismo.

Ceterum censeo Carthaginem esse delendam.

ARTIGO 58

HISTÓRIA DO DESENVOLVIMENTO DO DINAMISMO

Desde a mais remota Antiguidade, o homem tem procurado descobrir os segredos do movimento, sempre visando objetivos científicos. Na verdade o primeiro fenômeno a ser notado pelo homem foi o do movimento. O levantar de um braço, o andar, o lançar uma pedra ou uma lança sobre algum animal, a invenção da roda, a criação da roda de oleiro, tudo isso exige uma certa compreensão, mesmo que intuitiva, das propriedades dos movimentos. E ao levantarem os olhos ao céu, notaram a existência dos astros, aos quais passaram a observar e a estudar meticulosamente, principalmente o seu movimento diário na abobada celeste, o que veio a dar origem a pseudociência da astrologia. Mesmo assim, nessa pseudociência, o estudo do movimento estava envolvido.

Conta a história que na Antiguidade clássica o primeiro dos "sete sábios", Tales de Mileto, previu o eclipse solar ocorrido em 585 antes de Cristo. Evidentemente, ele jamais poderia fazer isso sem conhecer algo a respeito da cinemática dos corpos celestes. Verdadeiramente, o movimento foi objeto de estudo de muitos filósofos gregos. Por exemplo: Anaximandro ensinou que o firmamento apresenta um movimento em torno da estrela polar. Heráclito de Éfeso ensinava que no universo todas as coisas estão em movimento e que nada permanece parado. Zenão de Eléia usando o método da regressão infinita procurou provar que o movimento era uma ilusão dos sentidos. Para isso criou o paradoxo de uma corrida imaginária em que Aquiles jamais alcançaria uma tartaruga. Os atomistas Leucipo e Demócrito ensinavam que todas as coisas ocorrem em conseqüência de uma causa e que no vácuo os átomos mais pesados caem mais rápido do que os mais leves. Aristóteles recusou-se a reconhecer a filosofia atômica e o vácuo. E defendeu a suposição de que se o vácuo existisse tudo deveria cair com a mesma velocidade. Depois de ter observado que para movimentar um corpo é necessária a ação de uma força, e que para manter o movimento também é necessário a continuação da ação dessa força, foi levado ao conceito filosófico de que o movimento é a um só tempo "potência e "ato". O que ele não reconhecia era que a força de resistência oferecida pelo atrito têm a propriedade de retardar e dissipar o movimento, e por isso a necessidade de aplicar continuamente uma força externa para manter qualquer corpo em movimento. Entretanto, filosoficamente, encontra-se aqui um esboço do princípio do dinamismo; porém suas observações sobre o movimento indicam quão pouco Aristóteles compreendia a respeito destes princípios. Suas deduções não refletiam a busca do absoluto ou da realidade última das verdadeiras causas do movimento.

Durante a Idade Média as idéias de Aristóteles foram sendo aperfeiçoadas por seus seguidores e atingiu um nível de sofisticação inigualável. Por exemplo: Giovanni Battista Benedetti, conforme demonstra o seu livro "Diversarum speculationum mathematicarum et physicarum liber" era um fogoso defensor da teoria do ímpeto, cuja explicação estava no núcleo dos chamados "movimentos violentos". Essa teoria estava fundamentada numa entidade não muito clara e também muito mal definida denominada por "ímpeto", a qual seria introduzida, nos corpos, no instante em que a eles se imprimisse o movimento violento. Da perspectiva do moderno método científico essa explicação é totalmente equivocada. Porém ela estava tão enraizada na mente dos estudiosos que o genial René Descartes (1596-1650) chegou a ponto de explicar o impacto, em função de uma suposta força interna do corpo em movimento, a qual o sábio não soube dar uma demonstração experimental ou matemática. Até mesmo o maior gênio que já existiu na face do planeta, Isaac Newton (1642-1727), influenciado pelas idéias aristotélicas, havia abraçado a doutrina de que uma força inerente aos corpos os mantinham em movimento, conforme um ensaio juvenil intitulado "Do movimento violento", registrado nas páginas das "Quaestiones". E vinte anos mais tarde em um pequeno tratado de nove páginas chamado "De motu corporum in gyrum" - Do movimento dos corpos em uma órbita - Newton apresentou uma definição na qual chamou por "força de um corpo" ou "força intrínseca" de um corpo àquilo que faz com que ele tenda a permanecer em seu movimento em linha reta. A seguir ampliou a definição na seguinte hipótese: *Por sua força intrínseca somente, qualquer corpo segue uniformemente em linha reta para o infinito, a menos que algo extrínseco venha a impedi-lo.* Sabemos Newton nunca testou ou apresentou qualquer conceito matemático ou experimental a respeito dessas idéias. E nas sucessivas versões da obra "De motu", ele foi alterando discretamente o seu conceito de força intrínseca, a ponto de abandoná-la por completo e abraçar definitivamente o princípio da inércia, que foi enunciado pelo próprio Newton nos seguintes termos: *Qualquer corpo permanece em seu estado de repouso ou de movimento uniforme em linha reta, a menos que seja obrigado a alterar o seu estado, por força impressas nele.*

Com a criação e sistematização da dinâmica clássica, Galileu Galilei (1564-1642) e Isaac Newton deram o golpe de misericórdia que veio a destruir qualquer idéia aristotélica sobre o dinamismo que definitivamente foi lançado no ostracismo científico.

Passado trezentos anos, para ser mais exato em 1978, um jovem estudante colegial concluiu um pequeno tratado científico denominado "Dinamismo". Esse jovem chamado Leandro Bertoldo havia chegado ao conceito de dinamismo sozinho e por conta própria, sem nenhuma influência de outros pensadores. Sua teoria é radicalmente diferente de qualquer outra já apresentada; sendo que os princípios básicos estão fundamentados no rigoroso método matemático e em perfeita harmonia com as experiências já conhecidas pela ciência da física.

Esse jovem foi levado ao conceito de dinamismo baseado no seguinte fenômeno físico: A queda de dois corpos absolutamente iguais, porém de alturas diferentes, causam impactos diferentes. Como a aceleração, a massa, o peso e, portanto, a força externa eram iguais nos dois corpos, Leandro raciocinou que devia existir uma outra força que varia com a velocidade e que causava as diferentes deformações observadas no impacto. Força esta que chamou pelo sugestivo nome de força induzida. Esse foi um dos fatores que levaram o jovem cientista à experiência intelectual na procura de uma causa para a velocidade.

A primeira intuição da força induzida remonta a janeiro de 1977. Nesse ano Leandro foi levado à consideração que a velocidade de um corpo em movimento uniformemente variado era uma sentença cinemática à qual tentou dar um significado dinâmico supondo que existe uma força variável que faz com que o móvel sofra uma variação uniforme de sua velocidade.

Ao estudar as propriedades da força induzida, a princípio, chegou à conclusão que ela era comunicada ao móvel quando este estava sob a ação de uma força externa e que se acumulava no decorrer do tempo. Também verificou que ela permanecia conservada no móvel, mesmo quando a força externa deixava de atuar. Enfim, a força induzida é a causa do movimento e de sua intensidade.

Simultaneamente às conclusões supra mencionadas, Leandro foi estabelecendo quantitativamente e qualitativamente as leis básicas do movimento, unicamente sob a perspectiva do dinamismo. Essas leis enunciadas em 1978 são as seguintes:

1ª - *A variação de velocidade é diretamente proporcional à variação de força induzida num móvel no decorrer do tempo.*

2ª - *A variação de força induzida é diretamente proporcional à variação de tempo decorrido.*

3ª - *A velocidade de um móvel é diretamente proporcional à quantidade de força induzida por ele transportada.*

4ª - *Sob a ação de uma força externa constante a força induzida sofre uma variação uniforme com o passar do tempo.*

5ª - *No movimento uniformemente variado a força induzida varia de forma uniforme no decorrer do tempo.*

6ª - *A acumulação e conservação da força induzida de uma maneira uniforme, no decorrer do tempo, causam o conhecido movimento uniformemente variado.*

7ª - *No movimento retilíneo e uniforme a força induzida permanece conservada num valor constante.*

8ª - *Unicamente por causa da força induzida qualquer móvel mantém seu movimento uniforme e retilíneo ao infinito, a menos que uma força externa venha a alterar tal situação.*

9ª - *Na ausência de força induzida todo corpo permanece em seu estado de repouso.*

O conceito de força induzida é extraordinário, pois esclarece a causa e a intensidade do movimento (velocidade) de um corpo, explica e classifica a diversidade de movimento existente e define claramente a causa do repouso e do movimento retilíneo e uniforme ao infinito, fenômenos até então desconhecidos da ciência.

Entretanto, à primeira vista, essas conclusões não estão em harmonia com os princípios da dinâmica newtoniana. Pois a primeira lei de Newton, também conhecida por princípio da inércia, sofreu um processo de desdobramento, onde o repouso e o movimento uniforme passam a ser explicado por meio de causas diferentes. E, aparentemente, não existe nenhuma relação física entre a segunda lei de Newton, denominada por princípio fundamental da dinâmica, com o conceito inovador de força induzida. Enquanto que a força externa está relacionada com a aceleração, a força induzida está relacionada com a velocidade.

Como de imediato o jovem cientista não conseguiu resolver essas e muitas outras questões que havia levantado resolveu deixar toda e qualquer reflexão para uma ulterior verificação. E durante dezessete anos esteve envolvido em várias pesquisas nos mais diversos campos da física e da matemática, quando escreveu centenas de ensaios dentro dessas áreas. Durante todo esse tempo nunca voltou a analisar com seriedade a sua teoria do dinamismo. Mas em 1995, ao fazer um inventário de suas pesquisas e descobertas, foi levado a reavaliar os conceitos fundamentais de sua teoria. E em questão de alguns poucos meses desvendou todo o mistério e dificuldades que envolviam o dinamismo leandroniano e a dinâmica newtoniana. Nessa nova teoria apresentou quatro leis fundamentais que explicavam de forma extremamente objetiva e lúcida toda a sua teoria inicial do dinamismo bem como toda a dinâmica newtoniana. Essas leis foram enunciadas nos seguintes termos:

Lei I - *A força externa que atua sobre um corpo é igual ao produto entre a sua massa por sua aceleração.*

Lei II - *A força dinâmica que resulta da força externa, após esta vencer a oposição oferecida pela força de inércia, é igual ao produto entre uma constante denominada "estímulo" pela aceleração do corpo.*

Lei III - *A força de inércia que a matéria exerce em oposição à alteração do seu estado de repouso é igual à diferença entre a força externa pela força dinâmica.*

Lei IV - *A variação de força induzida num móvel no decorrer do tempo é igual ao produto entre a força dinâmica pela variação de tempo decorrido de interação dessa força dinâmica.*

Ao estudar a lei ou a teoria do dinamismo, é fundamental ter em mente os seguintes passos:

- Tenha em mente o primado e a unidade da teoria.
- Perceba a centralidade das forças envolvidas no movimento.
- Permita que a teoria se explique a si mesma.
- Estude o que uma lei diz, prestando a atenção ao significado correto de cada grandeza física envolvida.

- Tenha em conta o contexto total de todas as leis e da teoria.

- Também tenha em mente a relação de suas partes individuais.

- Verifique a aplicação da lei na teoria original e possível aplicação em outros campos.

É interessante notar que Leandro só estava interessado nos princípios do movimento e por isso mesmo não procurou descobrir o valor numérico da constante que aparece em sua obra. Um dos aspectos mais notáveis da teoria do dinamismo consiste no fato de que a partir de tão poucas leis ela descreve matematicamente uma enorme variedade de fenômenos físicos. Por essas leis foi possível verificar que, mesmo sob a ótica da física clássica, as leis de Newton não representam, não explicam e nem descrevem completamente toda a realidade que ocorre no fenômeno do movimento. Ficou também bastante claro que a dinâmica newtoniana representa apenas um caso particular do dinamismo. Na teoria newtoniana os fenômenos são vistos unicamente sob a perspectiva da força externa, sendo que a visão a partir da força induzida é muito mais ampla e esclarecedora.

Apesar do advento da teoria da relatividade e da física quântica no início do século XX, a física clássica continua mantendo sua validade dentro dos limites impostos pelos fenômenos do mundo cotidiano. Ela é a forma como o homem natural compreende a sua experiência sensorial no mundo que o cerca no seu dia-a-dia. E como se isso não bastasse, ela é a base da engenharia e de todas as ciências modernas. Por isso o dinamismo não está fora de seu tempo, mesmo porque ao alterar as bases da física também altera toda a sua estrutura revelando novos segredos do Criador.

Ceterum censeo Carthaginem esse delendam.

ARTIGO 59

A VISÃO DO DINAMISMO

Os filósofos da antiga Grécia dedicaram especial atenção ao estudo dos fenômenos naturais. E em suas cogitações intelectuais chegaram à monumental conclusão de que embora a natureza aparentasse uma certa complexidade tais como interdependência ou diversidade, na realidade estava fundamentada em alguns poucos conceitos bastante simples, consistentes e lógicos que permitiam compreender o todo completo. Assim, no século IV a.C., Aristóteles (384-322 a.c.) sugeriu que o movimento era a um só instante "potência" e "ato". Desse modo ensinava que:

I - Não há movimento (ato) sem a ação de uma força externa (potência).

II - Para um corpo manter o seu estado de movimento é necessário a ação contínua de uma força externa.

III - Uma força externa constante mantém o movimento constante.

IV - Quanto maior for a força externa tanto maior será a rapidez do movimento.

V - Cessada a ação da força externa o movimento cessa com o corpo retornando ao seu estado natural de repouso.

Por causa de suposições como essas, a filosofia de Aristóteles é considerada um dinamismo, onde força e movimento operam simultaneamente. O problema é que as idéias de Aristóteles que, infelizmente, estavam fundamentadas em conceitos completamente equivocados, tornaram-se o fundamento de todo o conhecimento adquirido durante a Idade Média. Como não bastasse isso seus estudos e suposições foram mais tarde transformadas em dogmas pela toda poderosa Igreja Católica Apostólica Romana, sendo que suas idéias sobre o movimento acabaram prevalecendo por todo esse período medieval.

Durante esse tempo, muitos pensadores sérios desenvolveram as idéias de Aristóteles e outros se deixaram influenciar tremendamente pelos novos conceitos obtidos a partir dessas idéias.

No século VI, Giovanni Filopono, parcialmente fundamentado na filosofia natural aristotélica desenvolveu alguns princípios básicos da famosa teoria do ímpeto. Nos séculos XIV e XV essa ciência encontrou grandes defensores em Paris, quando passou a ser conhecida sob o nome de "física parisiense". Essa física buscava a causa do movimento violento numa entidade não muito bem esclarecida denominada por "ímpeto", a qual seria introduzida nos corpos no momento em que a eles se imprimisse um movimento violento.

No período quinhentista, a teoria do ímpeto teve em Giovanni Battista Benedetti um extraordinário defensor que ajudou a difundir tal filosofia na Europa através de seu livro "Diversarum speculationum mathematicarum et physicarum liber", publicado em 1585. A atração dessa física era tão forte que exerceu uma tremenda influência em alguns dos grandes nomes da ciência moderna, tais como Tartaglia, Galileu Galilei, René Descartes e até mesmo Isaac Newton.

Descartes explicou que o impacto é causado por uma força interna do corpo em seu movimento. Já Isaac Newton em sua juventude, influenciado pelas idéias dos filósofos aristotélicos, havia aceitado a física de que uma força inerente aos corpos os mantinham em movimento. Vinte anos mais tarde suas convicções continuavam firmes, pois em um pequeno tratado denominado "De Motu" apresentou a idéias de que qualquer corpo segue uniformemente em linha reta para o infinito unicamente por causa de uma força intrínseca, a menos que algo extrínseco viesse a impedi-lo. Porém, ao contrastar essa idéia com o princípio fundamental da dinâmica que ele mesmo havia descoberto - que atualmente é conhecida como a segunda lei de Newton - teve que reconhecer sua total incompatibilidade e acabou por abandonar totalmente tal conceito de força intrínseca, preferindo a generalização oferecida pelo princípio da inércia descoberto por Galileu Galilei (1564-1642) e enunciado claramente por René Descartes (1596-1650).

É interessante observar que a maioria dos conceitos desenvolvidos e defendidos pelos filósofos aristotélicos durante a Idade Média estavam errados pelos seguintes motivos:

1º - A força conhecida por Aristóteles em sua época era a força de tração animal ou elástica oriunda de um arco e flecha. Em outras palavras o que Aristóteles conhecia era a ação do que hoje é definida como força externa.

2º - Uma força externa constante não produz um movimento constante, mas sim um movimento que varia uniformemente no decorrer do tempo.

3º - Aristóteles não estava trabalhando com conceitos fundamentais. Logo suas idéias jamais poderiam ser aplicadas como um padrão universal de comportamento da natureza.

4º - O erro de Aristóteles consistiu em ignorar o efeito do atrito, que é a força que retarda e dissipa qualquer tipo de movimento.

No século XVII, Galileu Galilei demonstrou experimentalmente que na ausência de atrito, um corpo segue em seu movimento retilíneo e uniforme ao infinito, sem que seja necessária a ação de qualquer força externa para manter tal movimento. Com isso as idéias aristotélicas foram seriamente contestadas e abaladas em seus fundamentos.

Os filósofos aristotélicos também ensinavam que um corpo pesado cai mais rápido do que um mais leve. Para mostrar a falácia dessa idéia, conta a lenda que Galileu, diante de uma pequena platéia de professores aristotélicos e estudantes, subiu ao alto da Torre de Pisa e largou no mesmo instante dois corpos de pesos diferentes, que chegaram juntos ao solo. Isto demonstrou claramente que ambos adquiriram as mesmas velocidades, independentemente de seus pesos.

Com essas extraordinárias conclusões, e de muitas outras experiências semelhantes, a filosofia de Aristóteles foi lentamente sendo abandonada em favor de idéias fundamentadas no moderno método científico desenvolvido por Galileu.

Mas o golpe de misericórdia foi dado pelo maravilhoso físico inglês Isaac Newton (1642-1727) em sua magistral obra "Principia mathematica de philosophiae naturalis". Nessa obra imorredoura Newton estabeleceu as três leis do movimento que vieram a revolucionar a compreensão do Universo. Essas leis afirmam que:

Lei I - Um corpo permanece em repouso ou em movimento com velocidade constante, seguindo a mesma trajetória, enquanto sobre ele não atua força externa.

Lei II - A força externa que atua sobre um corpo é igual ao produto entre a sua massa pela aceleração que apresenta.

Lei III - Da ação de toda força segue a reação de uma força de mesma intensidade e sentido oposto.

Após essas leis a filosofia natural aristotélica nunca mais seria a mesma. Foi lançada num ostracismo sem retorno, e junto com ela foi abandonado e completamente esquecido o conceito de dinamismo do movimento que havia animado a antiga física medieval.

A diferença entre o dinamismo e a dinâmica consiste no seguinte:

• *O dinamismo prega que um corpo permanece animado em movimento somente enquanto estiver sob a ação de uma força.*

• *Já a dinâmica ensina que um corpo permanece animado em seu movimento independentemente da ação de uma força.*

Trezentos anos depois de Isaac Newton ter estabelecido os princípios da moderna dinâmica, um jovem estudante brasileiro chamado Leandro Bertoldo, desconhecendo totalmente as suposições da filosofia aristotélica, ao procurar a causa da diversidade do movimento acabou por constatar que a velocidade estava relacionada com um tipo de força em particular, que apresentava propriedades bastante peculiares. A essa força ele deu o nome de "força induzida". Em 1978, Leandro concluiu um pequeno e revolucionário tratado científico denominado por "Dinamismo". Este nome ele tirou do dicionário, visando distinguir sua ciência da ciência da dinâmica. Nessa pequena obra ele apresentava algumas leis básicas a respeito do movimento, entre elas citam-se as seguintes:

1ª Lei - A velocidade de um corpo é diretamente proporcional força induzida.

2ª Lei - A variação de velocidade é diretamente proporcional à variação de força induzida.

3ª Lei - A variação de força induzida é diretamente proporcional à variação de tempo.

4ª Lei - Na presença da força induzida qualquer corpo mantém o seu estado de movimento retilíneo e uniforme ao infinito.

5ª Lei - Na ausência da força induzida qualquer corpo mantém o seu estado de repouso.

Essas leis são notáveis. De imediato Leandro constatou que os seus princípios eram revolucionários e verificou a diferença marcante existente entre eles e os princípios da dinâmica de Newton. É bem verdade que somente algumas das possibilidades inerentes à descoberta do dinamismo foi que transpareceram claramente para o jovem cientista que estava sendo iniciado nessa nova área da ciência. Era a primeira vez que batalhava arduamente com uma revolucionária concepção do movimento. Mesmo assim, conseguiu levar seu discernimento científico suficientemente longe para reconhecer que estava diante de uma nova física que aparentemente era incompatível com as leis de Newton.

A teoria desenvolvida por Leandro previa uma causa para o repouso e uma causa para o movimento inercial, enquan-

to que a teoria newtoniana previa a mesma causa para o repouso e para o movimento inercial. A teoria de Leandro previa
uma modalidade de força relacionada com a velocidade, enquanto que a teoria de Newton previa que a força somente está
relacionada com a aceleração. O dinamismo de Leandro estabelecia que a velocidade apresentava uma relação direta com uma
força, enquanto que a dinâmica de Newton não estabelecia nenhuma relação direta entre velocidade e força. E quando Leandro considerou a questão da inércia oferecida pela massa o problema ficou bastante complicado, pois a sua teoria não incluía
esse efeito. E todas as tentativas imediatas realizadas para solucionar tais problemas resultaram em fracasso. Por isso o jovem
cientista resolveu deixar tais questões para uma futura análise.

Em suas folhas de pesquisas, onde rascunhava suas
idéias, Leandro fez a seguinte anotação: "Descobrir a relação
existente entre dinamismo e dinâmica".

Essa anotação feita em 1978 era um constante lembrete
para ele não esquecer de resolver o grave problema científico
que surgiu entre a sua recente teoria do dinamismo e a dinâmica de Newton. Apesar desse lembrete, sua pesquisa sobre o assunto teve de ser colocada de lado, porque ele estava muito interessado e ocupado resolvendo outros problemas básicos da
física. Pois nessa época de intensa criatividade suas idéias jorravam de tal maneira que mal tinha tempo de colocá-las no papel. Muitas vezes chegava a escrever simultaneamente quatro a
cinco artigos.

Em 1995, quando finalmente enfrentou o problema proposto em sua teoria do dinamismo, chegou à sua histórica resposta em poucos meses de trabalho. Ele havia encontrado a solução de um problema puramente teórico que envolvia a compreensão e a relação entre duas teorias aparentemente distintas.
O maior feito realizado por Leandro surgiu quando ele pôde
demonstrar como a sua inovadora teoria do dinamismo estava
relacionada com a dinâmica newtoniana.

Nessa segunda fase da teoria do dinamismo, Leandro chegou às seguintes leis do movimento:

Lei I - A força externa que atua sobre um corpo é igual ao produto entre sua massa pela aceleração que apresenta.

Lei II - A força dinâmica, que resulta da força externa após esta vencer a oposição oferecida pela força de inércia, é igual ao produto entre a constante universal chamada estímulo pela aceleração que o corpo apresenta.

Lei III - A força de inércia que a matéria exerce em oposição à alteração do seu estado de repouso é igual à diferença entre a força externa pela força dinâmica.

Lei IV - A variação de força induzida num corpo no decorrer do tempo pela interação da força dinâmica é igual ao produto entre a intensidade dessa força dinâmica pela variação de tempo.

Por essas leis foi possível explicar todas as formas de movimento. Demonstrar em que sentido o princípio da inércia é verdadeiro. Caracterizar o movimento inercial, o repouso e a inércia dos corpos. Também ficou bastante claro que a teoria de Newton representa apenas um caso restrito do dinamismo. E embora os conceitos apresentados no dinamismo sejam totalmente diferentes daqueles apresentados pelos filósofos aristotélicos ou pela dinâmica newtoniana, a teoria de Leandro realizou a restauração da antiga idéia filosófica de que o movimento é a um só tempo "potência" e "ato".

Realmente, Em 1978 Leandro Bertoldo havia realizado algumas demonstrações que pareciam contestar a teoria dinâmica de Newton. Mas tanto Newton quanto Leandro estavam certos e foi exatamente isso, que no fundo, Leandro revelou em seu novo artigo de 1995. E como se fosse pouco, restaurou em bases científicas a filosofia do dinamismo do movimento.

Ceterum censeo Carthaginem esse delendam.

ARTIGO 60

A FORÇA DE INDUÇÃO NO DINAMISMO

Em 1978, o jovem estudante Leandro Bertoldo propôs uma nova teoria na mecânica baseada no inovador conceito de força induzida. Essa força apresenta propriedades bastante peculiares, tais como intensidade, quantidade, conservação, transporte e indução. Também está relacionada diretamente com a velocidade com quem guarda uma relação de proporcionalidade. A origem dessa força e sua explicação são bastante interessantes e no mínimo curiosas.

Eis como no início Leandro aplicou o princípio da indução de força, sem, entretanto, compreender a sua teoria: Aplicando-se uma força externa sobre um móvel, este recebe uma força induzida que aumenta de intensidade enquanto está sob a ação de tal força externa. Entretanto, cessada a ação dessa força o móvel cessa de receber a força induzida, porém mantém conservada aquela quantidade de força induzida que recebeu durante o período em que estava sob a ação da força externa. E se o móvel sofrer a ação de uma força externa oposta, sua força induzida será extraída. Assim, torna-se claro que parte da solução do conceito de indução estava ali: *A força externa operando num móvel no decorrer do tempo provoca o aparecimento da força induzida.*

Leandro logo descobriu que essa explicação não estava completa porque não levava em consideração o efeito da inércia provocada pela matéria à alteração do seu estado de repouso. Ele verificou que se a mesma intensidade de força externa for aplicada a dois móveis de diferentes massas, aquele que possui maior massa recebe uma força induzida menor em relação àquele que possui menor massa.

A solução teórica e matemática para essa questão iria permanecer em aberto durante dezessete anos. Isto porque Leandro estava muito ocupado resolvendo outras questões da física e da matemática. Assim, em 1995, ao retornar ao problema abandonado durante tanto tempo, acabou por encontrar a solução definitiva de sua teoria do dinamismo. Ela estabelecia que quando uma força externa aplicada sobre um corpo vencia a oposição oferecida pela força de inércia, aquela emergia numa resultante denominada por força dinâmica. E esta interagindo no decorrer do tempo comunicava ao móvel uma força induzida.

Assim ele verificou que quanto maior era a massa de um móvel, sob a ação de uma mesma intensidade de força externa, tanto menor era a intensidade de força induzida no mesmo intervalo de tempo. Isto porque parte da força externa é utilizada para vencer a oposição oferecida pela inércia da massa e a parte restante dessa força externa, a qual não é empregada para vencer a inércia da matéria, resulta na chamada força dinâmica. Esta realmente causa o aparecimento da força induzida no móvel. Estava plantado, pois, na mente de Leandro o germe de sua teoria do dinamismo. Em outras palavras uma massa maior exige o emprego de uma força externa maior para vencer a inércia. E o que sobra da força externa resulta na chamada força dinâmica. E quanto menor for a força dinâmica menor será a intensidade de força induzida no móvel no intervalo de tempo.

Dessa forma o problema provocado pela inércia da matéria ficou solucionado. E finalmente o princípio da indução de força ficou definitivamente explicado da seguinte maneira: *A força dinâmica interagindo num móvel no decorrer do tempo causa o aparecimento de uma força induzida cada vez maior.*

Com a definição de força induzida apresentada em 1978 e com sua explicação em 1995, Leandro fundou o ramo da física que denominou por dinamismo. E enfim, a teoria do dinamismo em essência é a produção de força induzida a partir da força dinâmica.

Ceterum censeo Carthaginem esse delendam.

ARTIGO 61

HISTÓRIA DO MOVIMENTO

Os filósofos aristotélicos baseados na filosofia do grego Aristóteles de Estagira (384-322 a.c.), ensinaram durante boa parte da Idade Média as seguintes idéias sobre o movimento em geral:

1- *Enquanto estiver sob a ação de uma força um corpo mantém o seu movimento.*

2- *Cessada a ação da força o corpo retorna ao seu estado natural de repouso.*

3- *Um corpo pesado cai mais rápido do que um leve.*

No século dezessete, o genial e aguerrido físico italiano Galileu Galilei (1564-1642) realizou duas experiências cruciais que vieram a demonstrar a falácia da filosofia mecânica de Aristóteles e de seus seguidores. As conclusões de Galileu foram as seguintes:

I - *Trabalhando com superfícies cada vez mais polidas, Galileu verificou que na ausência total de atrito, qualquer corpo permanece em movimento sem que seja necessária a ação contínua de uma força.*

II - *Em outra célebre experiência realizada do alto da Torre de Pisa, Galileu mostrou que dois corpos de diferentes pesos, ao serem largados da mesma altura e no mesmo instante, chegam juntos ao solo.*

III - *Galileu foi o primeiro a obter uma descrição matemática para o movimento em queda livre, que é caracterizado por um movimento acelerado para baixo.*

Essas experiências demonstraram que as idéias dos filósofos aristotélicos estavam totalmente equivocadas. O erro desses filósofos consistiu em ignorar o efeito retardador e dissipativo que a força de atrito oferece o movimento. Ignorando esse fenômeno aqueles filósofos laboraram em um erro crasso.

Apesar das demonstrações de Galileu, os cientistas eram atraídos para a compreensão da causa do movimento e não simplesmente pela sua descrição. Assim, o filósofo francês René Descartes (1596-1650), influenciado pela física medieval aristotélica do ímpeto, apresentou a idéia de que o impacto tinha por causa uma força interna do corpo em movimento. E o extraordinário físico inglês Isaac Newton (1642-1727) durante vinte anos oscilou entre o princípio da inércia e a idéia aristotélica de que uma força inerente ao corpo o mantém em movimento. Porém em 1687, decidiu-se pelo princípio da inércia, que tinha sido demonstrado por Galileu e postulado por Descartes. Nesse ano Newton publicou sua obra revolucionária sob o título de "Princípios Matemáticos da Filosofia Natural", onde apresentava três leis fundamentais à compreensão do movimento, enunciadas nos seguintes termos:

Lei I - *Qualquer corpo permanece em repouso ou em movimento retilíneo e uniforme, a menos sofra alteração dessa situação por forças aplicadas sobre ele.*

Lei II - *A intensidade de força externa que atua sobre um corpo é igual ao produto da massa desse corpo por sua aceleração.*

Lei III - *De toda ação segue-se uma reação de mesma intensidade e de sentido oposto.*

Somente a partir das publicações e divulgações das descobertas de Galileu e de Newton é que as idéias mecânicas aristotélicas foram definitivamente refutadas, abandonadas e esquecidas.

No final do século XX, Leandro Bertoldo propôs uma nova teoria do movimento. Em sua teoria geral do dinamismo ele introduziu novos conceitos na física. A intensidade da velocidade bem como a sua causa passaram a ser explicada pelo revolucionário conceito de força induzida. Esse conceito estabelece que quanto maior for a força induzida num móvel, tanto maior será sua velocidade. Nessa teoria ele apresentou as seguintes leis:

Lei I - A força externa que atua sobre um corpo é igual ao produto existente entre a massa pela aceleração adquirida por esse corpo.

Lei II - A força dinâmica que resulta da força externa, após esta vencer a oposição oferecida pela força de inércia, é igual ao produto entre o estímulo pela aceleração do corpo.

Lei III - A força de inércia que a matéria exerce em oposição à alteração do seu estado de repouso é igual à diferença entre a força externa pela força dinâmica.

Lei IV - A variação da força induzida num corpo pela interação da força dinâmica é igual ao produto entre essa força dinâmica pela variação de tempo.

A partir dessas leis tornou-se possível explicar a causa e a intensidade da velocidade e da aceleração. Elas explicam claramente a diferença entre o movimento e o repouso. Possibilitam a demonstração do princípio da inércia e a bipartição desse princípio. Ficou claro que não existe movimento sem força induzida. Nesse sentido e apenas nesse sentido, Leandro restaurou sem saber, o princípio do dinamismo, no qual o movimento é tratado no mesmo instante em sua causa e efeito.

Essa teoria mostra claramente que Leandro estava preocupado com a natureza fundamental do agente causador do movimento e com a sua descrição. Em outras palavras, sua explicação foi baseada no "porque" e no "como" do movimento. E apenas isso foi mais do que suficiente para revolucionar a física.

Ceterum censeo Carthaginem esse delendam.

ARTIGO 62

ABANDONO DO DINAMISMO POR NEWTON

A física dos últimos trezentos anos cometeu um grave erro de amplitude fundamental. Abandonou o conceito filosófico de dinamismo sem preocupar-se em procurar as verdadeiras grandezas físicas envolvidas na concepção de tal teoria. Com isso a física permaneceu bastante restrita em seu campo de atuação.

Foi em 1687 que Isaac Newton publicou sua obra monumental intitulada "Princípios Matemáticos da Filosofia Natural", onde pela primeira vez expunha o conjunto completo das suas três leis do movimento. Essas leis versavam sobre o princípio da inércia, sobre o princípio fundamental da dinâmica e sobre o princípio da ação e reação. Porém, um acontecimento extraordinário e ao mesmo tempo paradoxal ocorreu nas investigações de Newton. Nos primeiros escritos de um pequeno tratado com o título "De motu corporum in gyrum" que passou por várias versões e que deram origem à sua obra monumental, ele havia adotado o princípio da física medieval aristotélica do "ímpeto", e chegou próximo a um conceito que, atualmente, é deduzido pela moderna ciência do dinamismo de Leandro. Newton havia enunciado a seguinte hipótese: *Apenas por sua força intrínseca, todo corpo segue seu movimento uniforme em linha reta ao infinito, a menos que algo extrínseco venha impedi-lo.* Essa idéia era extremamente atraente porque explicava a causa do movimento uniforme. Infelizmente ele acabou por rejeitá-la; bem como eliminou sumariamente todo vestígio dessa hipótese em sua obra principal. Esse conceito teria que esperar por trezentos anos para ser redescoberto independentemente por Leandro Bertoldo. Newton abandonou sua idéia por vários motivos. O primeiro deles é que na realidade essa idéia não passava de uma suposição. O segundo motivo, é que ele realmente não conseguiu dar-lhe uma demonstração matemática ou experimental. Finalmente, o terceiro motivo e talvez o mais importante foi, que não conseguiu enquadrá-la ou harmonizá-la dentro da moldura quantitativa do princípio fundamental da dinâmica, hoje conhecida como segunda lei de Newton. Por essa razão ele resolveu que seria mais fácil abandoná-la e adotar o princípio da inércia. Nesse princípio não estava em jogo a causa do movimento e por isso mesmo adaptava-se muito bem ao seu princípio fundamental.

Assim a idéia de força intrínseca morreu, foi sepultada e ficou totalmente esquecida durante os últimos trezentos anos. Entretanto, em 1976, um jovem chamado Leandro Bertoldo matriculou-se no Colégio Estadual de Segundo Grau "Francisco Ferreira Lopes". Nesse colégio recebeu suas primeiras noções de física com o professor Harano e posteriormente com o professor Benê. O jovem ficou totalmente fascinado por essa ciência, a ponto de afirmar em várias ocasiões, que estava casado com a física.

Leandro ao estudar a parte da mecânica chamada cinemática pensava no que poderia acrescentar a esse assunto que pudesse explicar a causa do movimento. Enquanto refletia, ele começou a manipular arbitrariamente a criação de uma possível equação que relacionasse força e velocidade, tentando descobri alguma coisa que escapara à atenção dos físicos nos últimos trezentos anos.

Subitamente, num raro instante de genialidade ele pode vislumbrar o tipo especial de força que estava envolvida no movimento. Sua idéia era que quando essa força variava provocava uma variação de velocidade, causando o movimento variado. E quando permanecia constante provocava uma velocidade constante, causando o movimento uniforme. A essa força ele deu o nome de "força induzida", já que ela aparecia no móvel como à semelhança de um processo de indução.

Tal força, conforme ele verificou, apresentava certas propriedades bastante peculiares, tais como indução, conservação, transporte e estava relacionada diretamente com a velocidade. De tal forma que definiu o móvel como um corpo em movimento que armazena, conserva e transporta a força induzida.

Em 1978 ele reuniu num pequeno tratado os resultados das pesquisas que vinha realizando nos últimos dois anos. Esse tratado recebeu o singelo nome de "Dinamismo", título esse tirado do dicionário e visava distinguir sua descoberta da dinâmica newtoniana. Nesse pequeno tratado apresentou as seguintes leis:

1º - *A velocidade de um móvel é diretamente proporcional à força induzida.*

2º - *A variação de velocidade de um móvel é diretamente proporcional à variação da força induzida.*

3º - *A variação de força induzida num móvel é diretamente proporcional à variação de tempo.*

4º - *Sob a interação da força induzida um móvel mantém seu movimento retilíneo e uniforme ao infinito, a menos que uma força externa venha modificar a força induzida.*

5º - *Na ausência de força induzida um corpo mantém seu estado de repouso infinito, a menos que uma força externa venha a comunicar-lhe uma força induzida.*

Sem o saber, Leandro havia reencontrado a renegada suposição newtoniana de força intrínseca. Porém, agora, totalmente demonstrada dentro de um rigoroso método matemático. Sob esse aspecto, Leandro havia caminhado muito mais longe do que Newton, pois havia dado à sua teoria um sustentáculo quantitativo e não apenas qualitativo como fizera Newton baseado na filosofia aristotélica. Entretanto, assim como Newton, Leandro também encontrou sérias dificuldades para enquadrar a sua teoria dentro do contexto do princípio fundamental da dinâmica, conhecido também como segunda lei de Newton. Essa lei não poderia estar de forma alguma errada, já que era a base de toda a física clássica. E não conseguindo uma solução imediata e a contento, ele resolveu deixar toda e qualquer questão para uma reflexão posterior.

Decorridos dezessete anos, ele retornou à investigação de sua teoria do dinamismo. E num período de alguns meses solucionou todo o mistério que envolvia o dinamismo e a dinâmica. E numa nova e revolucionária teoria muito mais ampla do que a primeira apresentou as seguintes leis fundamentais:

Lei I - *A força externa que atua em um corpo é igual ao produto entre a massa desse corpo por sua aceleração.*

Lei II - *A força dinâmica resultante da força externa após esta vencer a oposição oferecida pela força de inércia da matéria é igual ao produto entre a constante universal chamada estímulo pela aceleração apresentada pelo corpo.*

Lei III - *A força de inércia que a matéria exerce em oposição à alteração do seu estado de repouso é igual à diferença matemática entre a força externa pela força dinâmica.*

Lei IV - *A variação da força induzida num móvel no decorrer do tempo pela interação da força dinâmica é igual ao produto entre a intensidade dessa força dinâmica pela variação de tempo decorrido de interação.*

A partir dessas quatro leis é possível deduzir qualquer idéia apresentada em sua primeira teoria, bem como deduzir as leis da dinâmica newtoniana. É bom lembrar que os termos técnicos usados no dinamismo - força dinâmica, força de inércia, força induzida, estímulo - foram totalmente cunhados por Leandro no decorrer de suas pesquisas.

A diferença que distingue o dinamismo da dinâmica é a seguinte: 1° - No dinamismo o movimento é caracterizado em qualquer instante como o resultado da velocidade e da força induzida operando simultaneamente. Ou seja, do dinamismo o movimento é visto da perspectiva da força induzida. 2° - Já na dinâmica o movimento é caracterizado em qualquer instante pela velocidade operando independentemente da ação de força externa. Em outras palavras, na dinâmica o movimento é visto da perspectiva da força externa.

Alguns anos depois de concebida sua teoria, Leandro verificou que existia uma antiga filosofia do dinamismo que ensinava que o movimento era no mesmo instante potência e ato. Sua origem remonta à antiga Grécia, dois mil e trezentos anos antes de Leandro Bertoldo apresentar sua tese científica demonstrando que o movimento de fato comporta-se dentro do contexto da filosofia do dinamismo aristotélico. Logo ficou claro que essa filosofia representa o elo de ligação entre a antiga física criada por Aristóteles e as idéias altamente sofisticadas da física moderna. Entretanto, a física aristotélica não passava de suposições enquanto que a física moderna e o moderno dinamismo, está fundamentados no rigoroso método científico.

Concluindo: Em 1978 Leandro havia demonstrado matematicamente suas idéias sobre dinamismo. Porém, ainda mais importante, em 1995 explicou as razões de seus resultados. Pois se um cientista não souber expressar as suas idéias além de fórmulas matemáticas, sua teoria é altamente deficiente e deixar muito a desejar.

Ceterum censeo Carthaginem esse delendam.

ARTIGO 63

UMA REVOLUÇÃO CONCEITUAL NA FÍSICA

Uma inesperada revolução conceitual ocorreu no último quatro do século XX: a revolução em nossa compreensão da física do movimento. Mesmo com a dinâmica newtoniana tendo, desde o final do século XVII, revelado um mundo diferente daquele ensinado pela filosofia aristotélica. E sendo que hoje em dia o mundo cotidiano é avaliado pelos sentidos sensoriais dos seres humanos e também é um mundo que se orienta pelas indicações oferecidas pelas leis de Newton. Daí a importância fundamental da física clássica na compreensão da natureza do universo.

Mas as descobertas realizadas no final do século XX obtiveram resultados que vieram a ampliar a visão oferecida pela física clássica. Sendo que a explicação dessas descobertas levou ao aprimoramento conceitual da física. Isso se revelou uma grande surpresa para os cientistas de todo o mundo. Pois todos tinham por certo que a mecânica newtoniana era uma estrutura totalmente fechada e concluída.

Tudo teve início quando o jovem estudante brasileiro Leandro Bertoldo sugeriu em 1978, que a velocidade realmente não estava diretamente relacionada com a força externa, mas sim com uma nova modalidade de força, que denominou por força induzida. Essa idéia perturbava todos os conceitos fundamentais da física clássica até então conhecidos, na qual o movimento era tratado unicamente em função do comportamento da força externa e nada mais. Se a força externa era constante a velocidade variava uniformemente no decorrer do tempo. Se a força externa era nula a velocidade permanecia constante no passar do tempo. E também, se a força externa era nula o corpo poderia encontrar-se no estado de repouso.

De imediato Leandro tentou explicar sua idéia de força induzida dentro dos conceitos da teoria newtoniana, ou seja, procurou mostrar que a força induzida era uma conseqüência oriunda das leis de Newton. Mas todos os seus esforços foram em vão porque a teoria inicial de Leandro não levava em consideração o conceito de massa. E esse conceito foi uma pedra de tropeço que atrasou o desenvolvimento do dinamismo por dezessete anos.

Entretanto, essas idéias iniciais de Leandro o inspiraram a refletir mais profundamente sobre a natureza da força induzida, cuja porção sensível é familiar no fenômeno do impacto e da velocidade. Isso o levou a considerar sua relação com a inércia oferecida pela matéria.

A inércia, segundo Leandro, é uma força de resistência que a matéria exerce contra a força externa em oposição à alteração do seu estado de repouso. Tudo isso avaliado em relação à intensidade dessa força externa. Porém, diferentemente a força de atrito que dissipa o movimento até o corpo entrar em repouso, a oposição oferecida pela força de inércia uma vez vencida não exerce mais nenhuma resistência ao movimento que o corpo passa a adquirir sob aquela intensidade de força. Entretanto se a intensidade de força externa aumentar, a força de inércia também apresentará um aumento de sua intensidade em sua oposição a essa força externa à alteração do seu novo estado. Isto porque o móvel estava em repouso em relação a uma dada intensidade de força externa, assim o aumento dessa força modifica o estado de repouso que o móvel havia adquirido em relação àquela intensidade de força. Por isso a razão de sua nova oposição.

Em 1995, Leandro desenvolveu a tese central do dinamismo, indicando que a força induzida é causada por uma força dinâmica, que resulta da força externa após esta vencer a oposição oferecida pela força de inércia. Como prova de sua conjectura, ele explicou um resultado experimental conhecido por princípio da inércia, pelo qual o repouso e o movimento retilíneo e uniforme são resultados da ausência da atuação de forças externas. Finalmente havia demonstrado: a interação entre a velocidade e a força era realmente efetuada por meio de uma força induzida

Leandro reuniu suas idéias sobre o dinamismo num belo sistema altamente coerente, compreensível e extraordinariamente desenvolvido. Organizou o material, propiciou as passagens conduzindo passo a passo as demonstrações matemáticas, elaborou provas e teoremas enquadrando o dinamismo nos moldes dos conceitos da física clássica.

A idéia do dinamismo demonstra a coragem intelectual de um jovem estudante que dos dezoito para os dezenove anos, lançou os fundamentos de uma nova ciência que veio para revolucionar a física.

Ceterum censeo Carthaginem esse delendam.

ARTIGO 64

RESTAURAÇÃO DO CONCEITO DE DINAMISMO

Quando se constata que existem evidências fortes e suficientes para aprovar uma teoria, em tese, ela pode ser considerada verdadeira. Mas as coisas simplesmente não finalizam em tal ponto. Toda teoria para ser verdadeiramente bem sucedida precisa estar apta para vencer toda e qualquer prova dos intermináveis testes científicos que são realizados para comprová-la; também precisa estar em perfeita harmonia com as novas descobertas. Porém, basta um único teste para reprová-la. Caso isso aconteça tal teoria deverá ser reformada para adaptar-se aos fatos observados ou ser definitivamente abandonada e substituída por outra.

Um claro exemplo disso foi caracterizado pelo modelo aristotélico da física do dinamismo. Conforme esse modelo, apresentado há dois mil e trezentos anos por Aristóteles de Estagira (384-322 a.c.), o movimento era considerado um fenômeno que resultava da interação simultânea entre potência e ato. É evidente que esse conceito de Aristóteles é muito mais profundo do que a interpretação apresentada no presente artigo.

Em termos de grandeza física, essa metafísica permitiu a Aristóteles estabelecer os seguintes postulados:

I - *Todo corpo para manter seu estado de movimento necessita estar submetido à ação de uma força externa.*

II - *Cessada a ação da força externa o corpo retorna ao seu estado natural de repouso.*

Portanto, para Aristóteles e seus seguidores, o movimento e o repouso são caracterizados por dois estados completamente distintos.

Essa explicação do movimento incomodou o físico italiano Galileu Galilei (1564-1642) que em 1638 publicou sua obra máxima com o seguinte titulo: "Discurso sobre Duas Ciências Novas". Nessa obra desenvolvia alguns princípios da dinâmica, onde demonstrava que quanto mais polida fosse uma superfície tanto maior seria o tempo que um corpo permanecia em movimento. E por analogia, ao extrapolar o seu resultado, chegou à sublime conclusão: *que na ausência de atrito um corpo mantém indefinidamente seu movimento, independentemente da necessidade da ação de uma força externa.*

Como Galileu não dava uma causa para o movimento e como a influência da autoridade de Aristóteles era muito grande, esses dois modelos, embora incompatíveis, continuaram a exercerem suas influências em diversas mentes esclarecidas até o ano de 1687, quando o incomparável físico inglês Isaac Newton (1642-1727) apresentou ao mundo as suas três leis do movimento, que confirmaram de forma fascinante a descoberta de Galileu. Com isso foi descartado definitivamente o modelo do dinamismo apresentado pela metafísica aristotélica.

Porém, trezentos anos após Newton, um jovem estudante colegial chamado Leandro Bertoldo, ao examinar cinemática - parte da mecânica que estuda a descrição do movimento sem preocupar-se em conhecer as suas causas - chegou sozinho à espantosa conclusão de que a continuidade do movimento está na dependência de uma força. Sem que Leandro soubesse, a sua teoria vinha para renovar o interesse por uma nova versão do dinamismo.

Segundo o modelo apresentado por Leandro a força que está envolvida na manutenção do movimento não é a força externa como acreditava Aristóteles e seus seguidores, mas sim o que ele chamou por força induzida. A teoria de Leandro ensina que: *qualquer corpo para manter o seu estado de movimento necessita estar sob a interação de uma força induzida. Sendo que na ausência dessa força o corpo permanece em repouso.*

É evidente que a definição do conceito de movimento apresentada pela metafísica de Aristóteles pode ser aplicada no dinamismo de Leandro. Porém a física e as grandezas físicas da teoria de Aristóteles não podem ser levadas em consideração, pois estão completamente equivocadas.

É bem verdade que Leandro chegou a idéias semelhantes à de Aristóteles no que concerne à filosofia da teoria. Que fique bem clara semelhança não é a mesma coisa que igual ou idêntico. E além do mais, chegou aos seus resultados de forma totalmente independente e suas conclusões em física são muito diferentes daquelas apresentadas por Aristóteles. Na época em que o jovem cientista concluiu a sua teoria ele nada conhecia a respeito da física aristotélica ou de qualquer coisa semelhante, assim como é fato que uma grande parcela dos físicos contemporâneos nada conhecem a respeito dos fundamentos da física aristotélica.

O modelo de Aristóteles estava fundamentado em suposições totalmente equivocadas. Sua física não apresentava nenhuma demonstração matemática ou experimental e além do mais ele havia cometido vários erros graves na dedução de suas idéias. O primeiro erro consistiu em considerar que a continuidade do movimento era devido à continuidade da ação da força externa. Também errou quando não levou em consideração o efeito que o atrito apresenta como uma força dissipadora do movimento. Na realidade, a idéia de Aristóteles não atingia o âmago do fenômeno do movimento. E após uma análise mais profunda tornou-se evidente que o modelo de dinamismo aristotélico apresenta vários problemas insuperáveis.

Já o modelo de Leandro está fundamentado no rigoroso é moderno método científico levando em consideração a demonstração matemática e os fatos experimentais. E diferentemente de Aristóteles, leva em consideração na manutenção do movimento não a força externa, mas sim a força induzida. Também nesse modelo o atrito é levado em consideração.

O modelo do dinamismo de Leandro concluído em 1995, está fundamento em quatro leis, a saber:

Lei I - A força externa que atua sobre um corpo é igual ao produto entre a massa desse corpo por sua aceleração.

Lei II - A força dinâmica resultante da força externa após esta vencer a oposição oferecida pela força de inércia é igual ao produto entre a constante universal chamada estímulo pela aceleração do corpo.

Lei III - A força de inércia que a matéria exerce em oposição à alteração do seu estado de repouso em relação à força externa é igual à diferença matemática existente entre a força externa pela força dinâmica.

Lei IV - A variação de força induzida num corpo no decorrer do tempo pela força dinâmica é igual ao produto entre essa força dinâmica pela variação de tempo decorrido de sua interação.

Essas leis levam em consideração todos os conceitos da física clássica abrangendo-os e superando-os de longe, e de prêmio restaura a idéia da metafísica aristotélica na parte onde afirma que o movimento é a um só momento potência e ato. Nunca uma teoria em nível de mecânica clássica foi tão abrangente que pudesse unir dois conceitos totalmente opostos e aparentemente equivocados. O dinamismo de Leandro é bem vindo e parece conduzir a uma profunda revisão de nossas idéias a respeito do movimento e dos próprios fundamentos da física moderna.

Ceterum censeo Carthaginem esse delendam.

ARTIGO 65

A CONTROVERSIA DO DINAMISMO

A idéia de que a continuidade do movimento de um corpo depende da continuidade da força aplicada sobre tal corpo nasceu na mente humana há muitos séculos. Aristóteles de Estagira (384-322 a.c.), gigante da filosofia grega, havia formulou a generalizada suposição filosófica de que o movimento existe somente sob a forma de "potência" e "ato", quando estes operam simultaneamente.

Segundo os metafísicos todo ser em ato pode ser considerado, ao mesmo tempo, como ato e como potência. Assim um corpo, segundo esse conceito, mantém o seu movimento somente enquanto estiver sob a ação de uma força externa. Cessada a ação dessa força, o corpo retorna ao seu estado natural de repouso. Essa forma de filosofia pode ser chamada pelo nome muito sugestivo de dinamismo, derivando a palavra de radical grego (*dynamis*) que significa força. Pois para Aristóteles o movimento somente existe enquanto existir a ação da força externa; e que ao cessar a ação dessa força que opera sobre o corpo, também cessa o movimento.

Os metafísicos afirmam que a renovação da potência nunca se fará pela ação da própria potência. E que a passagem da potência em ato requer um ser em ato. Ou seja, um ser só pode movimentar pela ação de um ser já em ato. Resultando daí o oxioma aristotélico: O que se move é movido por outro: *omne quod movetur ab alio movetur*. E isto está em harmonia com o que ensinava o mestre Aristóteles: *O ser em potência só se torna ser em ato por virtude de um ser em ato*.

Aos olhos do moderno método científico, tais idéias são totalmente equivocadas. Apesar disso uma nova forma de dinamismo estava destinado a agitar a ciência da física e a reabrir uma controvérsia que aparentemente fora resolvido por Galileu Galilei (1564-1642) e por Isaac Newton (1642-1727). Esses dois grandes cientistas haviam provado e demonstrado ao mundo que o movimento não era ao mesmo instante força externa e velocidade, como acreditavam Aristóteles e os chamados filósofos aristotélicos. Segundo esses dois cientistas, qualquer corpo em movimento retilíneo e uniforme mantém o seu movimento ao infinito independentemente da necessidade de estarem submetidos à ação de uma força externa. Também provaram que o movimento de qualquer corpo em queda livre independe do peso desse corpo. A partir dessas descobertas ficou claro que o movimento não era a um só tempo "potência" e "ato", pelo menos da maneira como Aristóteles e seus seguidores supunham. Entendendo-se por "potência" a grandeza física conhecida por "força externa" e por "ato" a grandeza física conhecida por "velocidade".

Trezentos anos depois de Newton, Leandro Bertoldo, sozinho e independentemente de qualquer influência sobre tal assunto, propôs a idéia original de que a velocidade está relacionada com uma misteriosa força induzida transportada pelo móvel. Como foi dito, dois mil e trezentos anos antes de Leandro, Aristóteles ensinara que o movimento consistia na simultaneidade da "potência" e de "ato". Entretanto, como as grandezas físicas que representavam esse conceito filosófico estavam totalmente equivocadas, a ciência moderna acabou por abandonar e rejeitar a suposição aristotélica.

Pois agora um aluno colegial conhecido por Leandro fizera alguns cálculos que o convenceram de que a velocidade é causada por uma força induzida transportada pelo móvel. E com esse conceito de força induzida, ele e somente ele, fundou a teoria do moderno dinamismo, importantíssima na compreensão lógica e filosófica do movimento.

Os metafísicos sustentam, já a muito tempo, que a potência é a chave do mistério que envolve a compreensão do movimento. E justamente com Leandro o conceito metafísico de potência passou a ser a grandeza física conhecida por força induzida e não a força externa como pensavam os antigos. Já o conceito metafísico de ato continuou a ser a velocidade do corpo. Com isso ficou provado o antigo conceito de que o movimento existe a um só tempo como potência e ato.

Entretanto, pergunta-se: Se a idéia do dinamismo é tão antiga, por que Leandro Bertoldo é o pai do dinamismo? O progresso da física devido a Leandro acha-se associado uma interação de força externa, força dinâmica, força de inércia, força induzida, que fundamentou o seu trabalho. Esse ousado cientista propôs uma teoria do dinamismo que foi muito além do pensamento filosófico dos antigos gregos. Enquanto estes apresentaram suposições filosóficas fundamentadas em conceitos ou grandezas físicas totalmente equivocadas, retirada do fenômeno ordinário do movimento num meio resistente, Leandro apresentou fatos fundamentados no contexto do rigoroso e moderno método científico - a matematização e a experimentação. Além do mais ele descobriu sozinho a sua teoria. Desconhecendo completamente as idéias de qualquer pensador anterior.

Quando começou o seu estudo de cinemática em 1976, o jovem passou a procurar a causa da velocidade. E ao refletir mais profundamente sobre o assunto passou a empenhar-se na buscar de um conceito que relacionasse de forma harmoniosa os fenômenos cinemáticos e dinâmicos de tal maneira que o movimento pudesse ser verificado e avaliado unicamente em função de suas causas primordiais. Nos dois anos seguintes ele fez várias críticas às "leis do movimento" enunciadas por Newton.

Assim em 1978, ele expôs num pequeno tratado a sua idéia original, a de que a velocidade estava diretamente relacionada com uma grandeza física que chamou por força induzida.

A partir do estudo dessa relação e das propriedades da força induzida, ele demonstrou matematicamente algumas leis que vão além de Aristóteles ou de Newton. Essas leis são as seguintes:

1ª- *No movimento retilíneo e uniforme a velocidade de um móvel é diretamente proporcional à força induzida que transporta.*

2ª- *No movimento uniformemente variado a variação da velocidade de um móvel é diretamente proporcional à variação da força induzida comunicada.*

3ª- *No movimento uniformemente variado a variação de força induzida é diretamente proporcional à variação de tempo decorrido de movimento.*

4ª- *Na presença de uma força induzida um corpo mantém o seu estado de movimento retilíneo e uniforme ao infinito a menos que uma força externa venha a modificar tal estado.*

5ª- *Na ausência de força induzida um corpo mantém o seu estado de repouso infinito a menos que uma força externa venha a modificar tal estado.*

Pensava-se que no movimento inercial não houvesse qualquer intervenção de força. Ou que a velocidade não estava relacionada diretamente a uma força. Entretanto, Leandro demonstrou claramente que esses pensamentos estavam totalmente equivocados.

No mesmo ano Leandro verificou que sua teoria não estava completa porque não levava em consideração o efeito da inércia da massa. E por isso mesmo não conseguiu enquadrar sua teoria nos conceitos da dinâmica newtoniana. Como não conseguiu solucionar imediatamente o problema que apareceu, resolveu deixar essa questão, entre outras, para uma análise mais profunda num futuro. Enquanto isso estava desenvolvendo novas idéias em outros ramos da física e da matemática.

Passados dezessete anos ele retornou ao problema de sua velha teoria do dinamismo e em poucos meses solucionou toda a questão com a criação de uma nova teoria do dinamismo, muito mais abrangente do que a primeira. Tal teoria é caracterizada por uma interação de forças. E em síntese afirma que: a força externa aplicada sobre um corpo ao vencer a oposição oferecida pela força de inércia emerge numa resultante chamada por força dinâmica. Esta por sua vez comunica ao móvel no decorrer do tempo uma força induzida. Essa teoria está fundamentada nas seguintes leis:

Lei I - A *força externa que atua sobre um corpo é igual ao produto entre a massa desse corpo por sua aceleração.*

Lei II - A *força dinâmica que resulta da força externa após esta vencer a oposição oferecida pela força de inércia é igual ao produto entre uma constante universal denominada estímulo pela aceleração que esse corpo passa a adquirir.*

Lei III - A *força de inércia que a matéria exerce em oposição à alteração do seu estado de repouso é igual à diferença entre a força externa aplicada sobre o corpo pela força dinâmica que resulta da força externa.*

Lei IV - A *variação da força induzida num móvel no decorrer do tempo pela força dinâmica é igual ao produto entre a intensidade dessa força dinâmica pela variação de tempo decorrido de sua interação.*

Essas leis são tão gerais que permitem deduzir toda a antiga teoria do dinamismo de Leandro, bem como demonstrar todos os conceitos da dinâmica newtoniana. E o mais importante essa nova teoria é tão abrangente a ponto de demonstrar que a dinâmica clássica desenvolvida por Galileu e por Newton é um caso restrito do dinamismo. Desse modo, os últimos anos do século vinte foram profundamente marcados por uma profunda revisão dos conceitos da física clássica. A teoria do dinamismo desenvolvida por Leandro veio para reformular a concepção da causa do movimento e da própria velocidade, mostrando como as definições apresentadas pela dinâmica eram extremamente limitadas.

A ótica da física newtoniana estava baseada somente no conceito de força externa. Esse conceito restringia drasticamen-

te a compreensão lógica da causa fundamental do movimento.
Leandro mostrou que existe uma inter-relação entre velocidade
e força induzida, que são mais apropriadamente tratados como
uma entidade paralela, de um lado a cinemática e do outro a
dinâmica. Por causa disso, essas duas ciências, praticamente,
independentes foram unificadas pelo dinamismo.

Essa unificação do movimento e de sua causa leva a
conseqüências que estão em perfeita harmonia com o bom senso. Por exemplo, Leandro mostrou que quanto maior for a força
induzida num móvel tanto maior será a sua velocidade; que
existe uma causa para o repouso e outra para o movimento
inercial. Esses efeitos são facilmente observáveis, pois eles são
perceptíveis no mundo cotidiano.

Uma interessante conseqüência da teoria do dinamismo
é que a descrição newtoniana não revela toda a amplidão da
realidade da natureza. Pois esta vela toda uma outra realidade
dinamistica, onde movimento e repouso são sujeitos ao comportamento da força induzida.

Essa teoria veio a expandir os limites do conhecimento
da realidade, cuja compreensão era então imposta pela explicação oferecida pela dinâmica newtoniana.

Ceterum censeo Carthaginem esse delendam.

ARTIGO 66

COMPARAÇÃO ENTRE NEWTON E LEANDRO

No mês de fevereiro de 1685, o genial físico inglês Isaac Newton (1642-1727) depositou junto a Royal Society a primeira versão de um pequeno tratado de nove páginas denominado "Do movimento dos corpos numa órbita" (*De motu corporum in gyrum*). Esse tratado sugeria a criação de uma ciência geral da dinâmica e nele Newton, influenciado pela metafísica aristotélica, apresentou a curiosa definição de uma certa força intrínseca, que nada mais era do uma síntese da teoria do ímpeto:

Chamo de força intrínseca de um corpo àquilo que faz com que ele tenda a permanecer em seu movimento em linha reta.

A seguir ele enunciou uma hipótese que veio a amplificar de maneira considerável a sua definição de força intrínseca numa conceituação generalizada do movimento:

Somente por sua força intrínseca, todo corpo segue uniformemente em linha reta ao infinito, a menos que algo extrínseco venha a impedi-lo.

É espantoso constatar que Newton tenha apresentado já no século XVII o enunciado total da definição e da hipótese do conceito de força intrínseca. Sendo que tal conceito faz parte do moderno dinamismo de Leandro, descoberto de forma independente somente no final do século XX.

Na verdade, a idéia de Newton a respeito de força intrínseca nada mais era do que a voz corrente em todo o mundo acadêmico de sua época sobre a célebre teoria do ímpeto que tinha sido fundamentada por Giovanni Filopono no século VI, totalmente inspirada na física aristotélica. Porém, enquanto que as idéias apresentadas por Newton limitaram-se apenas a algumas afirmações destituídas de qualquer prova científica, Leandro deduziu as suas idéias fundamentadas em conceitos rigorosamente quantitativos e qualitativos. A partir do princípio da proporcionalidade entre velocidade e força induzida, Leandro demonstrou que:

I - *A força induzida é a causa primordial de todo e de qualquer tipo de movimento.*

II - *Apenas por causa da força induzida, qualquer móvel segue seu movimento uniforme e retilíneo ao infinito, a menos que uma força externa venha a modificar essa força induzida.*

Pelo que se pode observar, praticamente, os conceitos de Newton e de Leandro são os mesmos. A diferença é a seguinte: em vez de força induzida, Newton empregou o termo força intrínseca, para explicar a causa do movimento inercial.

É bom salientar que quando Leandro desenvolveu a sua teoria, nada conhecia a respeito das idéias de Newton sobre esse assunto. E além do mais, Newton apenas conjeturara a sua hipótese, ao passo que Leandro demonstrou sua veracidade. Tudo isso como uma das mais extraordinárias provas da conseqüência natural da relação entre força induzida e velocidade, coisa que nunca passou pela cabeça de Newton, provavelmente porque o seu conceito quantitativo de força impressa desviou sua atenção para um possível conceito quantitativa de força intrínseca.

É de conhecimento geral a existência de três versões da obra "De motu". Sendo que os dois textos de revisão que se seguiram à terceira versão, mostram a transformação da dinâmica de Newton em sua forma final.

Nesses textos pode-se notar que, à medida que Newton direcionou-se para uma dinâmica de consistência lógica e quantitativamente rigorosa, ele passou a introduzir algumas alterações nas definições de movimento, transformando radicalmente o seu conceito inicial de força intrínseca.

À medida que Newton começou a vislumbrar as dificuldades de harmonizar a sua hipótese de força intrínseca em relação ao princípio fundamental da dinâmica que havia descoberta vinte anos antes, ele passou a revisar a sua hipótese inicial de modo a considerar a aplicação do princípio da inércia descoberto por Galileu Galilei (1564-1642), o qual foi sintetizado num postulado pelo filósofo francês René Descartes (1596-1650). Para ser mais exato, no segundo texto revisto, Newton introduziu uma mudança significativa na definição de força intrínseca. Observe:

A força intrínseca, inata, e essencial de um corpo é o poder pelo qual ele se mantém em seu estado de repouso ou de movimento uniforme numa linha reta.

A seguir revisou a sua lei de força intrínseca de forma similar, afirmando que:

Por sua simples força intrínseca, um corpo persevera em seu estado de repouso ou de movimento uniforme em linha reta.

Ou seja, a força intrínseca passou também a ser a causa do repouso e não somente do movimento uniforme em linha reta. Com isso Newton modificou o sentido original do conceito de força intrínseca que passou a ser simultaneamente a causa do repouso e do movimento retilíneo e uniforme. Isso simplesmente vem a demonstrar que ele não chegou a uma concepção clara de dinamismo, se era capaz de fazer afirmações como essas. Ao tentar sintetizar o repouso e o movimento numa só causa Newton estava sendo atraído em direção ao princípio da inércia.

Comparando com o dinamismo, a idéia modificada de Newton é incompatível com os conceitos defendidos por Leandro. Pois a teoria do dinamismo estabelece a existência de duas causas diferentes para explicar o movimento e o repouso. Leandro demonstrou matematicamente que:

I - *Sob a interação de uma força induzida, qualquer móvel mantém o seu estado de movimento retilíneo e uniforme ao infinito, a menos que uma força externa venha a modificar tal situação.*

II - *Na ausência de força induzida um corpo encontra-se em repouso, a menos que uma força externa venha a modificar tal situação.*

Newton ao tentar sintetizar o repouso e o movimento numa só causa estava abandonando o conceito que o teria levado ao dinamismo. E além do mais laborou em erro (se me for permitido exprimir-me desta forma) ao considerar a força intrínseca como a causa do repouso, quando na realidade sua ausência é a causa do repouso.

Ao estudar a resistência ao movimento oferecida pela inércia da matéria, Newton confundiu-se e acabou misturando dois conceitos distintos. Misturou o conceito de força de inércia: "Vis inertiae" - com o conceito de força intrínseca. Note:

A força intrínseca da matéria é a capacidade de resistência pela qual qualquer corpo, tanto quanto lhe é possível, persiste em seu estado de repouso ou de movimento uniforme numa linha reta.

Assim, a dinâmica final de Newton modificou totalmente o seu conceito inicial de força induzida que passou a ter outro sentido, e significado.

Ao estabelecer o conceito de força intrínseca, Newton não fizera nada que qualquer filósofo aristotélico não lhe pudesse ter dito por meio da física do ímpeto e, entretanto, ao estender tal conceito ao repouso, havia incorrido num erro crasso que o desviou definitivamente da descoberta do dinamismo que seria realizada por Leandro Bertoldo somente trezentos anos depois.

Com as alterações introduzidas nas definições e na lei da força intrínseca, Newton definitivamente esposou o princípio da inércia. E na sua obra magistral "Princípios matemáticos de filosofia natural" (*Philosophiae naturalis principia mathematica*), ele acabou por eliminar a referência à força intrínseca que havia se tornado uma pedra de tropeço no enunciado da primeira lei, com isso apagando qualquer idéia que lembrasse o dinamismo.

Observe o enunciado de Newton do princípio da inércia:

Qualquer corpo permanece no seu estado de repouso ou de movimento uniforme em linha reta, a menos que seja obrigado a modificar o seu estado por forças impressas nele.

Pelo que se depreende pode-se observar que Newton não eliminara de forma explicita a sua hipótese de força intrínseca, porém o fizera de modo implícito ao abandoná-la totalmente e substituí-la pelo princípio da inércia.

É interessante observar que o conceito de força intrínseca e o princípio da inércia permaneceram em conflito pela supremacia na mente de Newton durante vinte anos. Em seu ensaio juvenil intitulado "Do movimento violento" escrito nas "Quaestiones", Newton havia abraçado a doutrina aristotélica de que uma força inerente aos corpos os mantinha em movimento. E por essa mesma época ele também havia conhecido nos "Princípios" de Descartes e no "Diálogo" de Galileu um outro princípio totalmente inovador: o princípio da inércia. Porém foi somente em 1686 que Newton decidiu-se definitivamente pelo princípio da inércia.

Nunca é demais afirmar que a hipótese renegada por Newton sobre a força intrínseca guarda uma semelhança notável com o conceito de força induzida de Leandro. Excetuando-se o nome da grandeza física e sua aplicação ao movimento inercial, Newton não fez nenhum progresso, muito pelo contrário, abortou a sua maravilhosa suposição. Por conseguinte, a questão apropriada sobre a paternidade da descoberta é, não quem foi o primeiro a apresentar a suposição, mas quem foi o primeiro a demonstrar a sua realidade, desenvolver todas as suas conseqüências e finalmente dar-lhe vida dentro do contexto científico. Verdadeiramente essa glória cabe a Leandro que a deduziu como uma conseqüência natural de sua teoria matemática sobre o dinamismo. É bom esclarecer novamente que quando Leandro iniciou suas pesquisas e até mesmo quando as concluiu, dezessete anos depois, nada conhecia a respeito dos progressos realizados e renegados por Newton nessa mesma vereda de pensamento.

Em resumo pode-se afirmar que Newton começou sua obra "De motu" com idéias que caracterizam o moderno dinamismo de Leandro. Entretanto, ao modificar o seu conceito de força intrínseca para abranger o repouso, cometeu um grave erro que mostrou sua ignorância sobre os fundamentos do dinamismo. Finalmente, não conseguindo ir adiante com o conceito de força intrínseca, acabou por abandoná-lo completamente em favor do princípio da inércia. Portanto deixou de descobrir o dinamismo, cabendo essa glória a Leandro Bertoldo em 1978.

Ceterum censeo Carthaginem esse delendam.

ARTIGO 67

O CAMINHO DO DINAMISMO

Apesar da ciência da mecânica ter caminhado a passos de gigante nas mãos de Galileu Galilei (1564-1642) e de Isaac Newton (1642-1727) no século XVII, ainda restava por glorificar seus esforços com uma rigorosa ciência do dinamismo. E para isso Leandro teve que criar um dinamismo à altura da tarefa, e dedicou-se a esse trabalho com afinco e renovado vigor.

Raros são os períodos que tiveram grandes conseqüências para a história da física como os dois anos de 1976/1978, quando Leandro criou a moderna ciência do dinamismo. Enquanto o princípio da inércia havia desviado continuamente a atenção dos físicos da causa da velocidade, do repouso ou do movimento inercial, a nova concepção de Leandro de indução exigiu uma originalidade magistral e um tratamento matemático compatível com o rigoroso método científico.

O dinamismo partira basicamente de uma definição e uma hipótese, introduzindo um novo termo no vocabulário da mecânica:

Denomino por força induzida a interação que provoca o movimento de qualquer corpo.

Nenhum outro termo isolado do seu contexto original pode caracterizar claramente e de forma extremamente exata a ciência do dinamismo do que o termo "indução". Este termo representa antes de tudo, uma investigação a respeito das forças induzidas em sua interação com outras forças e na determinação do movimento e da velocidade.

A hipótese apresentada por Leandro era concernente à proporcionalidade entre velocidade e força induzida, observe seu enunciado:

A variação de velocidade de um móvel é diretamente proporcional à variação de força induzida.

É simplesmente extraordinário e até mesmo maravilhoso encontrar juntas a afirmação da definição e da hipótese no primeiro rascunho da obra que viria a estabelecer o princípio da interação entre as forças e o movimento como um fundamento da ciência moderna. Em conjunto, elas apontam para a gigantesca tarefa enfrentada por Leandro em 1978. O fato de ele tentar encontrar uma causa por trás do fenômeno da velocidade é, por si só, mais do que notável, uma vez que não tinha predecessores.

Com o desenvolvimento de suas pesquisas, à sua hipótese original, Leandro acrescentou mais cinco que vieram a sintetizar o dinamismo e, convicto das verdades que descobrira, abandonou o termo "hipótese" apresentada em seu rascunho em favor de outra: "Lei". Provindo daí a origem das leis do movimento de Leandro ou leis do dinamismo de Leandro, que inicialmente somaram seis. E foram posteriormente enunciadas nos seguintes termos:

1ª Lei: *No movimento uniformemente variado a variação de velocidade de um móvel é diretamente proporcional à variação de força induzida.*

2ª Lei: *No movimento retilíneo e uniforme a velocidade de um móvel é diretamente proporcional à força induzida.*

3ª Lei: *No movimento uniformemente variado a variação de força induzida é diretamente proporcional à variação de tempo.*

4ª Lei: *Somente pela interação da força induzida um móvel mantém o seu movimento retilíneo e uniforme ao infinito, a menos que uma força externa seja aplicada sobre esse móvel modificando a força induzida.*

5ª Lei: *Na ausência de força induzida um corpo permanece em seu estado de repouso, a menos que uma força externa seja aplicada sobre esse corpo, alterando tal situação ao comunicar-lhe uma força induzida.*

6ª Lei: *A força externa que atua sobre um corpo é igual ao produto entre a massa desse corpo pela aceleração que apresenta.*

Essas seis leis caracterizaram e sintetizam um pequeno e original tratado concluído em 1978, que recebeu o singelo título de "Dinamismo". Esse nome foi tirado do dicionário. E o autor o empregou unicamente visando distinguir a física de Leandro da física de Newton.

O que havia, afinal, no texto do "Dinamismo" que revelou ao mundo o conceito de força induzida? Evidentemente, não a idéia de uma interação entre várias forças relacionadas ao movimento. O artigo falava, essencialmente, apenas em força induzida e sua relação com as grandezas físicas da cinemática. A interação entre forças teria que esperar por dezessete anos para vir à luz.

Para Leandro, o conceito de força induzida serve perfeitamente como a marca distintiva do movimento verdadeiro; ou seja, essa força define satisfatoriamente os movimentos absolutos. Entretanto, o ponto crucial do dinamismo, a pedrinha no sapato de Leandro estava na relação entre força externa e força induzida. E em seus vários esforços efetuados para esclarecer tais conceitos, ele apresentou a força externa como uma ação oriunda de uma fonte exterior aplicada sobre um corpo e apresentou a força induzida como uma interação comunicada, conservada e transportada pelo móvel.

Aparentemente esses dois conceitos eram incompatíveis e não guardavam nenhuma relação teórica. E todo o desenvolvimento ulterior do dinamismo cirandou em torno dessas duas grandezas, cuja relação lógica era absolutamente necessária e fundamental à exata compreensão do movimento. Ao negar uma tradição científica de trezentos anos, Leandro foi forçado a abrir o seu caminho tateando no escuro. Porém, sua teoria incorporava todos os ditames do senso comum.

Em 1995 Leandro decidiu continuar se conduzido pelo rigor lógico, filosófico, matemático e pela consistência entre o dinamismo e a dinâmica. Assim, à medida que obedecia às exigências de uma ciência do dinamismo caracterizada pela lógica e harmonia interna foi levado inexoravelmente para o princípio da interação entre forças. A partir daí começou a insistir obstinadamente na definição de duas novas forças, a saber: a "força dinâmica" e a "força de inércia".

Evidentemente, ele poderia ter desistido diante da poderosa e vigorosa estrutura da dinâmica de Newton. Porém, com relação ao rigor lógico e à consistência interpretativa impingida à dinâmica, que a seu ver cheirava a uma certa incoerência, ele não se conformou e apresentou contestação após contestação até alcançar a vitória. Para Leandro a teoria de Newton é não somente insuficiente, mas, em muitos aspectos, ininteligível, como por exemplo, o conceito da causa do movimento inercial e do repouso ou mesmo da queda livre em relação ao conceito de movimento livre.

Insatisfeito com as explicações oferecidas pela segunda lei de Newton para vários fenômenos mecânicos, entre os quais a questão da inércia da matéria, e da força atrativa gravitacional, Leandro foi levado a pesquisar esse assunto até compreendê-lo por conta própria. Posteriormente, alguns esclarecimentos e definições no conceito de força foram ratificando seu conceito de força induzida, à medida que ele avançava para um dinamismo quantitativamente rigoroso e altamente consistente na interpretação do movimento.

No tratado de 1995, ele estabeleceu quatro leis fundamentais à compreensão de toda a mecânica. Essas leis afirmam que:

Lei I - *A força externa que atua sobre um corpo é igual ao produto entre a massa desse corpo por sua aceleração.*

Lei II - *A força dinâmica que resulta da força externa, após esta vencer a oposição oferecida pela força de inércia, é igual ao produto entre a constante universal denominada por estímulo pela aceleração que provoca no corpo.*

Lei III - *A força de inércia que a matéria exerce em oposição à alteração do seu estado de repouso em relação ao referencial da força externa é igual à diferença entre a força externa pela força dinâmica.*

Lei IV - *A variação da força induzida num móvel pela interação da força dinâmica no decorrer do tempo é igual ao produto entre a intensidade dessa força dinâmica pela variação de tempo.*

Assim, o dinamismo final convergiu-se unicamente na interação de quatro forças fundamentais à compreensão de qualquer forma de movimento. E tendo Leandro adotado o princípio da interação entre essas forças, a dinâmica newtoniana encaixou-se rapidamente dentro do contexto do dinamismo. Ele havia captado a essência fundamental de sua lei de força induzida dezessete anos antes, e em nenhum momento a havia substituído ou modificado enquanto travava uma campanha com a interpretação filosófica e teórica da segunda lei de Newton. Suas leis possibilitaram a existência de uma ciência quantitativamente rigorosa do dinamismo, que viria a reinar suprema sobre a mecânica galileana e newtoniana. O dinamismo quantitativo veio para levar o movimento a uma generalização muito mais abrangente do que qualquer outra teoria mecânica até então proclamada pela física.

Em síntese o dinamismo estabelece que a força externa aplicada sobre um corpo resulta numa força dinâmica, após aquela vencer a oposição oferecida pela força de inércia. Por sua vez, a força dinâmica comunica ao móvel uma força induzida que varia no decorrer do tempo. Assim no dinamismo de Leandro os corpos são tratados como objetos passivos da forças externas incidentes sobre eles, bem como veículos ativos da força incidindo sobre outros.

Essas quatro leis podem ser reduzidas a três, a saber:

1ª- *A força dinâmica resultante é diretamente proporcional à força externa aplicada sobre um corpo, e inversamente proporcional à massa desse corpo. Onde a constante de proporcionalidade é o "estímulo".*

2ª- *A variação da força induzida num corpo é igual ao produto entre a força dinâmica pela variação de tempo.*

3ª- *A força de inércia que a matéria exerce em oposição à alteração do seu estado de repouso é igual à diferença matemática entre a força externa pela força dinâmica.*

Com essas leis fica claro que Leandro foi capaz de reduzir a problemática mecânica a algumas poucas e simples leis, a partir da qual podem-se deduzir todos os conceitos do movimento.

Tais leis constituem o cerne da contribuição de Leandro para a ciência do dinamismo a qual desenvolveu sozinho e independentemente de qualquer outro pensador. Essas leis representam uma unidade fundamental. Não é possível rejeitar uma delas sem afetar a compreensão do todo.

Ceterum censeo Carthaginem esse delendam.

ARTIGO 68

REFLEXÕES SOBRE O DINAMISMO

Foi o estudo da relação entre velocidade e força que levou Leandro Bertoldo, afinal, à teoria do dinamismo no movimento em 1978. É bem verdade que a princípio ele partiu para o dinamismo mais de uma idéia intuitiva que de uma observação direta. Galileu Galilei (1564-1642), o físico italiano que precedeu Leandro por três séculos e meio, realizara muitas pesquisas sobre o movimento. Em 1636 ele publicou suas conclusões num livro intitulado "Dialogo Sobre Duas Novas Ciências", no qual apresentou ao mundo as suas maravilhosas descobertas e conclusões sobre o movimento uniforme e variado; aceleração e gravidade. Em seus estudos, concluíra que todas as idéias de Aristóteles a respeito do assunto estavam equivocadas e seus conceitos errados. Com isso Galileu descartou o mundo da física de Aristóteles além de estabelecer os alicerces para a obra de Newton. Alguns anos depois o físico inglês Isaac Newton (1642-1727) lançou definitivamente os fundamentos da moderna ciência da dinâmica, destruindo totalmente as idéias de Aristóteles, que por fim acabaram morrendo, sepultadas e esquecidas na poeira dos séculos.

Aristóteles ao analisar o fenômeno do movimento, havia ignorado a existência da força dissipativa do atrito e, por causa disso, foi levado a afirmar, erradamente, que para manter qualquer corpo em movimento era necessária a contínua ação de uma força externa. E que cessada a ação dessa força o corpo retornaria ao seu estado natural de repouso. Fundamentado nessa física, a filosofia aristotélica ensinava que o movimento era a um só tempo "potência" e "ato". Esses resultados equivocados da física aristotélica diferem grandemente dos novos conceitos encontrados no modelo descoberto por Leandro em 1978.

Trezentos anos depois de Newton, Leandro Bertoldo desenvolveu uma física que apresentava uma leve semelhança com as idéias filosóficas de Aristóteles. Ele propôs em 1978 uma nova teoria do movimento que chamou por dinamismo. Nela ele mostrava que a velocidade guardava uma relação de proporcionalidade com o que chamou por força induzida. Essa nova grandeza física foi definida como sendo uma força porque causa movimento e deformações. Essa era a primeira vez que uma força específica era relacionada matematicamente com a velocidade. Nessa teoria ele havia desenvolvido um modelo matemático que previa a causa de todos os movimentos. E sua teoria era tão elegante sob o aspecto conceitual e matemático que quando surgiu algum problema em sua interpretação ele recusou-se a abandoná-la. Porém em 1995 acabou por concluir e generalizar sua teoria, realizando uma grande síntese na física clássica.

A ciência da física sempre labutou a sua compreensão pela generalização e pela simplificação. Sempre procurou uma descrição compacta de todos os fenômenos naturais a partir de algumas leis básicas e elementares. Sendo que as teorias de grande sucesso são justamente aquelas que, através de algumas leis fundamentais simples descrevem os mais variados aspectos dos fenômenos da natureza.

E o dinamismo é uma ciência que está fundamentada dentro de tal contexto. A partir de uma única estrutura conceitual e matemática, essa ciência descreve uma enorme variedade de fenômenos aparentemente diferentes. Por isso mesmo, o dinamismo é uma teoria unificadora. Nela Leandro mostra que a força induzida que provoca a velocidade dos corpos é a mesma que promove o impacto, o movimento uniforme, o movimento variado em geral e até mesmo sua ausência é a causa do repouso. A teoria do dinamismo entende que a inércia não é uma unidade. Para essa teoria o repouso é causado pela ausência de força induzida. Sendo que o repouso deixa de existir quando o movimento começa a germinar-se pela interação da força induzida. Na visão do dinamismo o repouso e o movimento são dois fenômenos distintos e independentes. E a velocidade é apenas a graduação da intensidade do movimento, numa escala de vai de "zero" à "velocidade da luz". Portanto, na ausência de força externa o movimento não existe e o corpo está em repouso até que sofra a ação de uma força externa.

Leandro realizou a fusão da cinemática e da dinâmica num todo único consistente e harmonioso. Antes tais conceitos eram estudados de forma independente, embora considerados complementares. Ao desenvolver a sua teoria do dinamismo, ele obteve outra profunda unificação em que as idéias da filosofia de Aristóteles e a mecânica clássica passaram a ser vistas como manifestações de uma única realidade e não como conceitos incompatíveis e equivocados, como era até então considerados. Portanto, o movimento provocado pela força induzida interagindo num móvel, pode ser caracterizado pelo antigo conceito filosófico aristotélico de que o movimento é a um só tempo "potência" e "ato". O dinamismo representa atualmente a mais completa mecânica.

É evidente que Leandro, com o desenvolvimento final do dinamismo, foi profundamente influenciado pela visão dos antigos cientistas, a de que a natureza é essencialmente simples, sendo que a complexidade resultante dos fenômenos observados pode ser inteiramente compreendida através de algumas leis fundamentais. Finalmente pode-se acrescentar que as descobertas de Leandro clamam desesperadamente por uma reestruturação da física com base no conceito de interação de forças externa, dinâmica, de inércia e induzida.

Ceterum censeo Carthaginem esse delendam.

ARTIGO 69

PRIORIDADE NA DESCOBERTA DO DINAMISMO

Há quase um quatro de século, a descoberta da força induzida infligiu à dinâmica newtoniana uma ferida quase que mortal só comparável àquela provocada pelas idéias do físico italiano Galileu Galilei (1564-1642) à física medieval aristotélica.

Galileu havia demonstrado ao mundo a falácia da filosofia aristotélica na explicação da causa do movimento. Ele provou que a queda livre dos corpos não depende do seu peso. Também provou que a continuidade do movimento não dependente da continuidade da força externa.

Posteriormente as idéias do físico inglês Isaac Newton (1642-1727), que vieram a sistematizar e a generalizar as descobertas de Galileu, eliminaram definitivamente a influência da filosofia aristotélica no campo da mecânica.

Portanto não é à toa que as idéias de Leandro provocam perplexidade e são objetos de fervorosas discussões e debates, pois vieram para substituir a dinâmica newtoniana.

No que concerne à questão da prioridade na descoberta do dinamismo, há 2.300 anos Aristóteles havia imaginado e proposto a filosofia do dinamismo, que sofreu algumas pequenas alterações no decorrer da Idade Média. Entretanto, com o desenvolvimento do moderno método científico, os conceitos físicos da filosofia aristotélica mostraram-se equivocados e foram totalmente rejeitados a partir dos séculos da luzes por não estarem em conformidade com os fatos experimentais observados. Assim, nos últimos trezentos anos, a filosofia de Aristóteles e dos filósofos aristotélicos foi completamente abandonada, esquecida pela física e quase nada foi ou é divulgado.

No final do século XX, cerca de trezentos anos depois de Newton, como resultado de seus próprios esforços e estudos independentes, Leandro descobriu e desenvolveu uma teoria diferente daquela apresentada por Aristóteles, embora lembrasse o conceito filosófico e genérico de que o movimento era a um só tempo "potência" e "ato". Aristóteles entendia por "potência", a força externa aplicada sobre um corpo e "ato" o efeito dessa força, que no caso seria a velocidade. Para Leandro "potência" seria a interação da força induzida e "ato" o efeito dessa força, no caso a velocidade.

Em sua obra, Leandro realizou uma aventura solitária como aquelas empreendidas pelos antigos físicos. Ele descobriu a causa fundamental da velocidade e formulou as leis que regem não apenas o comportamento da velocidade, mas de todo e qualquer tipo de movimento. E ao percorrer os labirintos da mecânica, ele deduziu a regra geral de que o movimento é causado pelo que chamou por força induzida. Com isso, elevou a física a um outro nível de investigação. Tudo isso sem contradizer a moderna ciência da física, mas ampliando-a e generalizando-a, coisa que a filosofia de Aristóteles ou a de seus seguidores jamais lograram alcançar.

O fenômeno considerado no dinamismo aristotélico é completamente diferente do fenômeno considerado no dinamismo de Leandro. Em vez de força induzida, Aristóteles e os seus seguidores sempre empregaram o conceito de força externa que é totalmente diferente. Também os fenômenos tratados são diferentes: Aristóteles, ignorando a força dissipativa do atrito, supõe que para um corpo manter seu movimento seja necessária a contínua ação de uma força externa. E que cessada a ação dessa força o corpo retoma o seu estado natural de repouso. Já Leandro considera o movimento no vácuo, onde a força de atrito não exerce nenhuma influência sobre o corpo em movimento ou em repouso.

A teoria do dinamismo de Leandro ainda é diferente daquela defendida pelos filósofos aristotélicos, porque Leandro trabalha com força externa, força dinâmica, força de inércia, força induzida, estímulo, demonstrações matemática, provas experimentais, coisas totalmente desconhecias por qualquer filosofo aristotélico ou por qualquer outro que veio depois deles.

Na realidade o dinamismo defendido pelos filósofos aristotélicos era hipotético; já o dinamismo de Leandro, experimental. O método matemático empregado por Leandro vem a corroborar o alto grau de exatidão reivindicado por uma verdadeira ciência do dinamismo. Enquanto que Aristóteles, os filósofos aristotélicos e outros, sequer aproximaram-se dessas definições quantitativas e qualitativas.

A física clássica trabalha com fenômenos que podem ser captados pelos órgãos dos sentidos. Isso induz ao subconsciente do homem conceitos intuitivos. Acontece que os órgãos sensoriais são extremamente rústicos, limitados e incapazes de captar toda a sutileza de uma realidade mais profunda. Por causa disso a percepção humana do universo e limitadíssima. Este foi o erro de Aristóteles, cuja física ficou restrita a conceitos superficiais.

O dinamismo de Leandro está organizado num corpo todo consistente articulado com pressuposto, métodos, hipóteses, regras de dedução e validação, por isso mesmo na acepção da palavra é uma ciência pura. Como teoria do movimento, é extremamente engenhosa. Prova disso são as numerosas demonstrações dos conceitos da dinâmica newtoniana a partir do dinamismo. No que se refere à engenharia, o dinamismo apresenta-se como um poderoso método para resolver várias problemáticas do cotidiano. Na verdade este modelo atinge os problemas mais grandiosos, que não podem ser resolvidos sem a teoria do dinamismo que Leandro concluiu definitivamente em 1995.

Ceterum censeo Carthaginem esse delendam.

ARTIGO 70

UMA TEORIA ESQUECIDA

Completava dezessete anos que o manuscrito original da teoria do dinamismo estava abandonado no meio das papeladas do cientista Leandro Bertoldo. Que era uma teoria original, estava claro, claríssimo: versava sobre uma inusitada descoberta realizada por Leandro em 1978 sobre a causa primordial de todo e qualquer tipo de movimento, totalmente diferente de qualquer outra idéia conhecida pela física. Essa teoria defendia a tese fundamentada nos seguintes postulados:

1º- *A velocidade de um móvel sempre está relacionada a uma força em especial.*

2º- *Essa força é comunicada ao móvel por um processo de indução, e por isso mesmo recebeu o sugestivo nome de "força induzida". Ela acumulava-se, conservava-se e era transportada pelo móvel.*

3º- *A velocidade de um móvel é diretamente proporcional à força induzida.*

4º- *A variação de velocidade de um móvel é diretamente proporcional à variação de força induzida.*

5º- *A variação de força induzida num móvel é diretamente proporcional à variação de tempo.*

6º- *No movimento uniforme e retilíneo a força induzida é constante e o móvel mantém seu movimento ao infinito, a menos que uma força externa venha a modificar essa situação.*

7º- *No repouso a força induzida é nula e o corpo mantém o seu estado inerte eternamente, a menos que uma força externa venha a alterar essa situação.*

Mas qual seria a relação desses postulados com a dinâmica clássica criada por Newton em 1687?

Ao tentar responder a essa pergunta, Leandro viu-se em sérias dificuldades porque sua teoria não levava em consideração a resistência inercial oferecida pela massa dos corpos. E por isso mesmo resolveu deixar a questão de lado para uma posterior análise. Até que, no início do segundo semestre de 1995, ele resolveu fazer um levantamento do acervo de suas pesquisas. Esse trabalho acabou por trazer à luz e à sua memória a tese original abandonada durante todo esse tempo. A essa altura ele estava preparado para resolver os problemas que o levaram a deixar de lado a teoria do dinamismo. Depois de alguns poucos meses de pesquisas, ele finalmente descobriu que estava diante de uma teoria muito mais geral do que qualquer outra teoria mecânica já apresentada. Ele sintetizou qualitativamente sua nova teoria na seguinte forma:

A força externa que atua sobre um corpo ao vencer a força de inércia - oposição exercida pela matéria à alteração do seu estado de repouso - resulta numa força dinâmica que, ao interagir no decorrer do tempo no móvel, comunica a força induzida.

Leandro desprendeu grande gasto de energia para construir um novo paradigma de referência dentro do qual fixou oxiomas operativos com capacidade de submeter ao cálculo os movimento em função direta de suas causas primordiais. Ele sintetizou quantitativamente sua teoria nas seguintes leis:

Lei I - *A força externa que atua sobre um corpo é igual ao produto entre a massa desse corpo por sua aceleração.*

Lei II - *A força dinâmica é igual ao produto entre o estímulo pela aceleração do corpo.*

Lei III - *A força de inércia é igual à diferença entre a força externa pela força dinâmica.*

Lei IV - *A variação de força induzida num móvel é igual ao produto entre a força induzida pela variação de tempo.*

Em essência essa é a história do desenvolvimento da teoria do dinamismo de Leandro. A importância desse trabalho vai além do pioneirismo. Essa teoria possibilita uma compreensão muito mais profunda das causas do fenômeno do movimento. Permite explicar o princípio da inércia descoberto do Galileu Galilei (1564-1642), enunciado por René Descartes (1596-1650) e generalizado por Isaac Newton (1642-1727). Esclarece porque a velocidade permanece constante ou sofre variações e tantos outros fatos que não foram mencionados no presente artigo.

Ceterum censeo Carthaginem esse delendam.

ARTIGO 71

A LACUNA DA FÍSICA

Uma lacuna desconhecida pela ciência moderna e de fundamental importância para o desenvolvimento da física acabou de ser preenchida pelo cientista brasileiro Leandro Bertoldo. Ele anunciou a descoberta da relação direta entre força e velocidade, bem como as conseqüências dessa conclusão. Ninguém previu essa possibilidade, porque se acreditava na existência de apenas um tipo de força e que esta estaria relacionada somente com aceleração conforme os termos previstos pela segunda lei de Newton. Descoberta em 1978, essa hipótese deu origem a uma nova ciência que o próprio cientista deu o nome de dinamismo. Esse nome foi tirado do *Dicionário Prático Ilustrado, edição de 1956 da Lello & Irmãos - Editores*, com o único propósito de distinguir a nova ciência que acabava de nascer da dinâmica newtoniana.

Essa teoria inicial estava fundamentada em algumas leis básicas, a saber:

1ª- *A variação de velocidade de um corpo em movimento uniformemente acelerado é diretamente proporcional à variação da intensidade de força induzida.*

2ª- *A velocidade de um corpo em movimento retilíneo e uniforme é diretamente proporcional à intensidade de força induzida que transporta.*

3ª- *A variação de força induzida que se acumula num móvel em movimento uniformemente variado é diretamente proporcional à variação de tempo.*

4ª- *Unicamente por sua força induzida um móvel mantém o seu estado de movimento inercial, a menos que uma for-*

ça externa venha a modificar a força induzida que o mesmo transporta.

5ª- *Na ausência de força induzida um corpo mantém o seu estado de repouso, a menos que uma força externa venha a comunicar a esse corpo uma força induzida.*

Quando concluiu seu primeiro artigo sobre o assunto em 1978, Leandro ainda não tinha uma teoria que relacionasse a dinâmica com o dinamismo. E como não conseguiu de imediato essa unificação ou dar um significado mais profundo ao dinamismo, acabou por abandonar a sua teoria inicial. Abandono este que se seguiu por um período de dezessete anos.

Finalmente quando retornou ao estudo do assunto em 1995, realizou a sua descoberta mais original que veio a revolucionar a ciência da mecânica. Nesse ano ele estabeleceu definitivamente as quatro leis fundamentais do movimento, que são as seguintes:

Lei I - *A intensidade de força externa que atua sobre um corpo é igual ao produto entre a massa desse corpo por sua aceleração.*

Lei II - *A intensidade de força dinâmica que interage num corpo é igual ao produto entre o estímulo pela aceleração que essa força produz no corpo.*

Lei III - *A intensidade de força de inércia que a matéria exerce em oposição à alteração do seu estado de repouso é igual à diferença matemática entre a força externa pela força dinâmica.*

Lei IV - *A variação da força induzida num móvel é igual ao produto entre a força dinâmica pela variação de tempo.*

Em essência essas leis ensinam qualitativamente e quantitativamente que uma força externa, ao vencer a oposição oferecida pela força de inércia, emerge numa resultante chamada por força dinâmica. Essa por sua vez, enquanto estiver interagindo, comunica ao móvel uma força induzida que varia no decorrer do tempo.

Entre tantas novidades apresentadas no dinamismo está a de que a força de inércia é uma grandeza dinâmica. Assim, quanto maior for a aceleração imprimida num móvel, tanto maior será a oposição oferecida pela matéria à alteração do seu estado acelerado. Em outras palavras a matéria exerce oposição à alteração de seu nível de aceleração.

Em seu trabalho, Leandro estabeleceu uma equação que relaciona a força de inércia com a força externa e com a massa do corpo. Ela é interessante porque indica que a força de inércia não é algo estático, mas é uma grandeza física que aumenta com a força externa e com a massa do corpo. Essa equação afirma que a força de inércia dos corpos é igual ao valor da força externa, pela diferença da relação entre o estímulo pela massa, estes últimos multiplicados pela força externa.

Essa fórmula indica claramente que a força de inércia é proporcional à força externa, isto enquanto a massa for constante. Entretanto, se a massa do corpo for maior, a força de inércia exercida pela matéria também será um pouco maior.

Se a força externa aplicada sobre um corpo for mantida constante, quanto maior for a massa desse corpo, tanto maior será a força de inércia e tanto menor será a força dinâmica.

Ao considerar problemas de importância tão fundamental e necessária à construção da física, Leandro trouxe à luz um novo paradigma capaz de dominar completamente toda a ciência da mecânica. Por essa razão esse paradigma caracteriza-se por constituir-se atualmente na forma mais acabada e completa do pensamento newtoniano e galileano que o universo da mecânica já foi capaz de conceber.

Ceterum censeo Carthaginem esse delendam.

ARTIGO 72

ARGUMENTOS SOBRE A PRIORIDADE

As descobertas de Leandro em dinamismo quando comparada com qualquer idéia anterior destaca-se por sua beleza e originalidade. A seguir será apresentado, resumidamente, alguns parágrafos que demonstram a prioridade de Leandro na descoberta da nova ciência do dinamismo. Por isso mesmo sugiro ao prezado leitor uma leitura sem preconceito e com honestidade no exame dos argumentos a seguir apresentados.

01º- Os filósofos aristotélicos ao estabelecerem que um corpo de maior peso cai mais rapidamente do que um de menor peso, haviam incorrido em erro.

02º- A premissa sobre a qual fundamentavam tal idéia estava errada. Pois consideravam a impossibilidade do vácuo.

03º- Erraram ao considerarem que um objeto mantém seu movimento somente enquanto estiver sob a ação contínua de uma força externa.

04º- Da mesma forma erraram ao ensinarem que o movimento cessa quando a ação da força externa é retirada.

05º- Erraram ao ensinar que o corpo entra em repouso para retornar ao seu estado natural.

06º- Erraram porque não levou em consideração o efeito dissipativo da força de atrito sobre o movimento.

07º- As idéias dos filósofos aristotélicos a respeito desse assunto são totalmente inconsistentes com as experiências.

08º- A alegação aristotélica sobre o movimento dos corpos é baseada apenas em conjecturas e não leva em consideração o método científico.

09º- A teoria do ímpeto desenvolvida na Idade Média pelos filósofos aristotélicos supunha que, depois de separar-se da plataforma de lançamento, os corpos mantinham seu movimento devido a um ímpeto que lhe era conferido, o qual seria consumido no decorrer do movimento do corpo e, então, este retornaria ao seu estado natural de repouso. Embora esta teoria lembre o dinamismo de Leandro, ela não passa de uma suposição destituída de qualquer valor científico.

10º- Galileu e Newton repudiaram os princípios dos filósofos aristotélicos por não estarem de acordo com as experiências. Portanto, os conceitos dos desses filósofos eram e são insustentáveis.

11º- O dinamismo de Leandro fundamenta-se em fatos definidos e provados matematicamente e experimentalmente. Despojado do método científico, as idéias de Aristóteles e de seus seguidores não passam de uma adivinhação. E a ciência não trabalha com adivinhação.

12º- Descartes, influenciado pela teoria do ímpeto havia analisado o impacto do corpo em termos de uma suposta força interna do corpo em movimento, que ele chamava por *força de movimento de um corpo*. Mas nunca conseguiu dar-lhe uma formulação racional e rigorosa dentro do método científico. E com o advento da dinâmica de Newton tal conceito foi renegado e caiu no esquecimento, não fazendo parte da ciência.

13º- Em seu ensaio *Do movimento violento*, nas *Quaestiones,* Newton conjeturara a idéia aristotélica de que uma força inerente aos corpos os mantinha em movimento. Porém abandonou tal idéia ao considerar o conceito de força externa para explicar a causa do movimento violento.

14º- Em sua obra *De motu* Isaac Newton apenas conjeturara a sua hipótese de *força intrínseca*, acabando por renegá-la totalmente ao abraçar o genérico princípio da inércia.

15º- Do ponto de vista científico, a predominância desse tipo de idéia era objetivamente infundada por ser originárias mais de especulações metafísicas do que de concepções científicas. Desse modo a ciência rejeitou, com toda razão, tais conceitos.

16º- Todas essas idéias não passam de concepções intuitivas que não satisfazem as exigências do rigor científico (matemático e experimental).

17º- Newton nunca chegou ao conceito quantitativo de *força intrínseca*. A idéia que renegou rapidamente não passou de uma conjectura.

18º- Nunca os filósofos aristotélicos e nem mesmo Newton apresentaram qualquer dedução matemática de suas idéias em dinamismo.

19º- Nunca os filósofos aristotélicos e nem mesmo Newton deram uma demonstração quantitativa de suas conjecturas.

20º- Nunca os filósofos aristotélicos e nem mesmo Newton apresentaram qualquer prova experimental que pudesse comprovar suas conjecturas em dinamismo.

21º- As idéias dos antigos fracassaram porque não estavam de acordo com os fatos. Pois toda e qualquer teoria deve ser aferida em função da experiência.

22º- Com efeito, uma máxima do direito afirma: *Alegar e não provar é o mesmo que nada dizer*. A mesma regra pode ser aplicada à ciência.

23º- É claro que um ponto de vista genericamente filosófico não proporciona um critério válido que satisfaça as exigências do rigor cientifico.

24º- Tanto Galileu como Newton, bem como toda a física clássica e moderna não incorporaram em seus princípios as idéias do dinamismo.

25º- Leandro foi o único cientista que teve a idéia mais exata e perfeita do dinamismo do que qualquer outro estudioso anterior.

26º- Somente Leandro enunciou o princípio da força induzida em toda a sua amplitude e universalidade.

27°- Leandro foi o único que demonstrou, provou e explicou a origem, a causa e a existência da força induzida.

28°- Os antigos apenas conjeturaram a hipótese do dinamismo, ao passo que Leandro demonstrou sua veracidade.

29°- O dinamismo aristotélico não reconhece a existência da força de atrito e por isso não consegue explicar o movimento inercial. Como também não consegue esclarecer como uma força externa constante causa uma velocidade variável de um corpo que se move no vácuo.

30°- Numa crítica subjetiva pode-se afirmar que as antigas idéias sobre o conceito de dinamismo são intelectualmente insatisfatórias. E além do mais estavam longe de se constituir em dados científicos de real valor.

31°- É impossível reconhecer uma teoria científica de um pesquisador que fundamenta suas pretensões em erros nela existente. Ainda mais quando essa teoria não passa de pura conjectura.

32°- Leandro construiu todo o dinamismo desconhecendo totalmente as idéias dos filósofos aristotélicos e de Newton a respeito desse assunto. Mesmo porque essas antigas idéias foram demonstradas falsas e não fazem parte do estudo da física vigente.

33°- O método racional empregado por Leandro na estrutura do dinamismo reflete o reconhecimento de uma percepção mais aguda do que a simples reflexão filosófica.

34°- A colaboração entre a experiência e a matemática evitou que o dinamismo de Leandro caísse em qualquer hipótese metafísica.

35°- A ciência descoberta por Leandro difere radicalmente de qualquer idéia anterior. Seus conceitos são totalmente originais e, portanto, desconhecidos dos cientistas.

36°- O mérito da sistematização racional do dinamismo pertence unicamente a Leandro que definiu várias grandezas físicas e introduziu o conceito de interação entre forças.

37º- Em sua teoria, Leandro não fez nenhuma afirmação que não seja original e nada expôs que não tenha rigorosamente demonstrado.

38º- Quaisquer que seja a objeção sobre a descoberta do dinamismo, são totalmente fúteis e são o resultados de uma escassa compreensão das demonstrações de Leandro. Os trinta e oito argumentos apresentados neste artigo, evidentemente, não são os únicos. Todavia são mais do que suficientes para demonstrar cabalmente ao leitor que ninguém antes de Leandro teve as originais idéias que fundamentam sua inovadora teoria do dinamismo.

Ceterum censeo Carthaginem esse delendam.

ARTIGO 73

A GENERALIZAÇÃO DO DINAMISMO

A velocidade é causada por uma força. E essa força apresenta características extraordinárias, como indução, intensidade, quantidade, conservação e transportabilidade. Essa maravilhosa revelação foi objeto de estudo em vários livros do cientista brasileiro Leandro Bertoldo. Também foi tema de inspiração para uma série de artigos sobre a nova ciência do dinamismo. Esses artigos formam parte de um conjunto de descobertas revolucionarias que influenciará a visão da natureza do universo no século XXI e também clamam por uma total reestruturação da física.

Aristóteles (384-322 a.c.), filósofo que viveu na Antigüidade clássica, supunha que para manter um corpo em movimento era necessária a ação contínua de uma força externa sobre ele e que cessada a ação dessa força o corpo retornaria ao seu estado natural de repouso. Filosoficamente, o movimento era caracterizado pela potência e ato operando num mesmo instante, o que de certa maneira definia uma forma de dinamismo. O erro fundamental de Aristóteles é atribuído ao seu total desconhecimento da existência do vácuo e do efeito dissipativo da força de atrito e por causa disso laborou numa série de erros.

No século XVII Galileu Galilei (1564-1642) demonstrou que na ausência de atrito um corpo mantém indefinidamente o seu movimento independentemente da ação de qualquer força externa. Desse modo a ciência experimental e matemática veio a descartar o tema do dinamismo aristotélico que não encontrara fundamento na descrição da realidade.

Esse tema continuaria abandonado se, em 1976, uma descoberta casual não tivesse rompido a indiferença dos cientistas. Naquele ano, Leandro Bertoldo, então estudante colegial, teve a intuitiva idéia de que a velocidade estava relacionada com uma força. A seguir propôs que a velocidade seria diretamente proporcional a essa força. E por um processo de analogia, ao estudar a velocidade e as diferentes formas de movimentos, estabeleceu as propriedades dessa força, que chamou por força induzida. A princípio ele foi movido pela simples intuição e curiosidade, mas o que descobriu abalaria profundamente a visão da natureza e de toda a estrutura da mecânica.

Leandro havia suspeitado de que a força externa tinha a propriedade de comunicar ao corpo em movimento uma força induzida. Mas não conseguia imaginar que tipo de relação a força induzida poderia guardar com a massa desse corpo. Em suas pesquisas ele havia obtido várias fórmulas, mas não tinha conseguido dar uma interpretação teórica para os resultados obtidos. Por isso resolveu deixar o problema de lado para uma ulterior avaliação. Sem ter a exata consciência do que estava fazendo acabara de abrir um portal que possibilitava a entrada de uma realidade nunca antes imaginada ou considerada na ciência.

Com efeito, se uma formula matemática caracteriza a descrição de um fenômeno da natureza, é claro que ela deve ser totalmente auto-suficiente na descrição do fenômeno, sem a necessidade de explicações externas e adicionais para complementá-la, porém os significados dos seus símbolos devem ser totalmente conhecidos.

A grande novidade das pesquisas de Leandro foi ter obtido uma teoria qualitativa totalmente diferente daquela apresentados pelo físico inglês Isaac Newton (1642-1727), embora os resultados quantitativos sejam os mesmos. Suas idéias traziam de volta o antigo conceito filosófico de que o movimento é a um só tempo potência e ato. Também desmembrou o princípio da inércia em duas partes: o movimento como causa da força induzida e o repouso como causa da ausência de força induzida. Tudo isso era interessante e revolucionário, mas carecia de uma demonstração rigorosa, lógica, consistente, e harmoniosa com os resultados experimentais obtidos pela dinâmica newtoniana. Assim, em 1995, Leandro retornou ao estudo de suas idéias originais e em alguns meses obteve uma teoria geral que respondeu a todas as suas perguntas deixando-o totalmente satisfeito. Essa teoria estabelecia quatro leis fundamentais que foram enunciadas nos seguintes termos:

Lei I - *A força externa que atua sobre um corpo é igual ao produto entre a sua massa por sua aceleração.*

Lei II - *A força dinâmica que resulta da força externa após esta ter vencido a oposição oferecida pela força de inércia é igual ao produto entre uma constante, denominada estímulo, pela aceleração do corpo.*

Lei III - *A força de inércia que um corpo exerce em oposição à alteração do seu estado de repouso em relação ao referencial da força externa é igual à diferença matemática existente entre a força externa pela força dinâmica.*

Lei IV - *A variação da força induzida num móvel pela interação da força dinâmica no decorrer do tempo é igual ao produto entre a intensidade dessa força dinâmica pela variação de tempo.*

Essas quatro leis são simplesmente extraordinárias. Conseguem explicar totalmente a antiga teoria de Leandro como também obtém integralmente as leis de Newton, além de explicar de forma fácil, lógica e consistente vários fenômenos físicos que a teoria de Newton explicava com grandes dificuldades.

Em conclusão pode-se afirmar que essa nova teoria do dinamismo apresenta um alcance tão amplo que absorve conceitos da filosofia aristotélica, unifica a cinemática de Galileu com a dinâmica de Newton, o que a torna uma teoria única e notável, de interesse permanente aos estudiosos da ciência.

Ceterum censeo Carthaginem esse delendam.

ARTIGO 74

O SEGREDO DA VELOCIDADE

Isaac Newton (1642-1727) disse que subiu nos ombros de gigantes para poder enxergar mais longe. E em 1684, atendendo a um pedido feito pelo seu amigo Edmundo Halley (1656-1742), escreveu um pequeno tratado completo de nove páginas sobre o movimento dos corpos em órbita. Nesse tratado, influenciado pelas idéias dos filósofos aristotélicos, ele apresentou a curiosa hipótese de que uma força inerente mantém os corpos em seu estado de movimento retilíneo e uniforme ao infinito. Batizou tal força por força intrínseca. Como não conseguiu descobrir a capacidade operativa de tal hipótese, nem como demonstrá-la, além de considerar sua incompatibilidade com a segunda lei do movimento, logo se desinteressou e acabou por desistir do conceito de força intrínseca. Hoje, por causa das descobertas de um jovem brasileiro, sabe-se que essa força, agora conhecida por força induzida, é a causa de todo tipo de movimento e guarda uma relação indireta com a força externa, esta definida pela segunda lei de Newton.

Quase três séculos haviam se passado até que, em 1978, um estudante - o cientista brasileiro Leandro Bertoldo, sozinho descobriu o conceito de força induzida, estabeleceu suas propriedades, calculou sua relação com a velocidade e mais tarde fixou sua relação com a força externa e com a massa do corpo. Com isso criou uma ciência totalmente diferente daquela obtida pelo famoso físico inglês. A essa nova ciência ele deu o nome de dinamismo. Sua proeza foi o resultado de uma extraordinária intuição e uma dedicação relâmpago, porém intensa. E com isso havia descoberto e revelado o segredo da velocidade, façanha que ninguém antes dele havia realizado.

O primeiro artigo sobre o dinamismo foi escrito em janeiro de 1978, quando o cientista estava para completar dezenove anos de idade. Nesse artigo inicial ele havia chegado às seguintes conclusões fundamentais:

A velocidade de um corpo em movimento retilíneo e uniforme é diretamente proporcional à força induzida.

A variação de velocidade de um corpo em movimento uniformemente variado é diretamente proporcional à variação de força induzida.

A variação de força induzida de um corpo em movimento uniformemente variado é diretamente proporcional à variação de tempo.

Devido a interação da força induzida qualquer corpo mantém o seu estado de movimento retilíneo e uniforme ao infinito, a menos que uma força externa venha a alterar a força induzida desse corpo.

Devido a ausência de força induzida qualquer corpo mantém o seu estado de repouso infinitamente, a menos que uma força externa venha a comunicar uma força induzida a esse corpo.

Entretanto, essa teoria era totalmente matemática e necessitava desesperadamente de uma interpretação que viesse a possibilitar sua compreensão, bem como o entendimento de sua relação com a dinâmica clássica. Da forma como se encontrava era totalmente deficiente porque não levava em consideração a relação casual entre a força externa e a força induzida. E muito menos levava em consideração o efeito da inércia provocada pela massa do corpo no movimento. Como não conseguiu resolver o problema de imediato, o jovem pesquisador resolveu deixar as questões para uma posterior consideração.

Dezessete anos depois, Leandro retornou ao problema abandonado por tanto tempo. E em questão de alguns meses resolveu todas as questões que o haviam levado a abandonar suas idéias originais. Assim em 1995, ele criou definitivamente a teoria do dinamismo cuja síntese é a seguinte:

Uma força externa que atua sobre um corpo, ao vencer a oposição oferecida pela força de inércia que a matéria exerce à alteração do seu estado de repouso em relação ao referencial da força externa, emerge numa resultante denominada por força dinâmica. Esta por sua vez comunica ao móvel no decorrer do tempo a chamada força induzida.

Com fundamento nessa teoria, Leandro pode estabelecer as seguintes leis fundamentais do movimento:

Lei I - *A força externa é igual ao produto entre a massa pela aceleração do corpo.*

Lei II - *A força dinâmica é igual ao produto entre a constante universal denominada "estímulo" pela aceleração do corpo.*

Lei III - *A força de inércia é igual à diferença matemática entre a força externa pela força dinâmica.*

Lei IV - *A variação da força induzida é igual ao produto entre a força dinâmica pela variação de tempo.*

A partir dessas quatro leis é possível deduzir todas as demais leis, tanto do antigo dinamismo de 1978, como de toda a dinâmica newtoniana. E isso faz do moderno dinamismo uma teoria generalizada cuja amplitude ultrapassa os conceitos da física newtoniana. Pela luz proveniente da ciência do dinamismo, a causa da velocidade já não é mais segredo.

Ceterum censeo Carthaginem esse delendam.

ARTIGO 75

AMPLITUDE DO DINAMISMO

A compreensão e a visão que o homem tinha da natureza do universo conhecido sofreu uma revolução radical a partir do ano de 1687. Naquele ano, o fabuloso físico inglês Isaac Newton (1642-1727), praticamente, um obscuro professor da Universidade de Cambridge, na Grã-Bretanha saiu do anonimato com a publicação de um livro magistral intitulado "Princípios Matemáticos da Filosofia Natural", obra que apresenta a mais completa sistematização da física moderna. Todas as idéias contidas nessa obra extraordinária foram extremamente importantes para o ulterior desenvolvimento da ciência. Porém duas delas, as quais expõe as "leis do movimento" e a "lei da gravitação universal", tornaram Newton o maior gênio da ciência nos séculos seguintes.

A primeira lei do movimento também conhecida por primeira lei de Newton estabelece que qualquer corpo permanece em seu estado de repouso ou de movimento uniforme em linha reta, a menos que sofra alteração em seu estado por forças impressas nele. A segunda lei afirma que a resultante das forças impressas é igual ao produto entre a massa do corpo pela aceleração adquirida. A terceira lei do movimento ensina que de qualquer ação sempre se opõe uma reação igual, de mesma intensidade e direção, porém em sentidos contrários. E finalmente a lei da gravitação universal afirma que: matéria atrai a matéria na razão direta das massas e na inversa do quadrado das distâncias. Essas leis representam a conquista científica mais importante que ocorreu no século XVII.

Em 1737 a Lapônia entrou para a história da física. Lá, um grupo de cientistas franceses liderados por Maupertuis comprovou, ao medirem a curvatura do arco de meridiano sob o pólo, as idéias propostas por Newton em sua teoria da gravitação universal. Segunda essa teoria a Terra era achatada nos pólos. E foi exatamente isso que foi comprovado pela célebre expedição de Maupertuis. Após esse acontecimento o restante do continente europeu rendeu-se ao intelecto de Newton, que virou celebridade universal.

Apesar do sucesso, havia pontos fracos na obra de Newton. O principal deles estava no conceito de tempo e espaço, que segundo Newton são categorias absolutas, que independem da posição ou da velocidade em que se encontra um observador. As conseqüências que se inferem da teoria de Newton são várias, entre as quais que a velocidade de um corpo pode atingir valores infinitos ou que a massa é uma propriedade da matéria e seu valor é absoluto independentemente de qualquer agente exterior. Essas idéias serão contestadas seriamente duzentos anos depois por Albert Einstein em sua famosa Teoria da Relatividade.

É interessante observar que antes do advento da Teoria da Relatividade, o célebre professor Lipmann, catedrático de física da Sorbonne no início do século vinte. Esse professor tinha a firme convicção e defendia a tese de que a física era uma ciência já pronta, catalogada e completa. E que, portanto, não havia mais nada a ser descoberto. Também é curioso que o físico inglês Lord Kelvin tinha a mesma tese, ele argumentava que nada de fundamental haveria de ser descoberto na física, que tudo que restava aos cientistas era efetuarem medidas cada vez mais precisas dos fenômenos conhecidos. Entretanto, poucos anos depois a física foi revolucionada pela Teoria da Relatividade de Einstein e pela Teoria Quântica de Max Planck. Essas ciências físicas modernas vieram a estabelecer um limite para validade para a física clássica. Por exemplo, a mecânica newtoniana não funciona nos limites das partículas elementares ou nos limites dos corpos que se deslocam com velocidade próximas à da luz. Assim, com o advento dessas duas teorias, ficou claro que o professor Lipmann e Lord Kelvin estavam equivocados. Porém, muito mais equivocados do que se imagina, principalmente quando se considera sua afirmação sob a ótica fornecida pela própria física clássica.

Recentemente, para ser mais exato em 1996, o jornalista John Horgan, publicou um livro intitulado "O fim da ciência", onde defende a tese de que a ciência finalmente chegou ao seu fim porque suas descobertas principais já foram efetuadas e que nada de fundamental resta a ser descoberto. E o que resta são apenas alguns poucos detalhes superficiais. É claro que Horgan está redondamente equivocado. Esse tipo de conclusão parece ocorrer quando o século aproxima-se do fim ou quando se aproxima uma revolução científica.

Entretanto, como uma caixa de pandora, a física não cessa de revelar os seus segredos, mesmo a nível clássico. A força externa e sua relação com a aceleração é uma descoberta antiga e bastante conhecida da ciência, mas quem poderia pensar ou imaginar que poderia existir uma força relacionada com a velocidade? Pois é justamente isso que o cientista brasileiro Leandro Bertoldo descobriu em 1978. Ele anunciou uma nova modalidade de força, batizada por "força induzida". Segundo o pesquisador, essa força é comunicada ao móvel pela ação primordial de uma força externa. A força induzida apresenta algumas propriedades bastante interessantes, como por exemplo: capacidade de acumular-se, de armazenar-se, de transportar-se no móvel, etc.

Quando Leandro Bertoldo propôs a sua teoria sobre a causa da velocidade em sua obra intitulada: *Dinamismo*, em 1978, sabia perfeitamente que estava diante de uma idéia significativamente original. De fato, seus conceitos eram totalmente diferentes e radicais daqueles apresentados e defendido pela física clássica. Para começar estabelecia uma força como causa da velocidade o que é totalmente incompatível com as leis da dinâmica newtoniana. A seguir apresentou a tese da bipartição do princípio da inércia o que é uma impossibilidade pelas leis de Newton. Diante desses conceitos e de muitos outros que não foram mencionados no presente artigo, Leandro pensou que a teoria de Newton estivesse equivocada ou errada por não dar conta de tais fenômenos. Entretanto, somente mais tarde, ele percebeu de que a teoria newtoniana - por estar fundamentada somente sob a ótica do conceito de força externa - é um caso restrito de uma teoria mais geral, e que nesse caso específico seria a teoria geral do dinamismo.

Em 1995, Leandro apresentou uma versão generalizada da teoria do dinamismo. Essa versão foi fundamentada no conceito de interação entre forças, que veio a unir definitivamente a cinemática e a dinâmica num conceito único e altamente consistente. Dessa maneira tornou-se possível explicar muitos aspectos que ainda estavam obscuros na física clássica. Por exemplo: a razão pela qual a primeira lei de Newton trata o movimento e o repouso como uma só coisa e causa, quando são claramente fenômenos completamente diferentes; ou porque um corpo mantém o seu movimento retilíneo e uniforme ao infinito; ou o motivo pelo qual, corpos de diferentes massas em queda livre apresentam sempre a mesma aceleração; ou como aparece a força de impacto num corpo que se choca contra um anteparo qualquer; ou ainda como se processa a inércia da matéria que se opõe à alteração do seu estado de repouso e tantas outras questões interessantes que estavam em aberto. Com essas descobertas, novamente, tornou-se claro que a ciência não é uma entidade estática, mas sim algo que está em constante desenvolvimento em sua busca contínua pela compreensão da verdade.

Ceterum censeo Carthaginem esse delendam.

ARTIGO 76

A TEORIA DO ÍMPETO

As noções filosóficas de potência e ato foram desenvolvidas por Aristóteles de Estagira (384-322 a.c.), o maior filósofo que viveu na antiga Grécia. Tais conceitos vieram a possibilitar que o próprio Aristóteles resolvesse a questão do movimento. Para ele, o movimento era a um só tempo potência e ato. Em outras palavras, tudo o que está em movimento é movido por alguma coisa. Isto permitiu aos seus discípulos ensinarem que:

I - *Um corpo mantém seu movimento enquanto estiver sob a ação de uma força externa.*

II - *Um corpo cessa o seu movimento no momento em que a força externa cessa.*

III - *O corpo entra em repouso porque esse é o seu estado natural.*

Ocorre que durante a Idade Média alguns pensadores mais perspicazes notaram que na teoria aristotélica havia um pequeno problema que ela não conseguia absorver. Como explicar que os corpos costumam manter o seu movimento por algum tempo mesmo após a ação da força externa ter cessado? Ou seja, as críticas levantadas contra a mecânica aristotélica gravitavam em torno da explicação dos chamados "movimentos violentos" como, por exemplo, o movimento dos projéteis.

Baseado principalmente nessa questão, bem como em algumas outras, Giovanni Filopono, comentarista da física aristotélica do século VI criou o que veio a ser conhecido como a "teoria do ímpeto".

Essa teoria supunha que os projéteis continuam em movimento, depois de perderem contato com a sua fonte de arremesso, unicamente em conseqüência de um certo ímpeto conferido ao corpo no momento do lançamento. E que tal ímpeto seria totalmente consumido durante o movimento do projétil, que então cessaria o seu movimento retornando ao seu estado natural de repouso.

Posteriormente a referida teoria foi desenvolvida por Jean Buridan (1295-1358). E encontrou em Giovanni Battista Benedetti (1530-1590), o mais convicto e vigoroso defensor da teoria do ímpeto, que se tornou altamente difundida e prestigiada em todo o continente Europeu.

Durante os séculos XIV e XV, essa teoria encontrou grande número de valorosos adeptos e fervorosos defensores entre os cientistas de Paris, onde passou a ser conhecida sob o nome de "física parisiense". Nesse período, ela sofreu uma grande difusão também na Itália, tendo sido aceita até pelo genial Nicolo Tartaglia (1500-1557).

Em geral os defensores da teoria acima citada buscavam uma explicação para a causa do movimento violento em uma grandeza física não muito bem precisa ou definida denominada por ímpeto, a qual de alguma forma seria injetada nos próprios corpos no ato em que a eles se imprimisse um movimento violento.

Sob a perspectiva fornecida pela mecânica newtoniana a teoria do ímpeto é inaceitável, porém não há dúvida de que estava muito mais próxima dos fatos do que a de Aristóteles. Basta considerar que, segundo a teoria aristotélica, o movimento violento seria totalmente impossível no vácuo, pois para Aristóteles o vácuo seria uma impossibilidade. Porém os advogados da célebre teoria do ímpeto reconheceram a incoerência desta proposição. E em oposição a ela, numa atitude claramente revolucionária, tornaram-se defensores da possibilidade do vácuo.

Na verdade a teoria do ímpeto foi uma importante alternativa ao preceito aristotélico de que "tudo o que se move é movido por outro", que implica que o movimento deve ser conservado por aplicação contínua de uma força externa. Entretanto a teoria do ímpeto continuava aristotélica, no sentido em que se criou foi uma nova entidade - o ímpeto - que mantinha o movimento até que tal ímpeto fosse totalmente gasto. Ou seja, o ímpeto não era uma entidade estável, mas era consumida no movimento. E quando isso acontecia o corpo entraria no seu estado natural de repouso.

Entre os grandes cientistas renascentistas, o genial filósofo francês René Descartes (1596-1650) aceitou a teoria do ímpeto e por essa ótica tentou analisar o impacto de um corpo através de sete regras. Assim ele considerou uma suposta força interna do corpo em movimento, que ele chamava de "força de movimento de um corpo". Porém não conseguiu jamais lhe dar uma formulação perfeitamente racional e rigorosa dentro de um contexto consistente. E com o advento da dinâmica clássica o conceito de ímpeto foi renegado e caiu no mais completo esquecimento, não fazendo parte da ciência moderna.

Influenciado pelo livro "Diversarum speculationum mathematicarum et physicarum liber" publicado em 1585 por Giovanni Battista Benedetti, Galileu Galilei (1564-1642), adotou por pouco tempo a teoria do ímpeto como uma alternativa plausível às explicações aristotélicas do movimento. Porém ao desenvolver o método experimental e matemático aplicado na física, convenceu-se da falácia da teoria do ímpeto e a abandonou. E a partir de então passou a construir uma nova mecânica expurgada das idéias aristotélicas e da teoria medieval do ímpeto.

Até mesmo Isaac Newton (1642-1727), o maior gênio que existiu sobre a face do planeta, aceitou os conceitos fundamentais da teoria do ímpeto durante muito anos. Prova disso encontra-se num ensaio juvenil intitulado "Do movimento violento" registrado em seu caderno de anotações que recebeu o título de "Quaestiones quaedam philosophicae". Nesse ensaio ele conjeturara que uma força inerente aos corpos os mantinham em movimento. Porém, não se dando por satisfeito, acabou por rejeitar implicitamente tal conclusão e introduziu o conceito de força externa como uma alternativa na explicação da causa do movimento violento. Duas décadas depois numa obra intitulada "De motu corporum in gyrum", Newton conjeturou a hipótese de que uma "força intrínseca" era a causa do movimento inercial. A título de curiosidade, observe o enunciado de Newton:

Definição: *Chamo de força de um corpo ou força intrínseca de um corpo àquilo que faz com que ele tenda a permanecer em seu movimento em linha reta.*

Hipótese: *Por sua força intrínseca apenas, todo corpo segue uniformemente em linha reta para o infinito, a menos que algo extrínseco venha impedi-lo.*

Isto mostra que até aquele momento Newton não havia conseguido libertar-se totalmente da teoria medieval do ímpeto. Mas pouco mês depois acabou por renegá-la ao abraçar o genérico e amplo princípio da inércia, o qual estava em perfeita harmonia com o seu conceito quantitativo de força externa.

As idéias apresentadas na teoria do ímpeto e rejeitadas por Galileu e por Newton nunca foram apresentadas dentro da moderna metodologia da ciência - a experimentação e a matematização. Por isso foram rejeitadas e banidas do jardim do Éden da Física.

Vários séculos passaram-se até que um jovem estudante de dezessete anos de idade, com uma idéia simples e luminosa, veio a revolucionar a física clássica. Esse jovem chamado Leandro Bertoldo desconhecia totalmente qualquer idéia da física aristotélica ou da teoria do ímpeto ou mesmo da dinâmica newtoniana. Assim em 1976 em seus cadernos de anotações começou a relacionar a velocidade de um corpo com uma força. E ao estudar o comportamento da velocidade em diversos tipos de movimentos foi levado por analogia a um novo conceito de força, a qual deu o nome de força induzida.

E em 1978 Leandro concluiu um pequeno tratado no qual apresentava uma sistematização completa de suas descobertas em mecânica. Esse tratado intitulado "Dinamismo" apresentava a seguinte síntese:

I - *No movimento uniforme e retilíneo a velocidade é diretamente proporcional à força induzida transportada pelo móvel.*

II - *No movimento uniformemente variado a variação de velocidade é diretamente proporcional à variação de força induzida no móvel.*

III - *No movimento uniformemente variado a variação de força induzida é diretamente proporcional à variação de tempo.*

IV - *Unicamente sob a ação da força induzida o móvel mantém seu movimento uniforme e retilíneo inercial a menos que uma força externa venha a dissipar a força induzida.*

V - *Na ausência de força induzida o corpo permanece em repouso a menos que uma força externa venha a induzira uma força no corpo.*

Da forma como se encontrava a teoria do dinamismo apresentava uma aparente dificuldade em conciliar-se com a teoria dinâmica newtoniana porque não levava em consideração o conceito de inércia da massa. E como Leandro não conseguiu solucionar de imediato o problema resolveu deixar a questão para uma posterior e melhor verificação.

Assim em 1995 retornou à questão que o havia derrotado em 1978. E em questão de poucos meses solucionou o problema e ao fazer isso generalizou toda a mecânica clássica.

Em sua nova teoria Leandro estabeleceu quatro leis fundamentais à compreensão do dinamismo, as quais são enunciadas da seguinte forma:

Lei I - *A força externa que atua sobre um corpo é igual ao produto entre a massa desse corpo por sua aceleração.*

Lei II - *A força dinâmica que resulta da força externa após esta vencer a oposição oferecida pela força de inércia é igual ao produto entre uma constante, denominada estímulo, pela aceleração adquirida por esse corpo.*

Lei III - *A força de inércia que a matéria exerce em oposição à alteração do seu estado de repouso em relação à força externa é igual à diferença matemática entre a força externa pela força dinâmica.*

Lei IV - *A variação de força induzida num corpo pela interação da força dinâmica é igual ao produto entre a intensidade dessa força dinâmica pela variação de tempo de interação.*

Essas quatro leis são simplesmente espantosas porque estão inter-relacionadas e incluem implicitamente todas as leis de Newton bem como todas as idéias da teoria do ímpeto. Leandro conseguiu dessa forma não apenas generalizar a mecânica clássica, mas também incluir na física idéia que foi rejeitada porque eram tidas como equivocada. Nesse ponto a obra de Leandro representa a culminância dos estudos e pesquisas de todos os filósofos e físicos mecanicistas.

Ceterum censeo Carthaginem esse delendam.

ARTIGO 77

ALGUMA COISA SOBRE DINAMISMO

À véspera do século vinte e um, a física clássica ainda continua revelando seus segredos mais profundos e inusitados, os quais possibilitam a abertura de uma porta nunca antes imaginada ou considerada na mecânica. Tais segredos representam o início de uma revisão fundamental nas bases da física.

Tais segredos foram desvendados por Leandro Bertoldo, que já foi apelidado entre os seus colegas de "o Newton brasileiro". Assim que concluiu seu primeiro tratado sobre o assunto em 1978, o qual recebeu o título de "Dinamismo", entretanto abandonou a questão para retomá-la somente em 1995, quando finalmente generalizou as suas maravilhosas descobertas criando a moderna ciência do dinamismo.

O dinamismo estava destinado a agitar a física e reabrir uma controvérsia que aparentemente tinha sido resolvida por Galileu Galilei (1564-1642) e Isaac Newton (1642-1727). Esses dois gigantes da física haviam demonstrado que o movimento não era num mesmo instante caracterizado pela força externa e pela velocidade como acreditavam os filósofos aristotélicos. Segundo esses dois cientistas, qualquer corpo em movimento retilíneo e uniforme mantém seu movimento ao infinito independentemente da necessidade de estarem submetidos à ação de uma força externa. E também provaram que o movimento de qualquer corpo em queda livre independe do peso desse corpo. A partir dessas descobertas ficou claro que o movimento não poderia ser definido como sendo o resultado "potência" e do "ato" operando simultaneamente.

Dois mil e trezentos anos antes de Galileu e de Newton, o filósofo grego Aristóteles de Estagira (384-322) havia ensinado que o movimento consistia a um só tempo em "potência" e "ato", entendendo-se por potência a força externa e por ato a velocidade. Tal filosofia foi aceita, aperfeiçoada e ensinada durante boa parte da Idade Média. Entretanto, como as grandezas físicas que caracterizavam os conceitos de "potência" e "ato" estavam totalmente equivocadas, de tal forma que a moderna ciência acabou por enterrar a suposição aristotélica.

Pois agora, trezentos anos depois de Newton publicar sua teoria dinâmica, um aluno colegial conhecido por Leandro Bertoldo fizera alguns cálculos que o convenceram de que a velocidade é causada por uma força em particular que chamou por força induzida. Com esse conceito de força induzida, sozinho, fundou a teoria do moderno dinamismo, importantíssima na compreensão do movimento. Tudo começou em 1976, quando o jovem, no primeiro ano colegial, passou a receber suas primeiras aulas de Física no Colégio Estadual de Segundo Grau Francisco Ferreira Lopes.

Ao iniciar os seus estudos pela parte da mecânica chamada cinemática, sua mente inquiridora logo passou a meditar numa possível causa para explicar o movimento. Tudo isso bem antes de conhecer a explicação da causa do movimento ensinada pela dinâmica newtoniana.

Por causa desse desconhecimento Leandro levantou uma hipótese notável, porém, a princípio bastante ingênua, pois considerava que a velocidade era causada por uma força externa. Mas logo ao pesquisar o comportamento e o efeito da velocidade dos corpos em diferentes tipos de movimentos foi levado a fazer uma analogia entre o comportamento da velocidade com a possível natureza da força que causava tal velocidade. Assim verificou que tal força teria que permanecer conservada e transporta pelo móvel para explicar como a velocidade pode manter-se, como por exemplo, num movimento retilíneo e uniforme; também que teria de acumular-se no móvel para explicar o aumento da velocidade e a sua manutenção, como por exemplo, num movimento uniformemente variado; finalmente que tal força teria que ser comunicada ao móvel por um processo semelhante a uma indução. Com todos esses dados em mãos, o jovem cientista denominou tal força por "força induzida" e enunciou a lei fundamental que deu origem ao dinamismo. Tal lei foi enunciada nos seguintes termos: *A velocidade é diretamente proporcional à força induzida de um móvel.*

Ao pesquisar as conseqüências dessa lei dentro da cinemática foi levado a enunciar as seguintes verdades: *A variação de velocidade é diretamente proporcional à variação de força induzida num móvel.*

A variação de força induzida é diretamente proporcional à variação de tempo.

Unicamente por sua força induzida um móvel mantém seu estado de movimento retilíneo e uniforme ao infinito a menos que uma força externa venha a modificar tal situação.

Na ausência de força induzida um copo permanece em repouso a menos que uma força externa venha a modificar tal situação.

Entretanto quando tentou enquadrar a suas leis dentro da dinâmica newtoniana encontrou certas dificuldades, principalmente porque não conseguia relacionar o conceito de massa nas suas descobertas. E como não conseguiu solucionar de imediato tal problema resolveu deixar a questão para uma futura reflexão. As suas descobertas nesse campo foram reunidas em 1978, num pequeno tratado intitulado "Dinamismo". E durante o período de dezessete anos seguintes Leandro esteve pesquisando e desenvolvendo novas teorias em vários campos do conhecimento humano. E estava tão ocupado e absorto nessas áreas que não encontrava tempo para meditar no dinamismo.

Finalmente, em 1995, ao fazer um inventário de suas pesquisas foi levado a considerar a sua teoria inicial do dinamismo. E em questão de poucos meses resolveu todo o conflito que ela aparentava possuir em relação à dinâmica newtoniana.

Nesse mesmo ano ele havia chegado à generalização da teoria do dinamismo nos seguintes termos: *A força externa que atua sobre um corpo ao vencer a resistência oferecida pela força de inércia que a matéria exerce em oposição à alteração do seu estado, emerge numa resultante chamada força dinâmica que comunica ao móvel, no decorrer do tempo, uma força induzida no durante sua interação.*

Essa teoria estava fundamentada quantitativamente sobre os alicerces das seguintes leis:

Lei I - *A força externa é igual ao produto entre a massa pela aceleração.*

Lei II - *A força dinâmica é igual ao produto entre o estímulo (constante universal) pela aceleração.*

Lei III - *A força de inércia é igual à diferença entre a força externa pela força dinâmica.*

Lei IV - *A variação de força induzida é igual ao produto entre a força dinâmica pela variação de tempo de sua interação.*

As conseqüências dessas leis são extraordinárias e revolucionárias. Elas abrangem toda a cinemática, dinâmica e conceitos filosóficos aristotélicos. Entre essas conseqüências podemos destacar as seguintes:

1- O conceito filosófico aristotélico de "potência" e "ato" retornaram à tona, com as grandezas físicas força induzida e velocidade, respectivamente.

2- O princípio da inércia definido pela primeira lei de Newton sofreu no dinamismo um processo de bipartição. Havendo uma causa para o movimento e uma para o repouso.

3- O conceito de força ampliou-se consideravelmente. Passou não estar apenas relacionado com aceleração, mas também com velocidade e inércia.

4- As leis de Newton são casos particulares da teoria do dinamismo e podem ser deduzidas a partir das quatro leis de Leandro para o dinamismo.

5- O dinamismo de Leandro substituiu definitivamente a dinâmica de Newton.

6- O princípio da inércia afirma que um corpo permanece em repouso ou prossegue num movimento retilíneo e uniforme para sempre, a menos que uma força externa venha a modificar tais situações. Ocorre que ninguém sabia por que o corpo prossegue em movimento. Porém, tal mistério foi desvendado por Leandro em 1978, quando apresentou sua teoria do Dinamismo, a qual ensina que um corpo prosseguirá em movimento retilíneo e uniforme para sempre unicamente por causa da força induzida.

É bom lembrar que os termos técnicos usados no dinamismo - força dinâmica, força de inércia, força induzida, estímulo - foram cunhados por Leandro.

Porém a mais extraordinária e maravilhosa demonstração do dinamismo de Leandro está no fato de que um quadro de conceitos totalmente distintos daqueles que foram apresentados por Newton são capazes de não só re-obter os mesmos resultados alcançados pela dinâmica newtoniana, mas também de generalizá-los, levando à criação de novas questões, nunca antes imaginadas ou consideradas na ciência.

Ceterum censeo Carthaginem esse delendam.

ARTIGO 78

PENSAMENTOS SOBRE O DINAMISMO

Os filósofos aristotélicos baseados na filosofia do grego Aristóteles de Estagira (384-322 a.c.), defenderam e ensinaram durante boa parte da Idade Média algumas idéias de Aristóteles sobre o movimento em geral. Ensinavam que todo corpo, enquanto estivessem sob a ação de uma força externa, manteriam seu estado de movimento. Porém, se a ação da força cessasse o corpo retomaria ao seu estado natural de repouso. Também afirmavam que um corpo pesado cairia mais rapidamente do que um leve.

Durante a Idade Média apareceu uma explicação mais refinada da filosofia de Aristóteles para a causa do movimento violento. Essa nova explicação era conhecida como teoria do ímpeto. Ela propunha que um agente denominado ímpeto era injetado no corpo no momento do seu arremesso e que tal entidade manteria o movimento até que se dissipasse totalmente e somente então o corpo retornaria ao seu estado natural de repouso. Essa teoria ganhou muitos adeptos importantes.

Os filósofos aristotélicos também apregoavam que qualquer corpo arremessado no espaço tende a deslocava-se num movimento em linha reta na direção em que foi lançado. Entretanto isso ocorria até que o ímpeto de seu movimento artificial cessasse, e então esse corpo passaria a deslocar-se em direção à Terra descendo num movimento natural da queda.

No século dezessete, Galileu Galilei (1564-1642) estava muito descontente com as explicações fornecidas pelos filósofos aristotélicos sobre o movimento em geral e passou a buscar uma teoria matematicamente consistente com os fatos observados. E no decurso de suas investigações ele realizou inúmeras experiências cruciais que vieram a demonstrar a total falácia da filosofia de Aristóteles e a de seus seguidores. As principais conclusões de Galileu podem ser fundamentadas da seguinte forma:

I - Trabalhando com superfícies cada vez mais polidas, Galileu verificou que na ausência total de atrito, qualquer corpo permanece em movimento sem que seja necessária a ação contínua de uma força. Com isso Galileu simplesmente acabou por negar o pressuposto aristotélico de que o movimento requeria uma causa contínua para manter-se.

II - Em outra célebre experiência supostamente realizada do alto da Torre de Pisa Galileu mostrou que dois corpos de diferentes pesos ao serem largados de uma mesma altura e no mesmo instante, chegam ao solo no mesmo momento. Nessa experiência Galileu provou outra idéia equivocada dos filósofos aristotélicos, a de que a velocidade dos corpos em queda livre é tanto mais intensa quanto maior for o peso do corpo considerado.

III - Galileu havia demonstrado que os projéteis descreviam uma trajetória parabólica, ao admitir que a queda livre de um corpo (movimento natural) ocorria independentemente dos movimentos forçados (não naturais) a que era submetido. Ficou claro que a trajetória parabólica de Galileu deriva-se de uma ação combinada desses dois movimentos (natural e artificial). A afirmação de que dois movimentos podem ocorrer simultaneamente demonstraram a falácia dos filósofos aristotélicos de que os movimentos não ocorrem ao mesmo tempo.

Com relação ao conceito de inércia Galileu admite que o movimento ocorre num estado tão natural quanto o estado de repouso de um corpo. Com isso fica claro que é totalmente desnecessária a existência de uma força que opere constantemente sobre qualquer móvel para explicar a causa do seu movimento.

Embora Galileu tenha descoberto o movimento inercial, ele nunca formulou explicitamente o princípio da inércia. E de fato, foi René Descartes (1596-1650) e não Galileu que, pela primeira vez, enunciou claramente a lei da inércia, embora estivesse dividido em dois oxiomas.

Verdade é que apesar de Galileu não ter enunciado explicitamente o princípio da inércia, as suas pesquisas conduziram a avanços significativos nesse caminho. Em suas conclusões Galileu afirma que o movimento livre de um corpo ocorre em linha reta com uma velocidade uniforme.

A inércia é definida como sendo uma tendência natural do corpo em manter o seu estado de repouso ou de movimento uniforme em linha reta ao infinito a menos que uma força externa venha a modificar tal situação. Embora tal princípio tenha sido solidamente fundamentado por Isaac Newton (1642-1727) em sua dinâmica, pode-se afirmar que essa regra já se encontrava claramente prefigurada nas obras de Galileu, Descartes, Gassendi e outros pensadores de renome.

Na visão dos filósofos aristotélicos o movimento era o resultado da ação continua de uma força externa e o repouso o estado natural que o corpo apresenta na ausência da ação de forças externas. Para Newton o movimento e o repouso caracterizam uma única e mesma coisa - a inércia. E num amplo sentido essa caracterização é justamente a ausência da ação de uma força externa operando sobre o corpo. Entretanto é interessante notar que na teoria do dinamismo de Leandro Bertoldo, o princípio da inércia newtoniano sofreu uma divisão em duas partes. Para Leandro o movimento e o repouso são coisas distintas. O movimento é o resultado da ação de uma força induzida e o repouso é caracterizado pela ausência de uma força induzida. Isto mostra que Leandro desenvolveu uma teoria totalmente diferente daquela defendida pelos filósofos aristotélicos e daquela apresentada por Newton e que caracteriza a física clássica.

A moderna teoria do dinamismo teve início em 1976, quando Leandro Bertoldo começou a pesquisar a causa da velocidade. A princípio ele admitiu que a velocidade estava relacionada com uma força. E nos dois anos seguintes ao pesquisar as propriedades e natureza de tal força chegou aos fundamentos da teoria do dinamismo. Em 1978 escreveu o seu primeiro tratado sobre o assunto e que intitulado "Dinamismo", no qual apresentava as seguintes leis:

I - *A velocidade de um corpo em movimento retilíneo e uniforme é diretamente proporcional à força induzida.*

II - *A variação de velocidade de um corpo em movimento uniformemente variado é diretamente proporcional à variação de força induzida.*

III - *A variação de força induzida num corpo em movimento uniformemente variado é diretamente proporcional à variação de tempo.*

IV - *Unicamente por sua força induzida um corpo mantém o seu estado de movimento retilíneo e uniforme ao infinito, a menos que uma força externa venha a modificar tal estado.*

V - *Na ausência de força induzida um corpo mantém o seu estado de repouso, a menos que uma força externa venha a modificar tal estado.*

No mesmo ano Leandro notou que a sua teoria não previa explicitamente a relação existente entre a massa e a força induzida, sendo que esta última era a base de toda a teoria. E como naquela época ele não conseguiu imediatamente a solução para o problema, posto que estava envolvendo-se em outros campos da física e da matemática, resolveu deixar a questão para uma ulterior verificação. E durante um período de dezessete anos pesquisou e desenvolveu teorias em muitos ramos da física clássica, parte da física moderna e em vários campos da matemática e da teologia. Quando em 1995, o cientista retornou à questão do dinamismo, ele acabou por generalizar tal teoria nas seguintes leis:

Lei I - *A força externa que atua sobre um corpo é igual ao produto existente entre a massa desse corpo por sua aceleração.*

Lei II - *A força dinâmica é uma grandeza física que resulta da ação da força externa após esta vencer a oposição oferecida pela força de inércia.*

Ela é igual ao produto existente entre a constante universal denominada "estímulo" pela aceleração que tal força produz no corpo.

Lei III - *A força de inércia que a matéria exerce em oposição à alteração do seu estado de repouso em relação ao referencial da força externa é igual à diferença matemática existente entre o valor da intensidade da força externa aplicada sobre o corpo pela intensidade da força dinâmica.*

Lei IV - *A variação de força induzida comunicada um móvel pela força dinâmica no decorrer do tempo é igual ao produto existente entre a intensidade de tal força dinâmica pela variação de tempo decorrido de interação da força dinâmica nesse móvel.*

Com isso pode-se generalizar a teoria do dinamismo nos seguintes termos: *A força externa que atua sobre um corpo, ao vencer a oposição oferecida pela força de inércia que a matéria exerce em oposição à alteração do seu estado de repouso em relação à força externa que atua sobre esse corpo, resulta numa força dinâmica que por sua vez ao interagir no decorrer do tempo com o móvel comunica-lhe uma força induzida.*

As quatro leis do dinamismo quando analisadas permitiram verificar que Leandro havia unificado a sua teoria inicial do dinamismo com a cinemática galileana e dinâmica newtoniana num conceito todo único, altamente consistente e harmonioso de uma beleza intrínseca que supera tudo o que Newton produzida em dinâmica.

Em seus muitos trabalhos Leandro mostrou e demonstrou qual são os princípios da ciência do dinamismo e a tal ponto derivou deles suas conseqüências que praticamente esgotou o tema em suas obras.

A mecânica desenvolvida por Isaac Newton em 1687 foi alicerçada em alguns conceitos dogmáticos que pressupõem algumas explicações sem nenhuma demonstração. Por isso tal mecânica apresenta dificuldades desnecessárias. Por exemplo: a mesma fórmula é usada arbitrariamente para explicar três fenômenos distintos, tais como 1) a doutrina da força atuando sobre um corpo livre no universo, 2) a doutrina da força atuando sobre um corpo em queda livre sob ação da gravidade 3) e a doutrina da força que causa o peso dos corpos em repouso, porém não existe uma teoria matemática que possa prever a unificação de tais conceitos. O que existe é uma fórmula aplicada a três situações totalmente diferentes. Entretanto, com a teoria de Leandro tais dificuldades desaparecem para darem lugar a uma nova explicação.

Com a teoria do dinamismo várias modificações e conceitos foram introduzidos na física, tais como:

1- A velocidade passa a ter uma explicação dinâmica do mesmo modo como a aceleração era explicada por Newton pela ação da força externa.

2- A própria aceleração é explicada no dinamismo pela força dinâmica e não pela força externa.

3- O princípio da inércia sofre uma bipartição. Com isso passa a existir uma causa para a velocidade e uma para o repouso.

4- O dinamismo demonstra os parâmetros e os limites do princípio da inércia, de forma que nenhum fenômeno extra é exigido para explicar a primeira lei de Newton.

5- A visão a respeito de força é ampliada. Agora a força não está apenas relacionada com a aceleração, mas também existem outras formas de forças presentes em outros fenômenos físicos.

6- Com a descoberta da relação existente entre força induzida e velocidade a mecânica clássica sofreu uma grande generalização que veio a unificar a cinemática e a dinâmica newtoniana num conceito todo poderoso e altamente consistente.

7- O movimento passou a ser classificado e visto a partir de suas causas fundamentais. E não como vem sendo classificado e visto a partir de conceitos cinemáticos.

8- As leis de Newton passaram a ser sintetizada a partir das leis de Leandro no dinamismo.

9- O dinamismo explica muitos fenômenos antes não compreendidos. Por exemplo, a causa do repouso e do movimento, até então misteriosas. A presença ou ausência de força induzida determina o movimento ou o repouso.

Diante de tantas novidades e inovações introduzidas pelo dinamismo nos fundamentos da física, em especial na mecânica clássica, outra coisa não resta à mecânica newtoniana a não ser dar lugar à mecânica do dinamismo.

Ceterum censeo Carthaginem esse delendam.

ARTIGO 79

LEIS DO DINAMISMO

Dispõe sobre os fundamentos e estrutura da ciência do Dinamismo.

I - DISPOSIÇÕES GERAIS

Art. 1º O dinamismo é a parte da mecânica que descreve qualitativamente e quantitativamente as causas e efeitos das forças que interagem no movimento.

Art. 2º Força é toda ação que provoca deformações e alterações do estado de repouso ou de movimento de um corpo.

Art. 3º A força externa é uma ação exterior aplicada sobre um corpo qualquer.

§ único - A força externa aplicada sobre um corpo é igual ao produto entre sua massa pela aceleração resultante.

Art. 4º A força de inércia é a força de oposição que a matéria exerce à alteração do seu estado de repouso em relação à força externa.

§ 1º A força de inércia é igual à diferença entre a força externa pela força dinâmica.

§ 2º A força de inércia que atua num corpo é igual ao quociente da variação de ímpeto, inversa pela variação de tempo.

§ 3º O sentido da força de inércia é tal, que se opõe ao sentido da força externa.

Art. 5º A força dinâmica é a resultante da força externa, após esta vencer a oposição oferecida pela força de inércia.

§ 1º A força dinâmica de um móvel é diretamente proporcional à aceleração do mesmo.

§ 2º A força dinâmica que interage em um móvel é diretamente proporcional à força externa aplicada sobre o corpo e inversamente proporcional à massa do mesmo.

§ 3º A constante de proporcionalidade é denominada por estímulo.

§ 4º A força dinâmica é uma grandeza vetorial de mesma direção e sentido da força externa.

§ 5º A força dinâmica e a aceleração são duas grandezas que estão na mesma direção e sentido.

Art. 6º A força induzida é uma força intrínseca comunicada ao móvel no decorrer do tempo devida à interação da força dinâmica.

§ 1º A variação da força induzida de um móvel é igual ao produto entre a força dinâmica pela variação de tempo.

§ 2º A força induzida de um móvel é igual ao produto existente entre o estímulo pela velocidade.

§ 3º A força induzida é uma grandeza vetorial de mesma direção e sentido da força externa.

§ 4º A velocidade de um corpo é uma grandeza vetorial de mesma direção e sentido da força induzida.

Art. 7º O peso de um corpo é uma força estática que aparece quando o corpo está em repouso em relação à superfície do planeta.

§ único O peso de um corpo é igual ao produto entre a massa desse corpo pela força dinâmica gravitacional.

Art. 8º O impacto é a força motriz com que um móvel atinge um corpo ou um anteparo qualquer.

§ 1º A força de impacto é igual à força motriz transportada por um móvel.

§ 2º A força de impacto é igual à soma entre a força de inércia com a força induzida.

§ 3º O sentido da força de impacto é tal que coincide com o sentido da força motriz.

§ 4º O sentido da força motriz é o mesmo da força induzida.

Art. 9º Um corpo próximo à superfície terrestre sofre uma interação gravitacional.

§ 1º A força dinâmica de um corpo em queda livre é denominada por força dinâmica gravitacional.

§ 2º A força dinâmica gravitacional é diretamente proporcional à massa do planeta e inversamente proporcional ao quadrado da distância.

§ 3º Próxima à superfície, a força dinâmica gravitacional é constante e dirigida verticalmente para o centro do campo gravitacional do planeta.

II - DA FORÇA EXTERNA

Art. 10º Para modificar o estado de repouso ou de movimento de um corpo é necessário a ação de uma força externa.

Art. 11º Para que um móvel permaneça em movimento não é necessário que ele sofra a ação de forças externas.

Art. 12º Uma força externa nula pode apresentar os seguintes efeitos:

I - uma força induzida nula;

II - uma força induzida constante;

III - uma força induzida conservada no móvel;

IV - uma força dinâmica nula;

V - um estado de repouso;

VI - um movimento uniforme e linha reta;

VII - uma velocidade nula;

VIII - uma velocidade constante;

IX - uma aceleração nula.

Art. 13º Uma força externa variável provoca:

I - uma força dinâmica que varia na mesma proporção;

II - o movimento variável;

III - uma aceleração que varia proporcionalmente.

Art. 14º A ação de uma força externa constante é responsável por:

I - um movimento uniformemente variado;

II - uma aceleração constante;

III - uma velocidade que varia uniformemente no decorrer do tempo.

IV - uma força dinâmica constante;

V - uma força induzida que varia uniformemente no passar do tempo;

III - DA FORÇA DINÂMICA

Art. 15º A interação de uma força dinâmica variável provoca:

I - uma força induzida variável;

II - uma aceleração proporcionalmente variável.

Art. 16º Sob a interação de uma força dinâmica constante ocorre:

I - um movimento uniformemente variado;

II - a força dinâmica instantânea é igual à força dinâmica média;

III - uma força induzida que varia uniformemente no decorrer do tempo;

IV - a força induzida é armazenada de forma continua e uniforme;

V - uma aceleração constante na direção e sentido da força;

VI - o móvel recebe forças induzidas iguais em intervalos de tempos iguais.

Art. 17º Quando a força dinâmica é nula pode ocorrer o seguinte:

I - movimento uniforme em linha reta;

II - força induzida constante com o tempo;

III - aceleração nula;

IV - o corpo está em repouso.

IV - DA FORÇA DE INÉRCIA

Art. 18º Para que um corpo entre em movimento ou modifique seu estado de movimento é necessário vencer sua inércia.

Art. 19º Um móvel só pode sofrer a ação de uma força externa, desde que esta força esteja em repouso relativo com o mesmo, quando apresenta uma intensidade suficiente para vencer a força de inércia.

Art. 20º A força de inércia é intrínseca à matéria e exerce oposição à força externa, provocando variação na força dinâmica.

Art. 21º Uma mesma intensidade de força externa ao ser aplicada a corpos de diferentes massas, ao vencer a oposição da força de inércia, emerge como diferentes forças dinâmicas.

Art. 22º Quanto maior for a variação da força externa, tanto maior será a força de inércia a ser vencida.

Art. 23º Quanto maior for a massa do móvel, tanto menor será a força dinâmica resultante.

Art. 24º Quanto maior for a massa do móvel, tanto maior será a força de inércia.

Art. 25º Uma força externa variável aplicada continuamente sobre um corpo, está constantemente tirando o móvel do seu estado de repouso.

V - DA FORÇA INDUZIDA

Art. 26º Um corpo isolado está induzido por uma força ou não.

Art. 27º A força induzida é o agente que mantém o movimento.

Art. 28º A força induzida de um móvel isolado permanece constante no decorrer do tempo.

Art. 29º Todo corpo em movimento retilíneo uniforme transporta uma força induzida que permanece conservada, a menos que seja forçado a modificar tal situação pelo efeito da ação de forças externas.

Art. 30° A interação de uma força induzida variável provoca:

I - um movimento variado;

II - uma velocidade variável.

Art. 31° Uma força induzida constante apresenta os seguintes efeitos:

I - um movimento retilíneo uniforme;

II - o móvel percorre distâncias iguais em intervalos de tempos iguais.

Art. 32° Na ausência de força induzida, um corpo persevera no seu estado de repouso.

Art. 33° A força induzida é a resultante da interação da força dinâmica e permanece armazenada no móvel, mesmo depois de cessada a ação da força dinâmica.

Art. 34° A causa de velocidade de um móvel é a grandeza física chamada força induzida.

Art. 35° Qualquer que seja o movimento, o móvel transporta uma força induzida.

Art. 36° Todo e qualquer corpo permanece em movimento enquanto estiver sob a interação de forças induzidas.

Art. 37° Se a força induzida num corpo for diferente de zero, então este corpo está em movimento.

Art. 38° Em qualquer movimento o móvel adquire velocidades iguais em módulos de forças induzidas iguais.

Art. 39° Quando a força induzida varia uniformemente com o tempo tem-se:

I - um movimento uniformemente variado;

II - incrementos iguais de velocidades em intensidades de forças induzidas iguais;

III - forças induzidas iguais em intervalos de tempos iguais.

Art. 40° Quando a força induzida permanece constante no decorrer do tempo tem-se:

I - movimento retilíneo e uniforme ao infinito;

II - uma velocidade constante;

III - a força induzida média em qualquer intervalo de tempo apresenta o mesmo valor;

IV - o móvel percorre distâncias iguais em intervalos de tempos iguais.

VI - DA FORÇA DE IMPACTO

Art. 41º As forças de inércia e induzida são as responsáveis pelo grau de violência do impacto num eventual choque mecânico entre corpos.

Art. 42º Num choque mecânico a força de impacto será:

I - tanto maior quanto maior for a velocidade do corpo;

II - tanto maior quanto maior for a massa do corpo.

Art. 43º A força motriz transportada por um móvel em movimento retilíneo ou uniforme manifesta a sua ação numa eventual colisão.

Art. 44º Quando se deixa corpo de diferentes massas entrarem em queda livre, a partir de um ponto comum, eles ficam sob a ação de uma mesma força dinâmica gravitacional e todos atingem o solo com o mesmo valor de força induzida. A diferença de forças de impactos está na diferença entre as forças de inércia dos corpos.

VII - DA QUEDA LIVRE

Art. 45º Todos os corpos, independentemente de sua massa ou peso, "caem" sob a ação de uma força dinâmica gravitacional constante, próximos à superfície do planeta.

§ 1º Se a força dinâmica gravitacional é constante, decorre que o movimento de um corpo em queda livre é uniformemente variado.

§ 2° Em queda livre a força dinâmica gravitacional é igual para todos os corpos, independentemente de seu peso.

Art. 46° Todos os corpos em queda livre entram em equilíbrio com a força dinâmica gravitacional do planeta.

§ 1° Esse equilíbrio aparece porque um corpo de maior inércia é atraído com uma intensidade de força externa maior do que um corpo de menor inércia, numa exata proporção que se anulam, manifestando no sistema uma força dinâmica gravitacional constante e igual paras todos os corpos.

§ 2° A força dinâmica gravitacional produzida pelo campo do planeta é equivalente à força dinâmica que os corpos adquirem ao interagirem nesse campo gravitacional.

§ 3° A aceleração da gravidade produzida pelo planeta é equivalente à aceleração que os corpos apresentam nesse planeta.

Art. 47° Todos os corpos em queda livre apresentam peso nulo.

Ceterum censeo Carthaginem esse delendam.

ARTIGO 80

DINAMISMO

1- Introdução

O dinamismo é a parte da física desenvolvida por Leandro Bertoldo que estuda as grandezas cinemáticas em função direta de suas respectivas causas. Basicamente, o dinamismo trata da descrição do movimento unicamente em função das forças que interagem no móvel.

2- Definição de Móvel

Todo corpo em movimento é definido por móvel.

3- Causa do Movimento

Segundo o dinamismo, todo e qualquer tipo de movimento está associado a uma força em particular que interage sobre o móvel. Essa força é denominada por "força induzida".

4- Definição de Movimento

Segundo a cinemática, movimento é a mudança de posição do móvel no decorrer do tempo. Conforme o dinamismo, o movimento é a interação de uma força induzida num corpo.

5- Definição de Cinemática

Cinemática é a parte da mecânica clássica que classifica o movimento e o descreve quantitativamente, bem como define as grandezas físicas envolvidas na área da cinemática sem pre-ocupar-se em compreender as suas causas fundamentais.

6- Dúvidas Sobre a Causa da Velocidade e do Impacto

Algumas dúvidas sobre a competência absoluta da segunda lei de Newton para explicar o processamento da velocidade e do impacto, foram formuladas por Leandro em 1976 e traduzidas nos seguintes argumentos:

a) A velocidade de um móvel vária enquanto a força externa permanece constante. Qual seria então a causa direta da variação da velocidade?

b) A força de impacto vária enquanto a força externa permanece constante. Que tipo de força então seria a causa do impacto?

c) Em queda livre, a velocidade e o impacto de um móvel varia, enquanto a força peso permanece nula.

d) Se a velocidade variar em função de uma determinada força atualmente desconhecida, seria esta força suficientemente competente para explicar o processamento da velocidade e do impacto?

e) Em caso positivo, quais devem ser as propriedades dessa força?

f) Em caso positivo, como deve ser a lei que rege tal relação entre velocidade e força?

g) Em caso negativo, é possível encontrar outra explicação objetiva e explicita para a causa da velocidade e do impacto?

As questões trazidas à luz ainda não haviam sido suscitadas, de modo a inexistir qualquer precedente específico.

7- Propriedades da Nova Força

A força que for explicar a causa direta da velocidade, obrigatoriamente necessita apresentar as propriedades que se seguem para estar em perfeita harmonia com a velocidade. Assim usando-se o processo de analogia com a velocidade pode-se estabelecer que:

a) Essa força deve variar em conformidade com a variação da velocidade.

Portanto, essa força deve permanecer constante enquanto a velocidade permanecer constante. E deve ser nula quando a velocidade for nula.

b) Essa força deve permanecer armazenada no móvel enquanto ele permanece em movimento.

Se essa força é a causa da velocidade é também a causa do movimento. Sua ausência implicaria na ausência de velocidade e, portanto, de movimento.

c) Essa força deve ser transportada pelo móvel enquanto o seu movimento for mantido.

Se não puder ser transportada, o movimento não pode existir já que ela é a causa da velocidade e, portanto, do movimento.

d) Essa força somente existe enquanto existe velocidade.

e) Essa força que permanece armazenada e transportada pelo móvel explicaria as causas da força de impacto.

8- Causa da Nova Força

Toda vez que um corpo é submetido a ação de uma força externa constante ele apresenta um movimento uniformemente variado acelerado, onde a velocidade varia uniformemente com o decorrer do tempo. Logo se podem extrair as seguintes conclusões:

a) A força externa comunica ao móvel uma força que se acumula uniformemente no decorrer do tempo.

Portanto, o aumento dessa nova força é o que causa o aumento da velocidade do corpo.

b) Se a força externa deixar de atuar, também deixa de comunicar ao móvel essa nova modalidade de força.

Isso implica que quando cessa a ação da força externa sobre o móvel, o mesmo mantém e conserva a força que lhe fora comunicado quando da ação da força externa ao entrar em movimento.

Com muita propriedade essa nova modalidade de força poderia muito bem receber a designação de "força induzida", já que aparece no móvel quando o mesmo está sob a ação de uma força externa e continua no móvel quando desaparece a força externa.

9- Lei Fundamental do Dinamismo

A competência para a avaliação da velocidade em movimento uniformemente variado está delimitada pela seguinte lei: *A variação de velocidade de um corpo em movimento uniformemente variado é diretamente proporcional à variação de sua força induzida.*

Essa lei apresenta sua consistência tendo em vista as propriedades da força induzida, discutida em parágrafos anteriores, e que deve corresponder às propriedades da velocidade dos corpos em seus movimentos.

Simbolicamente o enunciado da referida lei é expresso pela seguinte igualdade:

$$\Delta V = B \cdot \Delta i$$

A constante de proporcionalidade (B) é denominada por indutória. E apresenta característica de uma constante universal que relaciona velocidade e força induzida.

10- A Lei Fundamental e o Movimento Uniforme

A lei anterior é perfeitamente válida para corpos em movimento uniformemente variado, que é caracterizado pela ação contínua de uma força externa de intensidade constante, atuando sobre o móvel. Entretanto pergunta-se, qual seria a forma dessa lei aplicada a corpos em movimento retilíneo e uniforme que são movimentos no qual não existe a atuação de uma força externa?

Para responder a essa pergunta devemos considerar os seguintes pontos:

a) Que a velocidade varia com a força induzida.

b) Que no movimento retilíneo e uniforme a velocidade é constante, logo a força induzida será constante.

Portanto, no movimento retilíneo e uniforme a força induzida e a velocidade não variam, assim pode-se concluir que: *A velocidade de um móvel em movimento uniforme e retilíneo é diretamente proporcional à sua força induzida.*

O referido enunciado pode ser expresso simbolicamente pela seguinte igualdade:

$$V = B \cdot i$$

Nessa equação está claro que no movimento retilíneo e uniforme a velocidade é constante porque a força induzida é constante. E se existe movimento é porque essa força está conservada no móvel.

Como a força induzida é a causa da velocidade e, portanto, do próprio movimento, pode-se enunciar a seguinte lei: *Unicamente por causa da força induzida um móvel mantém o seu movimento uniforme em linha reta ao infinito, a menos que uma força externa venha a modificar tal situação.*

11- A Lei Fundamental e o Repouso

Fixada a regra de velocidade, como sendo causada por uma força induzida, insta analisar o que é, na verdade, a causa do repouso. As leis anteriores são perfeitamente válidas para corpos que estão em movimento. Entretanto, no repouso um corpo não apresenta movimento. Nessa condição, como conseqüência das leis anteriores, sua velocidade é nula e, portanto, sua força induzida é zero.

Logo, pode-se enunciar a seguinte regra: *Quando a força induzida for zero, a velocidade é nula e o corpo encontra-se em repouso.* Simbolicamente, o referido enunciado pode ser expresso da seguinte maneira:

$$(i = 0) \Rightarrow (V = 0) = R$$

Baseado na referida regra pode-se estabelecer a seguinte lei: *Na ausência de força induzida um corpo permanece em repouso para sempre, a menos que uma força externa venha a modificar tal situação.*

12- A Força Induzida e o Tempo

A lei fundamental do dinamismo aplicada ao movimento uniformemente variado afirma que a variação de velocidade de um móvel é igual ao produto entre a indutória pela variação de força induzida.

Simbolicamente o referido enunciado é expresso por:

$$\Delta V = B \cdot \Delta i$$

Essa lei pode ser juntada à sentença cinemática de Galileu Galilei (1564-1642) que ensina: No movimento uniformemente variado a variação de velocidade de um corpo é igual ao produto entre a aceleração do mesmo pela variação de tempo que permanece em movimento.

O referido enunciado é expresso simbolicamente por:

$$\Delta V = \alpha \cdot \Delta t$$

Desses dois preceitos pode-se extrair a seguinte lei: *No movimento uniformemente variado, a variação de força induzida é diretamente proporcional à variação de tempo.*

Observe a demonstração que define a referida lei:

$$\Delta V = B \cdot \Delta i$$

$$\Delta V = \alpha \cdot \Delta t$$

Substituindo convenientemente as duas últimas expressões, pode-se escrever que:

$$\Delta i = \alpha \cdot \Delta t \, / \, B$$

Como as letras (B) e (α), representam constantes. Como a divisão entre duas constantes resulta numa terceira constante, pode-se estabelecer que:

$$k = \alpha \, / \, B$$

Portanto, a letra (k) representa uma constante que depende da intensidade da força externa que atua sobre um móvel em movimento uniformemente variado.
Substituindo convenientemente as duas últimas expressões vem que:

$$\Delta i = k \cdot \Delta t$$

Que é a demonstração da lei supra mencionada.

13- Equação da Velocidade no Dinamismo

No movimento uniformemente variado, uma força de intensidade constante atua sobre o móvel causando uma velocidade que varia uniformemente no decorrer do processamento da força induzida, conforme expressa a seguinte equação:

$$\Delta V = B \cdot \Delta i$$

que: Como $(\Delta V = V - V_0)$ e $(\Delta i = i - i_0)$, pode-se escrever

$$V - V_0 = B \cdot (i - i_0)$$

Portanto, vem que:

$$V = V_0 + B \cdot (i - i_0)$$

Se a observação do movimento for iniciada quando $(i_0 = 0)$, obrigatoriamente $(V_0 = 0)$. Portanto, a expressão anterior reduz-se à seguinte:

$$V = B \cdot i$$

Nesse ponto ocorreu uma generalização entre o movimento uniforme e o movimento uniformemente variado, pois a equação que descreve ambos os movimentos é a mesma.

14- Equação da Força Induzida no Dinamismo

Sob a ação de uma força externa de intensidade constante, um móvel apresenta movimento uniformemente variado e sua força induzida varia uniformemente no decorrer do tempo, conforme demonstra a seguinte expressão:

$$\Delta i = k \cdot \Delta t$$

Entretanto, como $(\Delta i = i - i_0)$ e $(\Delta t = t - t_0)$, pode-se estabelecer que:

$$i - i_0 = k \cdot (t - t_0)$$

Portanto, resulta que:

$$i = i_0 + k . (t - t_0)$$

Porém, iniciando a observação do movimento no instante ($t_0 = 0$), têm-se que:

$$i = i_0 + k . t$$

Essa equação aplica-se exclusivamente no movimento uniformemente variado.

15- Relação Cinemática (I)

No movimento uniforme sabe-se que:

a) $\Delta S = V . \Delta t$; onde (ΔS) representa a variação do espaço percorrido pelo móvel.

b) $V = B . i$

Substituindo convenientemente as duas últimas expressões, resulta que:

$$\Delta S = B . i . \Delta t$$

16- Relação Cinemática (II)

No movimento uniformemente variado, sabe-se que:

a) $\Delta V = \alpha . \Delta t$

b) $\Delta V = B . \Delta i$

Substituindo convenientemente as duas últimas expressões, vem que:

$$\alpha . \Delta t = B . \Delta i$$

17- Relação Cinemática (IIII)

No movimento uniformemente variado, sabe-se que:

a) $\Delta S = V_0 \cdot t + \alpha \cdot t^2 / 2$
b) $V_0 = B \cdot i_0$
c) $\alpha = k \cdot B$

Portanto, substituindo convenientemente as três últimas expressões, resulta que:

$$\Delta S / B = i_0 \cdot t + k \cdot t^2 / 2$$

18- Relação Cinemática (IV)

No movimento uniformemente variado, sabe-se que:
a) $\Delta V^2 = 2 \cdot \alpha \cdot \Delta S$
b) $\Delta V^2 = B^2 \cdot \Delta i^2$

Igualando convenientemente as duas últimas expressões, resulta que:

$$B^2 \cdot \Delta i^2 = 2 \cdot \alpha \cdot \Delta S$$

19- Relação Dinâmica (I)

No movimento uniformemente variado, sabe-se que:
a) $F = m \cdot \alpha$; onde a letra (F) representa a intensidade de força externa que atua sobre um corpo e a letra (m) representa a massa desse corpo.
b) $\alpha = B \cdot k$

Substituindo convenientemente as duas últimas expressões, resulta que:

$$F = m \cdot B \cdot k$$

20- Relação Dinâmica (II)

No movimento uniformemente variado, sabe-se que:
a) $F = m \cdot \alpha$
b) $\alpha = B \cdot \Delta i / \Delta t$

Substituindo convenientemente as duas últimas expressões, resulta que:

$$F = m . B . \Delta i / \Delta t$$

21- Relação Dinâmica (III)

No movimento uniformemente variado, sabe-se que:

a) $F = m . B . k$

b) $F = m . B . \Delta i / \Delta t$

Substituindo convenientemente as duas últimas expressões, resulta que:

$$k . B . \Delta t = B . \Delta i$$

22- Relação Dinâmica (IV)

A lei da gravitação universal permite estabelecer que:

a) $g = G . M / d^2$

b) $g = k . B$

Igualando convenientemente as duas últimas expressões, resulta que:

$$k = G . M / B . d^2$$

Como a relação entre (G/B) é uma constante universal genérica, pode-se escrever que:

$$k = \omega . M / d^2$$

23- Leis do Movimento

No dinamismo, as leis do movimento são as que foram demonstradas até o presente momento, a saber:

1ª- *No movimento uniformemente variado a variação de velocidade é diretamente proporcional à variação de força induzida.*

2ª- *No movimento retilíneo e uniforme a velocidade é diretamente proporcional à força induzida.*

3ª- *No movimento uniformemente variado a variação de força induzida é diretamente proporcional à variação de tempo.*

4ª- *Unicamente por sua força induzida o móvel mantém o seu movimento retilíneo e uniforme ao infinito, a menos que uma força externa venha a alterar tal situação.*

5ª- *Na ausência de força induzida um corpo mantém o seu estado de repouso infinitamente, a menos que uma força externa venha a modificar tal situação.*

24- Finalização

É essa, respeitosamente, as leis que me permito submeter ao alto descortino do público leitor.

Ceterum censeo Carthaginem esse delendam.

ARTIGO 81

DINAMISMO GERAL

1- Introdução

No artigo de 1978, Leandro Bertoldo não conseguiu de imediato uma solução teórica para a relação existente entre força induzida e massa. E como, na época, estava interessado em outros campos de pesquisas, resolveu deixar a sua teoria do dinamismo para uma futura reflexão. Essa teoria ficou abandonada durante um período de dezessete anos. Entretanto, quando voltou a analisar tal teoria em 1995, descobriu seu mecanismo e conceitos fundamentais.

2- Questões Sobre Força e Massa

Algumas idéias fundamentais sobre a relação existente entre força induzida, força externa, aceleração e massa para explicar quantitativamente o movimento foram delineadas por Leandro em 1995 nos seguintes termos:

a) Num movimento livre a aceleração de um móvel será tanto maior quanto maior for a força externa aplicada sobre o corpo. Portanto a aceleração será:

- Constante quando a força externa for constante.
- Nula quando a força externa for nula.
- Variável quando a força externa for variável.

b) No movimento livre a aceleração será tanto menor quanto maior for a massa do corpo; e tanto maior quanto menor for a massa desse corpo.

c) No movimento livre a força externa permanece indiferente ao aumento ou diminuição da massa do móvel. Entretanto a aceleração sofre alteração em função da modificação da força externa ou da modificação da massa do corpo.

d) Em queda livre, a aceleração de um móvel permanece constante, independentemente da massa ou da força externa que atua sobre o corpo.

e) Se admitir que em queda livre a força externa é anulada pela massa do corpo, já não resta a ação de nenhuma força atuando sobre o móvel. O que é absurdo tendo em vista que o móvel continua a apresentar uma aceleração. Portanto deve existir algum tipo de força operando no corpo em queda livre.

f) Em queda livre o peso de um corpo é nulo. Portanto o peso nada tem a haver com o movimento de queda livre.

g) Se for considerado o postulado do movimento livre de que a aceleração permanece constante em função de uma força constante, pergunta-se: Que tipo de força seria responsável por essa aceleração constante?

h) Se a aceleração varia em função de uma determinada força atualmente desconhecida, seria esta força suficientemente competente para explicar o movimento livre e a queda livre?

• Em caso positivo, quais devem ser as propriedades dessa força?

• Em caso positivo, como deve ser a lei que rege a relação entre a aceleração, massa, força externa e essa nova modalidade de força?

Essas questões nunca haviam sido abordadas pela ciência, de modo que não existe qualquer precedente específico.

3- Propriedades da Nova Força

A força que explicar a causa direta da aceleração em qualquer tipo de movimento, obrigatoriamente deverá levar em consideração o efeito provocado pela massa do corpo e pela força externa.

Tal força deverá estar em perfeita harmonia com o fenômeno do movimento livre e da queda livre. Assim podem-se estabelecer as seguintes propriedades baseadas numa analogia do comportamento da aceleração, a saber:

a) Essa nova força deve variar em conformidade com a variação da força externa, assim como a aceleração varia em conformidade ao comportamento da força externa. Portanto, essa força deve permanecer constante enquanto a força externa permanecer constante, e deve ser nula quando a força externa for nula.

b) Essa força deve variar quando a massa do corpo variar. Se a massa do corpo permanece constante tal força permanecerá constante e a força externa também permanecerá constante, assim como ocorre com a aceleração. Entretanto, se a massa aumentar esse novo tipo de força deverá diminuir o que provocará uma diminuição na aceleração, embora a força externa não sofra nenhuma alteração. Se a massa diminuir essa nova força deverá aumentar o que provocará um aumento na aceleração, embora a força externa continue invariável. Se essa nova modalidade de força é a causa da aceleração, também é a causa do movimento livre e do movimento em queda livre. Sua ausência implica na ausência de aceleração e, portanto, de movimento variado.

c) Essa força existe somente enquanto o corpo estiver sob a ação de uma força externa. Desaparecida a ação da força externa essa nova modalidade de força também deixará de existir.

4- Causa da Nova Força

Considere os seguintes postulados:

I - Toda vez que um corpo for submetido a ação de uma força externa constante ele apresentará um movimento uniformemente variado acelerado, onde a aceleração permanece constante no decorrer do tempo.

II - Toda vez que a massa de um móvel for modificada, sua aceleração também sofrerá uma modificação, embora a força externa permaneça invariável.

Baseado nesses dois postulados pode-se extrair as seguintes conclusões:

a) A força externa comunica ao móvel uma força que se mantém constante enquanto a força externa for constante. Portanto, o aumento da força externa também causa o aumento dessa nova força, que é a que causa o aumento da aceleração do corpo.

b) Se a força externa deixar de atuar, também deixa de comunicar ao móvel essa nova modalidade de força. Isso implica que quando cessa a ação da força externa sobre o móvel, também cessa a interação dessa nova força, o que torna nula a aceleração.

III - Todos os corpos em queda livre estão submetidos à mesma intensidade de força, por apresentar a mesma aceleração.

Essa nova forma de força poderia muito bem receber a designação de "força dinâmica", já que aparece no móvel quando o mesmo está sob a ação de uma força externa e desaparece do móvel quando desaparece a ação da força externa. O que implicaria dizer que a aceleração existe somente enquanto existir uma interação da força dinâmica.

5- Equação Geral do Dinamismo

A perfeita avaliação da força dinâmica que interage num corpo em movimento uniformemente variado está delimitada pela seguinte lei: *A intensidade de força dinâmica que interage num corpo é diretamente proporcional à intensidade de força externa e inversamente proporcional à massa desse corpo.*

Essa lei apresenta sua consistência tendo em vista as propriedades da força dinâmica discutida em parágrafos anteriores e que deve corresponder às propriedades da aceleração dos corpos em seus movimentos livre e em queda livre.

Simbolicamente o enunciado da referida lei é expresso pela seguinte igualdade:

$$f = e \cdot F/m$$

Nessa lei a constante de proporcionalidade é uma constante universal que foi denominada por "estímulo". Em última análise ela relaciona força dinâmica com aceleração.

6- A Equação Geral e o Movimento

A lei anterior aplica-se perfeitamente aos corpos em movimento uniformemente variado, que pode ser caracterizado pela ação contínua de uma força dinâmica de intensidade constante interagindo sobre o móvel. Entretanto pergunta-se, como essa lei pode responder as questões relacionadas com o movimento livre e com o movimento em queda livre. Observe as respostas:

a) Essa lei afirma que a força dinâmica varia na mesma proporção da força externa.

b) Pelo fato da força dinâmica ser o inverso da massa, pode-se dizer que toda vez que a massa de um corpo aumentar, a força dinâmica diminuirá em sua intensidade e toda vez que a massa do corpo diminuir a força dinâmica aumentará em sua intensidade. Tudo isso sem que ocorra qualquer alteração na intensidade da força externa, que é independente.

c) Quando um corpo está em queda livre o aumento da massa de um corpo deveria diminuir a intensidade da força dinâmica, entretanto isso não ocorre porque o aumento da massa também aumenta a intensidade da força externa. E nessas condições o valor da força dinâmica permanece constante, já que o efeito do aumento da massa anula o efeito do aumento da força externa.

Portanto está claro que a equação fundamental do dinamismo é coerente na explicação do movimento livre ou em queda livre.

7- A Força Dinâmica e a Aceleração

Essa nova equação geral do dinamismo aplicada ao movimento uniformemente variado afirma que a força dinâmica de um móvel é igual ao produto entre o estímulo pela força externa e inversa pela massa dessa móvel.

Simbolicamente o referido enunciado é expresso por:

$$f = e \cdot F/m$$

Essa lei pode ser ligada à segunda lei de Isaac Newton (1642-1727) na dinâmica que afirma: No movimento uniformemente variado a força externa é igual ao produto entre a massa do móvel por sua aceleração.

O referido enunciado é expresso simbolicamente por:

$$F = m \cdot \alpha$$

Desses dois preceitos pode-se extrair a seguinte lei: *Em qualquer tipo de movimento uniformemente variado, a intensidade de força dinâmica é igual ao produto existente entre o estímulo pela aceleração adquirida pelo móvel.*

Observe a demonstração que define a referida lei:

$$f = e \cdot F/m$$
$$\alpha = F/m$$

Substituindo convenientemente as duas últimas expressões, pode-se escrever que:

$$f = e \cdot \alpha$$

Como as letras (e) e (α), representam constantes pode-se afirmar que enquanto a força dinâmica for constante a aceleração será constante. Ou seja, a aceleração de um móvel varia em conformidade com a variação da força dinâmica.

8- Força de Inércia

Como a força dinâmica varia proporcionalmente com a força externa que atua sobre um corpo em movimento e diminui com o aumento da massa, isto implica que deve existir uma força opondo-se à interação da força dinâmica. Essa força de oposição exercida pela matéria poderia ser chamada pelo sugestivo nome de "força de inércia". Portanto a força de inércia que a matéria exerce em oposição à alteração do seu estado de repouso em relação ao referencia da força externa é igual à diferença entre a força externa aplicada sobre o corpo pela força dinâmica que resulta no móvel.

Simbolicamente o requerido enunciado é expresso pela seguinte igualdade:

$$I = F - f$$

9- Força Dinâmica e Força Induzida

A lei fundamental do dinamismo aplicada ao movimento uniformemente variado afirma que a variação de velocidade de um móvel é igual ao produto entre a indutória pela variação de força induzida.

Simbolicamente o referido enunciado é expresso por:

$$\Delta V = B . \Delta i$$

Como a indutória é uma grandeza física definida como sendo igual ao inverso do estímulo, pode-se escrevente que:

$$B = 1/e$$

Portanto, substituindo convenientemente as duas últimas expressões, resulta que:

$$\Delta i = e \cdot \Delta V$$

A sentença cinemática de Galileu Galilei (1564-1642) ensina que: No movimento uniformemente variado a variação de velocidade de um corpo é igual ao produto entre a aceleração do mesmo pela variação de tempo que permanece em movimento.

O referido enunciado é expresso simbolicamente por:

$$\Delta V = \alpha \cdot \Delta t$$

Desses dois preceitos pode-se extrair a seguinte lei: *No movimento uniformemente variado, a variação de força induzida é igual ao produto entre a força dinâmica pela variação de tempo.*

Observe a demonstração que define a referida lei:

$$\Delta i = e \cdot \Delta V$$
$$\Delta V = \alpha \cdot \Delta t$$

Substituindo convenientemente as duas últimas expressões, pode-se escrever que:

$$\Delta i = e \cdot \alpha \cdot \Delta t$$

No presente artigo foi demonstrado que a força dinâmica é igual ao produto entre o estímulo pela aceleração do corpo.

Simbolicamente o referido enunciado é expresso pela seguinte igualdade:

$$f = e \cdot \alpha$$

Substituindo convenientemente as duas últimas expressões vem que:

$$\Delta i = f . \Delta t$$

Que é a demonstração da lei mencionada anteriormente.

10 - Equação da Força Induzida em Relação à Velocidade

No movimento uniformemente variado uma força dinâmica de intensidade constante que interage num móvel comunica uma força induzida. Tanto a força induzida como a velocidade varia uniformemente, conforme expressa a seguinte equação:

$$\Delta i = e . \Delta V$$

Como $(\Delta i = i - i_0)$ e $(\Delta V = V - V_0)$, pode-se escrever que:

$$i - i_0 = e . (V - V_0)$$

Portanto, vem que:

$$i = i_0 + e . (V - V_0)$$

Se a observação do movimento for iniciada quando $(V_0 = 0)$, obrigatoriamente $(i_0 = 0)$. Portanto, a expressão anterior reduz-se à seguinte:

$$i = e . V$$

Nesse ponto ocorreu uma generalização entre o movimento uniforme e o movimento uniformemente variado, pois a equação que descreve ambos os movimentos é a mesma.

11- Equação da Força Induzida em Relação ao Tempo

Sob a interação de uma força dinâmica de intensidade constante, um móvel apresenta movimento uniformemente variado. Nessas condições sua força induzida varia uniformemente no decorrer do tempo, conforme demonstra a seguinte expressão:

$$\Delta i = f \cdot \Delta t$$

Entretanto, como ($\Delta i = i - i_0$) e ($\Delta t = t - t_0$), pode-se estabelecer que:

$$i - i_0 = f \cdot (t - t_0)$$

Portanto, resulta que:

$$i = i_0 + f \cdot (t - t_0)$$

Porém, iniciando a observação do movimento no instante ($t_0 = 0$), têm-se que:

$$i = i_0 + f \cdot t$$

Sendo que essa equação aplica-se exclusivamente ao movimento uniformemente variado.

12- Relação Cinemática (I)

No movimento uniforme sabe-se que:
a) $\Delta S = V \cdot \Delta t$; onde ($\Delta S$) representa a variação do espaço percorrido pelo móvel.
b) $i = e \cdot V$

Substituindo convenientemente as duas últimas expressões, resulta que:

$$\Delta S = i/e \cdot \Delta t$$

13- Relação Cinemática (II)

No movimento uniformemente variado, sabe-se que:

a) $\Delta V = \alpha . \Delta t$

b) $\Delta i = e . \Delta V$

Substituindo convenientemente as duas últimas expressões, vem que:

$$\alpha . \Delta t = \Delta i / e$$

14- Relação Cinemática (III)

No movimento uniformemente variado, sabe-se que:

a) $\Delta S = V_0 . t + \alpha . t^2 / 2$

b) $i_0 = e . V_0$

c) $\alpha = f/e$

Portanto, substituindo convenientemente as três últimas expressões, resulta que:

$$\Delta S . e = i_0 . t + f . t^2 / 2$$

15- Relação Cinemática (IV)

No movimento uniformemente variado, sabe-se que:

a) $\Delta V^2 = 2 . \alpha . \Delta S$

b) $\Delta i^2 = e^2 . \Delta V^2$

Igualando convenientemente as duas últimas expressões, resulta que:

$$\Delta i^2 / e^2 = 2 . \alpha . \Delta S$$

16- Relação Cinemática (V)

Considere as seguintes igualdades:

a) $\Delta V = \alpha . \Delta t$

b) $\Delta i = f \cdot \Delta t$

Igualando convenientemente as duas últimas expressões, obtém-se que:

$$\Delta V/\Delta i = \alpha/f$$

17- Relação Cinemática (VI)

a) $\Delta V = \alpha \cdot \Delta t$
b) $f = e \cdot \alpha$

Igualando convenientemente as duas últimas expressões resulta que:

$$f \cdot \Delta t = e \cdot \Delta V$$

18- Relação Dinâmica (I)

No movimento uniformemente variado, sabe-se que:
a) $F = m \cdot \alpha$; onde a letra (F) representa a intensidade de força externa em ação sobre um corpo e a letra (m) representa a massa desse corpo.
b) $f = e \cdot \alpha$

Substituindo convenientemente as duas últimas expressões, resulta que:

$$F = m \cdot f/e$$

19- Relação Dinâmica (II)

No movimento uniformemente variado, sabe-se que:
a) $F = m \cdot \alpha$
b) $\alpha \cdot e = \Delta i / \Delta t$

Substituindo convenientemente as duas últimas expressões, resulta que:

$$F/m \cdot e = \Delta i / \Delta t$$

20- Relação Dinâmica (III)

A lei da gravitação universal permite estabelecer que:

a) $g = G \cdot M / d^2$

b) $g = f/e$

Igualando convenientemente as duas últimas expressões, resulta que:

$$f = e \cdot G \cdot M / d^2$$

Como a relação entre (e . G) é uma constante universal genérica, pode-se escrever que:

$$f = \omega \cdot M / d^2$$

21- Leis do Movimento no Dinamismo

No dinamismo geral, as leis do movimento são as que foram demonstradas até o presente momento, a saber:

1ª Lei - *A força externa que atua sobre um corpo é igual ao produto entre a massa desse corpo por sua aceleração.*

2ª Lei - *A força dinâmica que interage num corpo é igual ao produto entre o estímulo pela aceleração que provoca nesse corpo.*

3ª Lei - *A força de inércia de um corpo é igual à diferença matemática entre a intensidade de força externa pela intensidade de força dinâmica.*

4ª **Lei** - *A variação de força induzida num móvel é igual ao produto existente entre a força dinâmica pela variação de tempo.*

22- Leis Derivadas

A partir das quatro leis fundamentais do dinamismo é possível obter várias leis derivadas das quatro primeiras, a saber:

1ª - *No movimento uniformemente variado a variação de força induzida num móvel é igual ao produto entre o estímulo pela variação de velocidade que esse móvel sofre.*

2ª - *No movimento retilíneo e uniforme a força induzida num móvel é igual ao produto entre o estímulo pela velocidade desse móvel.*

3ª - *Unicamente em função da força induzida, um móvel mantém o seu movimento retilíneo e uniforme ao infinito a menos que uma força externa venha a modificar tal estado.*

4ª - *Na ausência de força induzida um corpo mantém o seu estado de repouso, a menos que uma força externa venha a modificar tal situação.*

5º - *Na ausência de forças externas um corpo mantém o seu estado de repouso ou de movimento retilíneo e uniforme ao infinito.*

6º - *Na ausência de forças externas um corpo pode apresentar-se sob a interação de força induzida ou em sua total ausência.*

23- Síntese da Teoria do Dinamismo

A força externa ao atuar sobre um corpo e vencer a oposição natural oferecida pela força de inércia, que a matéria exerce em oposição à alteração do seu estado de repouso em relação a força externa, resulta numa força dinâmica que ao interagir no móvel no decorrer do tempo comunica-lhe uma força induzida.

24- Finalização

As leis do dinamismo representam uma reinterpretação do movimento determinado pela mecânica clássica newtoniana. Com o presente artigo encerra-se a apresentação de uma nova teoria do dinamismo que abrange em suas leis a antiga teoria do dinamismo de Leandro desenvolvida em 1978 e a dinâmica newtoniana consolidada em 1687.

Ceterum censeo Carthaginem esse delendam.

ARTIGO 82

ANÁLISE DO MOVIMENTO

No último quatro do século XX, a mecânica clássica passou por um período de mudanças radicais. A partir de vários resultados teóricos obtidos por Leandro Bertoldo, ficou claro que a mecânica apresentava apenas uma descrição superficial e incompleta da realidade física dos fenômenos observados. Tornou-se claro que novas idéias eram extremamente necessárias para poder explicar tais resultados, as quais tiveram um papel fundamental no desenvolvimento ulterior de uma nova mecânica: 1º - A descoberta de que a velocidade esta relacionada com uma força em particular; 2º - O problema da queda livre em relação à lei da inércia. 3º - E o problema da força de impacto. 4º - A verdadeira causa da inércia. Dos extraordinários esforços realizados por Leandro no estudo dessas questões nasceu a teoria do dinamismo. Ela tem levado a uma profunda reinterpretação da realidade física do movimento.

Em 1978 Leandro Bertoldo iniciou o desenvolvimento de uma nova teoria mecânica para explicar a causa fundamental do movimento e que foi finalmente concluído em 1995. Tal teoria apresenta uma altíssima concordância quantitativa e qualitativa com a cinemática e dinâmica clássica. Além do mais é bastante atrativa visto que a sua matemática é de fácil acesso, compreensão e assimilação. E, embora o leitor já tenha visto alguma coisa sobre a teoria de Leandro, será levando em consideração, neste artigo, alguns poucos detalhes sobre as conclusões obtidas a partir dessa teoria que está fundamentado em quatro leis. Essas leis são as seguintes:

Lei I - *A força externa que atua sobre um corpo é igual ao produto entre a massa desse corpo por sua aceleração.*

Simbolicamente o referido enunciado é expresso pela seguinte igualdade:

$$F = m . \alpha$$

Lei II - *A força dinâmica que interage num corpo, como a resultante da força externa após esta vencer a força de inércia, é igual ao produto entre uma constante universal denominada estímulo pela aceleração que o corpo adquire.*

O referido enunciado é expresso simbolicamente por:

$$f = e . \alpha$$

Lei III - *A força de inércia, que a matéria exerce em oposição à alteração do seu estado de repouso em relação à intensidade de força externa, é igual à diferença matemática entre a força externa pela força dinâmica.*

Em termos simbólicos o referido enunciado é expresso por:

$$I = F - f$$

Lei IV - *A variação de força induzida, que a força dinâmica comunica a um móvel, é igual ao produto entre a intensidade dessa força dinâmica pela variação de tempo.*

Simbolicamente o referido enunciado é expresso por:

$$\Delta i = f . \Delta t$$

Estas leis conseguem fundir num único conjunto altamente consistente conceitos clássicos e não clássicos. Por exemplo, os conceitos de força externa, massa, aceleração e tempo são conceitos fundamentais da física clássica newtoniana. Já os conceitos de força dinâmica, estímulo, força de inércia e força induzida nunca foram conceitos definidos pela física clássica.

A maior justificativa para que seja aceita as leis do moderno dinamismo de Leandro como substitutas das leis newtonianas, somente pode ser levada em consideração comparando-se as previsões obtidas a partir dessas leis com os resultados experimentais e também levando em consideração a generalização oferecida por tais leis. E neste artigo será apresentada alguma dessas previsões bem como sua comparação com as leis de Newton.

Substituindo convenientemente a segunda e a quarta lei, obtém-se o seguinte resultado:

$$\Delta i = e \cdot \alpha \cdot \Delta t$$

Porém, pela cinemática de Galileu Galilei (1564-1642), sabe-se que a variação de velocidade de um móvel é igual ao produto entre a aceleração desse móvel pela variação de tempo. Simbolicamente o referido enunciado é expresso pela seguinte igualdade:

$$\Delta V = \alpha \cdot \Delta t$$

Substituindo convenientemente as duas últimas expressões, resulta que:

$$\Delta i = e \cdot \Delta V$$

As previsões fundamentais do modelo de Leandro são oriundas dessa última equação. E aqui será apresentada alguma dessas previsões:

1º- Se a força induzida varia uniformemente no decorrer do tempo, a velocidade também varia uniformemente no decorrer do tempo. Nestas condições o movimento é denominado por movimento uniformemente variado.

2º- Se a intensidade da força induzida permanecer constante no decorrer do tempo, a velocidade também permanecerá constante no decorrer do tempo. Quando isso ocorre têm-se o chamado movimento uniforme e retilíneo. Logo se pode enunciar o seguinte princípio:

Por sua força induzida, todo corpo segue uniformemente em linha reta para o infinito, a menos que uma força externa venha a altera tal situação.

3º- Se a intensidade da força induzida for nula, a velocidade será nula. Nesse caso o movimento é nulo. Portanto o corpo está em repouso. Assim pode-se enunciar o seguinte princípio:

Na ausência de forças induzidas, um corpo está em repouso, a menos que uma força externa venha a alterar tal situação.

Observe que sob a ótica da força induzida, existe uma enorme diferença entre um corpo em repouso e outro que se move com velocidade constante.

Considerando que a variação da força induzida é igual ao produto entre a intensidade de força dinâmica pela variação de tempo ($\Delta i = f . \Delta t$), pode-se fazer as seguintes previsões:

4º- Se a força dinâmica permanecer constante, a força induzida varia uniformemente no decorrer do tempo. Nestas condições, a velocidade também varia uniformemente no decorrer do tempo. Portanto tem-se o chamado movimento uniformemente variado.

5º- Se a força dinâmica se tornar nula, a força induzida passa a permanecer constante. Nessa situação a velocidade será constante. Ocorrendo essa situação o movimento passará de uniformemente variado para retilíneo e uniforme.

6º- Se a força dinâmica for nula, antes mesmo de iniciar o movimento, este será nulo. Portanto o corpo está em repouso.

Portanto, pode-se concluir que a força dinâmica nula pode caracterizar a um mesmo tempo, o movimento uniforme em linha reta e o repouso. Assim pode-se enunciar o seguinte princípio:

Na ausência de forças dinâmicas, qualquer corpo permanece em seu estado de repouso ou de movimento uniforme em linha reta, a menos que seja obrigado a alterar tal estado por forças aplicadas sobre ele.

Note que esse enunciado corresponde ao da primeira lei de Newton. Nela tanto faz um corpo estar em repouso ou em movimento com velocidade constante, pois tal situação é normal sob a perspectiva da força dinâmica.

A substituição da primeira e segunda lei permite obter o seguinte resultado:

$$f = e \cdot F/m$$

Ou seja, a força dinâmica que interage num corpo é igual ao produto entre o estímulo pela intensidade de força externa aplicada sobre esse corpo e inversa por sua massa. Ao realizar a analise da referida conclusão, obtém-se os seguintes resultados:

7º- Se a força externa aplicada sobre um corpo permanecer constante, a força dinâmica também será constante. Nessa condição a força induzida varia uniformemente no decorrer do tempo, fazendo com que a velocidade também varie uniformemente no decorrer do tempo. Esse movimento é denominado por movimento uniformemente variado.

8º- Se a força externa se tornar nula, a força dinâmica desaparece. Quando isso ocorre a força induzida passa a ser constante, o que provoca uma velocidade constante. Diante dessa situação o movimento é denominado por movimento uniforme e retilíneo.

9º- Se a força externa for nula, antes mesmo de iniciar o movimento, a força dinâmica será nula. Nessas circunstâncias, a velocidade será nula e o movimento será nulo. Portanto o corpo está em repouso.

Novamente pode-se constatar que se a força externa for nula, ela caracteriza a um só tempo o movimento uniforme em linha reta e o repouso. Portanto, pode-se enunciar que:

Na ausência de forças externas, todo corpo permanece em seu estado de repouso ou de movimento retilíneo uniforme, a menos que seja obrigado a modificar tal situação por forças aplicadas sobre ele.

Esse princípio corresponde ao enunciado da primeira lei de Newton. É interessante observar que essa lei foi obtida teoricamente a partir das leis do dinamismo. Observe também que na primeira lei de Newton, não existe nenhuma diferença entre um corpo encontrar-se no estada de repouso ou possuindo uma velocidade constante. Ambas as situações são perfeitamente normais na ausência de forças externas.

A dedução da lei de Newton a partir dos conceitos do dinamismo mostra claramente que a dinâmica clássica é um caso particular do dinamismo.

Ceterum censeo Carthaginem esse delendam.

ARTIGO 83

UM RESUMO DO DINAMISMO

1- Introdução

O dinamismo tem por objetivo descrever e explicar a relação existente entre força e movimento.

2- Força Induzida

Seja (f) a força dinâmica constante que atua sobre um móvel durante um intervalo de tempo (Δt). Define-se a força induzida (i) nesse intervalo de tempo como:

$$i = f \cdot \Delta t$$

A força induzida (i) é uma grandeza vetorial de mesma direção e sentido da força dinâmica (f).

3- Variação da Força Induzida

A variação da força induzida é o valor da força induzida num instante posterior menos o valor da força induzida no instante anterior.

$$\Delta i = i_2 - i_1$$

4- Força Dinâmica

Considere um corpo em movimento de tal forma que, num intervalo de tempo (Δt), a força induzida tenha sofrido uma variação (Δi).

Define-se força dinâmica no intervalo de tempo considerado como:

$$f = \Delta i / \Delta t$$

5- Propriedade da Força Dinâmica

Como o estímulo permanece constante, então a força dinâmica instantânea é igual à força dinâmica média.

$$f = f_n$$

6- Velocidade

No Dinamismo a velocidade de um móvel é definida como sendo diretamente proporcional à força induzida.

$$\Delta V = B \cdot \Delta i$$

A velocidade de um corpo é uma grandeza vetorial de mesma direção e sentido da força induzida.

7- Repouso

O repouso é o fenômeno no qual a força induzida é nula no decorrer do tempo.

$$i = 0$$

8- Classificação do Movimento

Sob o ponto de vista do dinamismo, o movimento é classificado quanto a força induzida e quanto a força dinâmica.

I - *Induzida:* É o movimento no qual o módulo da força induzida aumenta no decorrer do tempo. Nesta situação, a força induzida e a força dinâmica apresentam o mesmo sinal.

II - *Desinduzido*: É o movimento no qual o módulo da força induzida diminui no decorrer do tempo. Nesta condição, a força induzida e a força dinâmica apresentam sinais contrários.

9- Movimento Uniforme

O movimento uniforme é aquele no qual a força induzida permanece invariável no decorrer do tempo.

$$i = i_1 = i_2 = ... = i_n = cte$$

No movimento uniforme a força dinâmica é nula.

$$f = 0$$

10- Movimento Uniformemente Variado

O movimento uniformemente variado é aquele no qual o valor da força dinâmica permanece constante no decorrer do tempo.

$$f = f_1 = f_2 = ... = f_n = cte$$

Neste movimento a força induzida varia no decorrer do tempo.

$$i \neq i_1 \neq i_2 \neq ... \neq i_n$$

11 - Funções

A função da força induzida é expressa por:

$$i = i_0 + f \cdot \Delta t$$

A função da velocidade é expressa por:

$$V = V_0 + B \cdot \Delta i$$

Estas funções são válidas para qualquer tipo de movimento.

12- Movimento em Queda Livre

O movimento em queda livre corresponde ao movimento de um corpo abandonado nas proximidades da superfície terrestre. Neste caso a força induzida inicial do movimento é nula.

$$i_0 = 0$$

13- Lançamento Vertical

No lançamento vertical, deve-se induzir ao corpo uma certa intensidade de força induzida inicial no sentido ascendente ou descendente.

$$i_0 \neq 0$$

14- Força Dinâmica Gravitacional

O dinamismo demonstra que um corpo nas proximidades da superfície terrestre sofre uma interação gravitacional. Essa interação é provocada pela força dinâmica de origem gravitacional que será sempre a mesma, independentemente da massa do corpo.

Na realidade a força dinâmica gravitacional depende apenas da intensidade do campo gravitacional do planeta.

15- Propriedades do Lançamento e Queda Livre

1ª- A força induzida no corpo ao atingir a altura máxima é nula, instantaneamente.

2ª- Se o móvel se desloca de um ponto e retorna ao mesmo ponto, o tempo decorrido na subida é igual ao da descida.

3ª- Num dado ponto da trajetória, a força induzida no móvel apresenta os mesmos valores, em módulo, tanto na subida como na descida.

16- Força de Inércia

A força de inércia (I) que atua num corpo em movimento é igual à relação entre a variação do ímpeto (ΔH) pela variação de tempo (Δt).

$$I = \Delta H/\Delta t$$

17- Princípios Fundamentais

I - Se a força induzida num corpo for nula, então este corpo está em repouso.

II - Se a força induzida num corpo for diferente de zero, então este corpo está em movimento.

III - Se a força induzida num corpo apresentar quantidade constante no decorrer do tempo, então esse corpo apresenta movimento retilíneo uniforme.

IV - É a ação da força induzida num corpo que faz com que ele tenda a permanecer em movimento uniforme para o infinito, a menos que uma força externa venha modificar a situação.

V - Se a força induzida num corpo variar, então esse corpo apresenta movimento variável.

VI - Se a força induzida num corpo variar uniformemente no decorrer do tempo, então esse corpo apresenta movimento uniformemente variado.

VII - Se o corpo não sofre a ação de forças externas, ele pode estar sem forca induzida ou com força induzida constante.

VIII - Se a força dinâmica for nula, o corpo está em repouso ou em movimento uniforme em linha reta.

IX - Se o corpo sofre a ação de uma força dinâmica constante, então ele apresenta uma força induzida que varia uniformemente no decorrer do tempo.

X - Se o corpo sofre a ação de uma força dinâmica de intensidade variável, então ele apresenta uma força induzida variável.

XI - A força dinâmica de um móvel é diretamente proporcional à aceleração do mesmo.

$$f = e \cdot a$$

XII - A força dinâmica é proporcional à ação da força externa e inversamente proporcional à massa do corpo.

$$f = e \cdot F/m$$

XIII - A força externa que atua sobre um corpo é igual à soma entre a força de inércia com a força dinâmica.

$$F = I + f$$

Portanto na ausência de forças externas, a força dinâmica é nula (f = 0). Nestas condições, a força induzida pode ser nula (i = 0) ou constante (i = cte). Isto implica que o corpo está em repouso ou em movimento uniforme em linha reta.

Na presença de uma força externa constante, a força dinâmica é constante (f = cte). Nesta situação a força induzida varia uniformemente (i = Δ uniforme). Logo o corpo está animado em um movimento uniformemente variado.

Na presença de uma força externa variável, a força dinâmica é variável. Nestas condições o movimento também é variável.

18- Conclusão

Com base nesses princípios, Leandro fundamentou sua contribuição mais importante e original para a ciência - o dinamismo - que se constitui na primeira teoria mecânica de forças induzidas da história da física. Com o dinamismo foi alcançada uma generalização jamais alcançada por qualquer teoria mecânica anterior.

Por alterar a própria estrutura da física clássica, as demais ciências correlatadas sofrerão grande desenvolvimento no decorrer dos próximos anos.

Ceterum censeo Carthaginem esse delendam.

ARTIGO 84

A CIÊNCIA DO DINAMISMO

1- Introdução

No presente estudo serão considerados e examinados alguns fenômenos que resultam da atração gravitacional ao interagir com a matéria.

Dois fenômenos (o efeito cinemático e o efeito estático) envolvem a ação de forças gravitacionais. Em cada caso obtêm-se evidências de que a ação da força gravitacional próxima à superfície do planeta é constante e igual para todos os corpos em sua interação com a matéria.

Nos próximos itens será estudada uma generalização desse resultado, que leva diretamente à ciência do dinamismo. A palavra dinamismo (do grego *dynamis*) é o nome de uma das ciências mais geral da mecânica. O dinamismo fornece os fundamentos para a compreensão de todo o Universo. Possui, o que se pode chamar "status" de uma ciência ampla e unificadora dos mais diversos ramos do conhecimento.

2- Objeção à Dinâmica Newtoniana

Existem alguns aspectos fundamentais do efeito cinemático que não podem ser explicados ou esclarecidos pelo modelo matemático da teoria dinâmica de Newton.

O principal aspecto é o seguinte: A teoria dinâmica sugere que a segunda lei de Newton caracteriza a força responsável pelo movimento dos corpos em queda livre. Esta lei requer forças resultantes diferentes para corpos de diferentes massas.

Isto pode ser verdade em estática. Entretanto, está largamente demonstrado por experiência em cinemática que:

I - *A força resultante aplicada sobre um corpo está relacionada com a sua aceleração.*

II - *Quando não há força resultante, não existe aceleração.*

III - *Uma força resultante constante acarreta uma aceleração constante.*

IV - *A aceleração gravitacional não é causada pelo peso do corpo, mas sim pela intensidade do campo gravitacional do planeta.*

V - *Um corpo em queda livre apresenta peso nulo.*

Diante do que foi dito, pode-se afirmar que a força que atua sobre os corpos em queda livre deve apresentar uma intensidade constante. Pois somente uma força constante pode provocar uma aceleração constante.

A discordância newtoniana é extraordinária, principalmente levando-se em conta o princípio enunciado por Galileu Galilei: *De um mesmo ponto próximo à superfície do planeta, desprezada a resistência do ar, todos os corpos caem com a mesma aceleração, não importando sua massa ou peso.*

Assim, a força que interage com o corpo em queda livre tem que ser constante, caso contrário a aceleração do móvel não poderia ser constante.

Portanto, se a altura de queda não for muito grande a força que interage com o corpo permanecerá constante durante todo o movimento, independentemente da massa ou peso do corpo.

3- Teoria do Dinamismo

As forças, os movimentos, a relação entre velocidade e força, a relação entre aceleração e força, suas descrições matemáticas, bem como muitas outras características de fenômenos mecânicos que não serão analisados no presente artigo, devem ser explicados de forma generalizada por uma teoria muito bem sucedida.

Tal teoria será obrigada a prever as características quantitativas e qualitativas dos mais variados fenômenos mecânicos dentro de um rigor matemático muito grande. Principalmente tendo em vista a alta exigência da precisão quantitativa oferecidas pelos instrumentos da física moderna.

Apesar dessa extraordinária exigência, em 1.978 Leandro Bertoldo desenvolveu uma teoria que apresenta concordância qualitativa e quantitativa extremamente precisa com os fenômenos mecânicos observados. Essa teoria apresenta três grandes e agradáveis atrações:

1ª- *A teoria fornece resultados que estão em perfeita harmonia com as observações experimentais.*

2ª- *As leis fundamentais dessa teoria são de fácil compreensão e assimilação.*

3ª- *O modelo matemático que fundamenta essa teoria é altamente elementar e consistente.*

Nesta teoria podem-se explicar todos os fenômenos da cinemática em termos de forças. Ela esta fundamentada numa hipótese notável:

Uma força externa de intensidade constante aplicada sobre um corpo, emerge numa resultante denominada força dinâmica que induz ao móvel uma força que varia uniformemente no decorrer do tempo e, que se acumula à medida que permanece sob a ação da força externa.

Esta teoria colocou em questão a validade fundamental da teoria newtoniana do movimento. E ao propor sua teoria, Leandro apresentou o efeito cinemático como uma aplicação que pode testar qual teoria está correta ou que descreve melhor a realidade.

Argumentou que o acordo entre as medidas quantitativas experimentais e a prevista pela teoria dinâmica newtoniana é puramente acidental, pelo simples fato de que a aceleração é uma grandeza comum usada tanto em cinemática (velocidade) como em estática (peso).

Para desenvolver sua teoria, Leandro não manteve a atenção exclusivamente concentrada na forma familiar de como a força atua no movimento, mas sim na maneira de como relacionar as forças ao aparecimento de grandezas como a velocidade, aceleração, peso, inércia, etc. Ele argumentou que a exigência de Galileu de que próximo da superfície da Terra todos os corpos caem com a mesma aceleração, independentemente de seu peou ou massa, implicava que no processo de queda livre somente a atuação de uma força constante acarretaria uma aceleração constante.

4- Postulados do Dinamismo

O dinamismo está fundamentado nos seguintes postulados:

I - *A força dinâmica de um corpo é diretamente proporcional à aceleração do corpo.*

Onde a constante de proporcionalidade é denominada por estímulo. O estímulo é uma constante universal independente da massa ou peso do corpo.

II - *A força dinâmica gravitacional comunicada a um corpo, em queda livre, pela interação gravitacional é igual ao produto entre o estímulo pela aceleração da gravidade.*

III - *A variação de força induzida num móvel em queda livre é igual ao produto existente entre sua força dinâmica gravitacional pela variação de tempo decorrido de movimento ou interação da força induzida.*

IV - *A velocidade adquirida por um móvel em queda livre está relacionada pelo produto existente entre a indutória e a força induzida.*

A indutória é a constante universal inversa ao estímulo.

V - *A força externa aplicada sobre um corpo é igual à soma das forças de inércia e dinâmica.*

VI - *A força dinâmica é proporcional à força externa e inversamente proporcional à massa do corpo.*

Onde a constante de proporcionalidade é o estímulo.

VII - *O peso é uma força estática que aparece somente quando o corpo está em repouso.* No dinamismo seu valor é igual ao produto entre a massa desse corpo pela força dinâmica gravitacional.

VIII - *A força dinâmica gravitacional é diretamente proporcional à massa do planeta e inversamente proporcional ao quadrado da distância.*

Estes são os postulados que formam a estrutura da nova ciência do dinamismo.

5- As Objeções

Veja agora como a teoria do dinamismo está apta para resolver as objeções levantadas contra a interpretação da dinâmica newtoniana.

A objeção de que somente uma força resultante de intensidade constante pode provocar o aparecimento de uma aceleração constante, concorda integralmente com a teoria do dinamismo. Eis que a lei que estabelece que a força dinâmica é igual ao produto entre o estímulo pela aceleração permite inferir as seguintes verdades:

1ª- *A força dinâmica está diretamente relacionada com a aceleração.*

2ª- *Se a força dinâmica for nula, a aceleração também será nula.*

3ª- *Se a força dinâmica for constante, a aceleração será constante.*

4ª- *Se a força dinâmica variar, a aceleração sofrerá variação.*

5ª- *A força dinâmica independe sua origem do peso do corpo.*

6- Conseqüências

Os postulados sobre os quais se fundamenta o dinamismo explica os seguintes fenômenos:

I - Somente uma força pode alterar o estado de outra força. Isto significa que um corpo em movimento uniforme em linha reta transporta uma força induzida.

II - A aceleração é o efeito da interação da força dinâmica com a matéria. Ela é a resultante da força externa aplicada sobre o corpo.

1ª- *Se a força externa for constante, a força dinâmica será constante.*

2ª- *Se a força externa se tornar nula, a força dinâmica se anulará.*

3ª- *Se a força externa for variável, a força dinâmica será variável.*

III - A velocidade é a conseqüência de forças induzidas no móvel.

Se a força induzida transportada pelo móvel for constante, a velocidade permanece constante, nesse caso o movimento é uniforme em linha reta. Isto significa que não existem forças externas sendo aplicadas sobre o móvel, portanto a força dinâmica é nula.

IV - Se a força induzida transportada pelo móvel varia, então a velocidade varia. Isto significa que existe a ação de forças externas sendo aplicada sobre o móvel. Nestas circunstâncias o movimento é variado.

V - Se a força induzida transportada pelo móvel varia de forma uniforme, então a velocidade varia de forma uniforme. Nesta situação, o movimento é uniformemente variado. Isto implica que a força externa é constante. Portanto a força dinâmica também será constante.

VI - Se a força induzida transportada pelo móvel varia de forma não uniforme, então a velocidade também varia de forma não uniforme. Isto implica que a força externa está variando, portanto, a força dinâmica também.

VII - Quando um corpo está imerso num campo gravitacional e em estado de repouso, aparece uma força chamada peso. O peso será tanto maior quanto maior for sua massa e tanto maior quanto maior for a intensidade da força dinâmica gravitacional do planeta que interage com o corpo.

VIII - Conforme as duas leis que se seguem, cujo enunciado é o seguinte:

1ª- *A força dinâmica gravitacional é igual ao produto entre o estímulo pela aceleração da gravidade.*

2ª- *O peso de um corpo é igual ao produto entre a massa desse corpo por sua força dinâmica gravitacional.*

Verifica-se que a força dinâmica gravitacional que interage com os corpos em queda livre ou em repouso, atua com uma mesma intensidade, independentemente de sua massa ou peso. Entretanto esta mesma força é a causa do peso e da queda livre dos corpos.

7- Exortação

A história é rica em demonstrar que o cientista como ser humano é uma criatura conservadora e cheia de preconceitos. Estes preconceitos sempre se manifestam quando ele tem que tomar uma posição diante de alguma teoria em desacordo com os cânones acadêmicos estabelecidos de longa data. Portanto, se o cientista não estiver preparado para aceitar uma nova idéia, isto provocará uma certa resistência de sua parte. Seu julgamento será inspirado em critérios muito conservadores.

Certamente o dinamismo não escapará das perseguições. Porém quais dos grandes cientistas não foram perseguidos por seus "colegas" contemporâneos?

Galileu Galilei foi perseguido porque defendeu o sistema planetário heliocêntrico.

Isaac Newton tornou-se introvertido e sempre relutou em publicar os resultados de suas pesquisas com receio de ataques.

Doppler sofreu ataques pessoais por causa de suas equações.

E assim por diante. Será que Leandro também será perseguido?

Caro leitor lembra-te de que a verdade sempre triunfa.

Queira Deus, que você não entre no mal visto rol dos intolerantes, dos perseguidores e dos abitolados. Todos eles tornaram-se impopulares pelo julgamento das gerações futuras.

Ceterum censeo Carthaginem esse delendam.

ARTIGO 85

ATRAÇÃO E INÉRCIA

1- Introdução

No presente artigo será considerada basicamente a relação existente entre a força externa e a força de inércia de um corpo em queda livre.

2- Primeira Lei de Newton

"Todos os corpos se mantém no seu estado de repouso ou de movimento uniforme em linha reta, a não ser que forças que sobre eles atuem os obriguem a modificar esse estado".

3- A Inércia

Se a mesma intensidade de força externa for aplicada a dois corpos de massas diferentes, o corpo de menor massa sofrerá uma aceleração maior do que o corpo de maior massa. Isto porque a força de inércia é maior num corpo de maior massa e menor num corpo de menor massa.

4- Segunda Lei de Newton

"A força externa que atua sobre um corpo é igual ao produto entre a massa desse corpo pela aceleração adquirida".

5- Princípio de Galileu

Galileu demonstrou que dois corpos que caem da mesma altura chegarão ao solo com a mesma velocidade, independentemente de qualquer diferença nas suas massas ou pesos.

6- Objeção

Para a teoria newtoniana o princípio de Galileu levanta um sério problema, uma vez que conforme o enunciado da segunda lei, a gravidade atrai um corpo de maior massa com maior força do que um corpo de menor massa. Por conseguinte, o corpo de maior massa deveria cair mais rapidamente do que o de menor massa.

7- Explicação Pelo Dinamismo

Pela segunda lei de Newton, sabe-se que num campo gravitacional o aumento da massa de um corpo provoca o aumento da força de atração (força externa), por conseguinte a força dinâmica deveria aumentar. Entretanto, esse aumento da massa provoca o aumento da força de inércia, por conseguinte a força dinâmica deveria diminuir. Assim o aumento de força externa é equilibrado pelo aumento da força de inércia, de tal forma que a força dinâmica permanece constante. E somente uma força dinâmica constante pode produzir uma aceleração constante.

8- Força Dinâmica Gravitacional

A força dinâmica gravitacional é produzida pelo planeta e não pelos corpos em queda livre. Logo, todos os corpos em queda livre, independentemente de seu peso ou massa, são submetidos à ação da mesma intensidade de força dinâmica de origem gravitacional.

9- Equilíbrio Gravitacional

Quando um corpo entra em queda livre sob atração gravitacional, ocorre uma situação de equilíbrio que se traduz por *uma igualdade de força dinâmica gravitacional*. Esse fenômeno constitui o *equilíbrio gravitacional*. Portanto, todos os corpos em queda livre estão em equilíbrio gravitacional e possuem obrigatoriamente forças dinâmicas iguais.

Pode-se inferir o seguinte princípio básico da gravidade: *Se dois corpos em queda livre estão em equilíbrio gravitacional com um terceiro, então eles apresentam o mesmo equilíbrio gravitacional entre si.*

Em queda livre a força externa com que a gravidade atrai um corpo é maior num corpo de maior massa e menor num corpo de menor massa. Entretanto, a força de inércia também é maior num corpo de maior massa e menor num corpo de menor massa. Desse modo, quando um corpo entra em queda livre, a gravidade compensa sua força de inércia por uma força de atração (externa), mantendo o corpo em equilíbrio gravitacional. E desse modo o corpo manifesta a mesma força induzida do campo gravitacional do planeta.

10- Equilíbrio

Em queda livre todos os corpos são submetidos à mesma intensidade de força dinâmica gravitacional, independentemente de quaisquer diferenças nos seus pesos ou massas.

Como a força dinâmica é igual à diferença entre a força externa pela força de inércia, pode-se escrever que:

$$f = F - I$$

Considerando a queda livre de dois corpos de diferentes massas, pode-se escrever que:

$$f = F_1 - I_1 = F_2 - I_2$$

Sendo que:

$$F_1 < F_2 \quad e \quad I_1 < I_2$$

Portanto vem que:

$$F_1 - I_1 = F_2 - I_2$$

$$F_2 - F_1 = I_2 - I_1$$

Assim pode-se concluir que:

$$\Delta F = \Delta I$$

Logo resulta que:

$$\Delta F - \Delta I = 0$$

Em queda livre, o aumento da força externa e da força de inércia, sofre uma exata compensação, de tal forma que a força dinâmica do móvel permanece constante e em "equilíbrio gravitacional" com a força dinâmica gravitacional do planeta.

Ceterum censeo Carthaginem esse delendam.

ARTIGO 86

A QUESTÃO DA INÉRCIA

Da mecânica newtoniana infere-se facilmente que, se uma mesma intensidade de força externa (F) for aplicada a dois corpos de massas (m) diferentes, o corpo de menor massa sofrerá uma aceleração (a) maior do que o corpo de maior massa. Simbolicamente pode-se escrever que:

$$F_1 = F_2 \; ; \; m_1 > m_2 \;\; \Rightarrow \;\; a_1 < a_2$$

Entretanto, Galileu Galilei (1564-1642) demonstrou que, dois corpos que caem da mesma altura chegarão ao solo com a mesma aceleração, independentemente de suas massas. Simbolicamente pode-se escrever quer:

$$a_1 = a_2 \; ; \; m_1 \neq m_2$$

Segundo a mecânica newtoniana, esta experiência de Galileu levanta um problema muito grave. Eis que conforme as leis da inércia, um corpo de menor massa oferece uma menor oposição à atração gravitacional e, por conseguinte, desloca-se mais depressa do que um corpo de maior massa.

Para solucionar a questão levantada, Newton apresentou uma lei gravitacional a qual afirma que a força com que a Terra atrai um corpo varia proporcionalmente com a massa desse corpo. Simbolicamente pode-se escrever que:

$$F = g \cdot m$$

Assim, o corpo de menor massa é atraído com menos força pela ação da gravidade do que um corpo de maior massa, numa proporção que anula exatamente a sua menor inércia, de tal forma que a aceleração seja igual para todos os corpos. Simbolicamente pode-se escrever que:

$$F_1 > F_2 \; ; \; m_1 > m_2 \; ; \; a_1 = a_2$$

É simplesmente extraordinário que estas duas quantidades coincidam, com a atração gravitacional tendo sempre o valor exato para compensar a inércia de cada corpo, principalmente tendo em vista que apresentam significados claramente diferentes. Além do mais um corpo em queda livre apresenta peso (força de atração) nulo.

É simplesmente extraordinário que a suposição newtoniana proponha de forma "implícita" a existência de uma força gravitacional atuando igualmente de forma constante em todos os corpos em queda livre. Do contrário não poderia fornecer a explicação de uma atração que tenha sempre o valor exato para compensar a inércia de cada corpo. Esta compensação manteria uma suposta força gravitacional constante, pois somente uma força constante poderia produzir uma aceleração constante. Mas onde está a apresentação e a demonstração de tal idéia? Certamente Newton não a apresentou.

Em 1978, Leandro verificou passo a passo as idéias de Newton. Encontrou uma notável concordância quantitativa. Entretanto, a interpretação qualitativa que Newton dá à causa do fenômeno da queda livre não se encaixa de forma consistente e satisfatória aos fatos observados. Ou seja, as equações fornecem resultados quantitativos, mas não se fundem qualitativamente com a filosofia da dinâmica newtoniana. E o modelo matemático não consegue prever ou esclarecer a filosofia da dinâmica. Isso provoca um verdadeiro sentimento de insatisfação e impotência.

Neste ponto a teoria newtoniana é extremamente confusa e contrária à razão. Isto se conclui não somente a partir das absurdas conseqüências que dela seguem, senão também do fato de incorrer em contradições. Além dos mais a segunda lei de Newton não esclarece a natureza e a intensidade da força gravitacional exigida para deslocar os corpos em queda livre com uma aceleração constante.

Na verdade, dentro do ponto de vista clássico, a única interpretação possível de dar ao fenômeno de queda livre é aquela fornecida pelo dinamismo.

Ceterum censeo Carthaginem esse delendam.

ARTIGO 87

QUESTÃO SOBRE A SEGUNDA LEI DE NEWTON

Não posso aceitar alguns dos ensinamentos oriundos da física clássica sem violentar minha consciência. Sempre tive minhas próprias idéias e opiniões. Nunca permito que alguém pense por mim.

E por causa disso parece-me impossível deixar de criticar alguns conceitos fundamentais da mecânica clássica. Evidentemente assim deve ser, pois de outra forma nunca haverá progresso. Pois onde não há questionamento não há desenvolvimento. E além do mais é sabido por todos que a física, como qualquer outra ciência, está em constante desenvolvimento.

Mas o que questiono? Questiono a validade dinâmica da segunda lei de Newton. Eis que a mesma provocou-me sérias dúvidas que não consigo remover.

Sabe-se que o movimento é o resultado da ação de forças. E que uma força constante produz uma aceleração constante.

Pela segunda lei de Newton a força que interage num corpo em queda livre é o resultado do produto entre sua massa pela aceleração da gravidade.

Se a força depende da massa do corpo, como entender pela segunda lei de Newton, que corpos de massas diferentes, soltos de uma mesma altura chegam junto ao solo?

Se o peso depende da aceleração gravitacional, como entender pela segunda lei de Newton, que o próprio peso seja responsável pela aceleração dos corpos em queda livre?

Se a força que atua sobre um corpo em queda livre é o seu peso, como entender que em queda livre o peso é nulo?

Se um corpo em queda livre permanece sob a ação de uma força constante, como entender o aumento da força de impacto em diferentes velocidades.

De acordo com tais conceitos, pode-se afirmar que corpos de massas diferentes (m_1, m_2,..., m_n) em queda livre, embora estejam submetidos à ação de diferentes intensidades de forças ($F_1 = m_1 . g$, $F_2 = m_2 . g$,..., $F_n = m_n . g$), apresentam sempre os mesmos efeitos cinemáticos. Ou seja, os corpos em queda livre adquirem as mesmas variações de velocidades, independentemente da massa que possuem. Logo, a explicação do movimento dos corpos em queda livre não está relacionada com a segunda lei de Newton.

Evidentemente a variação de velocidade é o resultado da ação de forças. Entretanto, tal força não é aquela expressa pela segunda lei de Newton.

Para ilustrar o que quero dizer, considere um corpo de massa (m) em queda livre no vácuo, que ao chocar-se contra uma mola, provoca uma deformação.

Sabendo que a velocidade do corpo antes do choque é expressa por (V), procura-se determinar a máxima deformação elástica sofrida pela mola. Pois a energia cinética que o corpo em queda livre adquire é totalmente convertida em energia potencial da mola, quando esta estiver totalmente comprimida.

Sendo o sistema (corpo/mola) conservativo, pode-se escrever que:

$$E_{ma} = E_{mb}$$

$$E_{pa} + E_{ca} = E_{pb} + E_{cb}$$

Como $E_{pa} - E_{cb} = 0$, resulta que:

$$E_{ca} = E_{pb}$$

Onde:

a)   (E_m) representa a energia mecânica.

b)   (E_p) representa a energia potencial.

c)   (E_c) representa a energia cinética.

d)   Com: $E_{pa} = 0$ (quando amola está na sua posição de equilíbrio).

e) $E_{cb} = 0$ (quando a mola está na sua posição de compressão máxima).

Portanto, tem-se que:

$$E_{ca} = E_{pb}$$

$$m . V^2/2 = k . x^2/2$$

Eliminando os termos em evidência, resulta que:

$$m . V^2 = k . x^2$$

Assim pode-se escrever que:

$$x^2 = m . V^2/k$$

Pela lei das deformações elásticas de Robert Hook, sabe-se que em regime de deformações elásticas, a força resultante no sistema é igual ao produto existente entre a constante elástica (k) da mola pela deformação (x) sofrida. Simbolicamente pode-se escrever quer:

$$F = k . x$$

Substituindo convenientemente as duas últimas expressões, pode-se escrever que:

$$F^2 = k^2 . x^2 = k^2 . m . V^2/k$$

Eliminando os termos em evidência, resulta que:

$$F^2 = k \cdot m \cdot V^2$$

Portanto, pode-se escrever quer:

$$\boxed{F = V \cdot m \cdot \overline{k}}$$

Nesse procedimento, a terceira lei de Newton é tacitamente usada. Pois, admite-se que a força exercida pela mola sobre o corpo tenha o mesmo módulo que a força exercida pelo corpo sobre a mola. Sendo esta última que desejo considerar.

Pela última expressão verifica-se que, a força que um corpo adquire até o momento do choque contra uma mola, depende de sua velocidade. Quanto maior for a velocidade adquirida pelo corpo, tanto maior será a intensidade da força no momento do choque.

A segunda lei de Newton afirma que a força que atua sobre um corpo em queda livre, é igual ao produto existente entre sua massa pela aceleração da gravidade.

Simbolicamente o referido enunciado é expresso por:

$$F = m \cdot g$$

Pela segunda lei de Newton a força de um corpo em queda livre, em qualquer instante, terá sempre a mesma intensidade, independentemente da velocidade. Entretanto, as experiências demonstram que num choque mecânico a força de impacto será tanto maior quanto maior for a velocidade adquirida pelo corpo.

Portanto conclui-se que a segunda lei de Newton não explica satisfatoriamente o aumento de força que aparece com o aumento da velocidade.

Isto mostra que a segunda lei de Newton não é suficiente para explicar todos os fenômenos dinâmicos ou cinemáticos.

Ceterum censeo Carthaginem esse delendam.

ARTIGO 88

O PESO EM QUEDA LIVRE

Um corpo num elevador que se move verticalmente com aceleração (a), apresenta um peso aparente (N) que representa a força exercida sobre seu peso normal (P) pelo assoalho. A resultante (R) das forças que atuam em tal corpo é expressa pelas seguintes igualdades:

a) $R = P + N$

b) $R = N - P$

A aceleração para "cima" é considerada positiva e, quando é dirigida para "baixo", considerada negativa.
Entretanto sabe-se que:

$$R = m . a$$

Onde a letra (m) representa a massa do corpo. Então, pode-se escrever que:

$$m . a = N - P$$

Como o peso normal de um corpo é expresso por:

$$P = m . g$$

Então resulta que:

$$m . a = N - m . g$$

Portanto conclui-se que:

$$N = m \cdot a + m \cdot g$$

c)   Quando a aceleração é para "cima", tem-se que:

$$N = m \cdot (a + g)$$

d)   Quando a aceleração é para "baixo", tem-se que:

$$N = m \cdot (a - g)$$

Logo se pode afirmar que, se a aceleração do elevador for dirigida para "baixo", o peso do corpo diminui.

Se a aceleração do elevador para "baixo" for igual à aceleração da gravidade, então o corpo e o assoalho do elevador não exercem nenhuma força um sobre o outro. Nestas circunstâncias, o peso do corpo indicado por um dinamômetro será nulo.

Então extrapolando o referido resultado, pode-se estabelecer o seguinte princípio:

1º- *Qualquer corpo em queda livre, apresenta peso nulo.*

2º- *O peso é uma força de contato em repouso.*

Na verdade não poderia ser ao contrário. Pois se assim fosse, corpos de massas diferentes por apresentarem pesos diferentes deveriam apresentar diferentes acelerações em queda livre. Entretanto isto não se verifica.

Logo a segunda lei de Newton não explica a causa do movimento dos corpos em queda livre.

Já o dinamismo explica o fenômeno da seguinte forma: Em queda livre o peso é nulo. Portanto, o peso não é a força responsável pelo movimento dos corpos em queda livre. Entretanto, o dinamismo afirma que existe uma força interagindo sobre o corpo em queda livre. Esta força é oriunda da ação que a gravidade exerce sobre o corpo. Sua direção é vertical e seu sentido é para "baixo". Esta força é denominada por "força dinâmica gravitacional". Uma vez que a ação da "força dinâmica gravitacional" é igual para todos os corpos em queda livre ou em repouso, independentemente de suas massas, ou sua intensidade na interação com os corpos, permanece constante.

Ceterum censeo Carthaginem esse delendam.

ARTIGO 89

FORÇA DINÂMICA E DE INÉRCIA

1- Conceitos Gerais de Forças

I - *As forças são avaliadas pelos "efeitos" que produzem.*

II - *As forças se combinam conforme as propriedades de álgebra vetorial.*

III - *A "resultante" é a força única que provoca sozinha o mesmo "efeito" de duas ou mais forças que atuam em conjunto.*

IV - *Entre duas forças opostas, a diferença entre suas intensidades é a "resultante".*

V - *A "força resistente" é aquela que se opõe ao movimento.*

VI - *A inércia é uma força que exerce oposição à força aplicada, provocando a variação da força dinâmica.*

VII - *A força de inércia de um corpo é relativa ao sistema de referência.*

VIII - *Em queda livre a força dinâmica gravitacional é igual para todos os corpos.*

IX - *O sentido da força dinâmica é o mesmo da força externa aplicada.*

X - *O sentido da força de inércia é tal, que se opõe à força externa, alterando a força dinâmica.*

2- Hipóteses

Os trabalhos científicos de Galileu, Kepler, Newton e outros estabeleceram definitivamente os fundamentos da mecânica clássica.

No ano de 1978, Leandro formulou uma teoria denominada por dinamismo, na qual generalizou os princípios da mecânica clássica.

Considerando que o movimento e a inércia são caracterizados por forças, o dinamismo apresenta as seguintes hipóteses:

1ª- *A força de inércia é "equivalente" nos seus "efeitos cinemáticos" a uma força resistente.*

2ª- *A força dinâmica é "equivalente" nos seus "efeitos cinemáticos" a uma força resultante.*

Com essas hipóteses foi possível generalizar os princípios da mecânica clássica.

Para colocar estas hipóteses em forma matemática basta expressar a força aplicada externamente sobre um móvel como a soma da força de inércia pela força dinâmica.

Simbolicamente pode-se escrever que:

$$F = I + f$$

A referida expressão relaciona a força de inércia (I) com a grandeza chamada força dinâmica (f).

Quando um móvel sob a ação de uma força externa constante sofre um aumento em sua força de inércia. Esta ocasiona uma diminuição em sua força dinâmica. Se o móvel sofre uma diminuição em sua força de inércia, então sua força dinâmica aumenta. Esta é a única explicação plausível teoricamente, matematicamente e filosoficamente para a lei da inércia.

3- Desdobramento da Força Externa

A força externa aplicada a um móvel sofre um processo de desdobramento nas seguintes formas:

1ª- *Força Dinâmica* (f)

Essa característica de força que interage num móvel está relacionada com sua aceleração em relação a um dado referencial. Ela é a resultante cinemática.

2ª- *Força de Inércia* (I)

Essa característica de força que um móvel apresenta está relacionada com a massa. Ela é a resistente cinemática. Portanto, fazendo algumas considerações bastante simples, percebe-se facilmente que a força externa aplicada sobre qualquer móvel sofre um processo de desdobramento "dinâmico" e "inercial".

4- Considerações

Novamente considere o caso de uma força externa de intensidade constante aplicada sobre um corpo. Se a massa desse corpo for grande, sua força de inércia também será grande. Nesse caso a força dinâmica será pequena e, portanto, a aceleração que adquire é baixa.

Entretanto, se a massa desse corpo for pequena, a força de inércia será pequena. Nesta condição a força dinâmica que resulta será grande e, portanto, o corpo adquire uma aceleração elevada.

Considere dois corpos de massas diferentes sob a ação de uma mesma intensidade de força.

Então se pode escrever que:

$$F_a = F_b$$

Portanto pode-se concluir que:

$$I_a + f_a = I_b + f_b$$

Logo, dois móveis sob a ação de uma mesma intensidade de força externa, apresentam-se de modo que as forças dinâmicas seja variáveis às suas forças de inércia.

O aumento da força de inércia implica na diminuição da força dinâmica. Ou, a diminuição da força de inércia implica no aumento da força dinâmica. Isto sugere um principio de conservação de forças.

Ceterum censeo Carthaginem esse delendam.

ARTIGO 90

DINÂMICA X DINAMISMO

A ciência da mecânica clássica sofreu um extraordinário desenvolvimento no século XVII, em grande parte devido aos gênios do italiano Galileu Galilei (1564-1642) e do inglês Isaac Newton (1642-1727). A mecânica daquela época poderia ser dividida, para efeitos de estudos didáticos, nas seguintes partes: 1) Cinemática que realiza o estudo do movimento sem atrelá-lo à sua causa; 2) Estática que realiza o estudo das forças em equilíbrio; 3) Dinâmica que procura compreender as causas do movimento em função do conceito de força externa; 4) Gravitação que estuda as forças e os efeitos que a atração gravitacional exerce sobre a matéria.

Apesar dessa ciência ter alcançado um formidável sucesso nos três últimos séculos, verdade é que ela é incompleta e em muitos casos totalmente insatisfatória, não possibilitando uma perfeita e exata compreensão filosófica e teórica dos fenômenos relacionados com o movimento, tais como o da queda livre, do impacto, etc. Isso, pelo menos sob a perspectiva de uma nova ciência desenvolvida no final do século XX e que foi intitulada por *Dinamismo*, a qual atrelou o estudo do movimento em função de determinadas forças, que serão apresentadas no decorrer do presente artigo.

Trezentos anos depois que foi estabelecida a mecânica clássica, o jovem colegial Leandro Bertoldo, ao procurar uma causa para a diversidade do movimento acabou por constatar que a velocidade estava diretamente relacionada com um tipo muito peculiar de força, a qual denominou por *força induzida* e que apresentava a interessante propriedade de conserva-se no corpo em movimento.

O conhecidíssimo conceito de *força externa* e sua relação direta com a aceleração é uma descoberta antiga e bastante conhecida da ciência, mas quem poderia pensar ou imaginar que existia uma outra modalidade de força relacionada com a velocidade ou que a velocidade é função dessa força? Pois foi exatamente isso que Leandro Bertoldo descobriu em suas pesquisas, as quais deram origem e fundamento à ciência do dinamismo.

Quando sistematizou a sua teoria sobre a causa da velocidade em janeiro de 1978 num artigo intitulado por "Dinamismo", Leandro sabia perfeitamente que se encontrava diante de uma idéia significativamente original. De fato, seus conceitos eram totalmente radicais e diferentes daqueles defendidos pela mecânica clássica. Para começar estabelecia uma força como causa da velocidade o que é totalmente incompatível com as leis da dinâmica newtoniana e também defendia a tese da bipartição do princípio da inércia o que é uma impossibilidade pelas leis da dinâmica de Newton.

Em seu artigo ele apresentava algumas leis básicas sobre a causa do movimento, as quais sintetizavam o assunto, entre elas destacavam-se as seguintes:

1ª Lei - *No movimento retilíneo e uniforme ao infinito, a velocidade de um corpo é diretamente proporcional à sua força induzida.*

2ª Lei - *No movimento uniformemente variado, a variação de velocidade de um corpo é diretamente proporcional à sua variação de força induzida.*

3ª Lei - *No movimento uniformemente variado, a variação de força induzida num corpo é diretamente proporcional à variação de tempo.*

4ª Lei - *Sob a interação da força induzida qualquer corpo mantém o seu estado de movimento retilíneo e uniforme ao infinito.*

5ª Lei - *Na ausência da força induzida qualquer corpo mantém o seu estado absoluto de repouso absoluto.*

De imediato Leandro verificou que os princípios de sua teoria eram revolucionários e que os fenômenos cinemáticos, bem como as suas causas poderiam ser descritos unicamente em função das leis que havia descoberto. Também constatou a existência de enormes diferenças entre as leis do dinamismo e os princípios da dinâmica de Newton. É evidente que na época em que fez sua descoberta original, somente algumas poucas conseqüências e possibilidades do dinamismo tornaram-se evidentes para o jovem cientista, que estava se iniciado nas áreas da pesquisa científica. Era a primeira vez que se dedicava exaustivamente ao estudo de uma revolucionária concepção sobre a causa primordial de qualquer tipo de movimento. Apesar disso, teve suficiente discernimento para reconhecer que estava diante de uma nova estrutura científica e que a mesma, aparentemente, era incompatível com as leis da dinâmica de newtoniana.

A teoria desenvolvida por Leandro previa uma causa para o repouso e outra para o movimento inercial de um corpo, enquanto que a teoria de Newton previa uma só e mesma causa tanto para o repouso como para o movimento inercial. Para Leandro o repouso era devido unicamente à ausência de força induzida no corpo e o movimento era causado pela interação da força induzida. Para Newton, tanto o repouso quanto o movimento uniforme e retilíneo ao infinito explicava-se pela ausência da ação de forças externas. O dinamismo também previa uma modalidade de força relacionada com a velocidade, enquanto que a teoria de Newton previa uma modalidade de força relacionada somente com a aceleração. A teoria de Leandro estabelecia que a velocidade de um corpo apresentava uma relação direta de proporcionalidade com uma determinada força, enquanto que a dinâmica de Newton não estabelecia nenhuma relação entre velocidade e força.

Apesar dessas extraordinárias explicações, a teoria do dinamismo estava completa. Pois quando Leandro considerou a questão da resistência oferecida pela inércia da matéria, a sua teoria viu-se em sérias dificuldades, pois não levava em consideração tal efeito. E todas as tentativas que realizou na época para solucionar tal problema resultaram infrutíferas. Por isso o jovem cientista resolveu deixar a questão de lado para uma posterior análise.

Em seu caderno de pesquisa, onde rascunhava as suas principais idéias, ele fez a seguinte observação: "Descobrir a relação existente entre dinamismo e dinâmica." Essa anotação feita em 1978 servia para lembrá-lo de resolver o problema da aparente incompatibilidade entre a sua recente teoria do dinamismo com a dinâmica de Newton. E, apesar desse lembrete, suas pesquisas sobre o assunto foram abandonadas por um longo período de dezessete anos, isso porque ele estava muito ocupado pesquisando outras áreas da ciência. Pois nessa época ele era bastante criativo e suas idéias jorravam de tal maneira que mal tinha tempo para colocá-las no papel. Muitas vezes chegava a escrever simultaneamente quatro a cinco artigos.

Em 1995, quando finalmente resolveu enfrentar o problema deixado sem solução alguns anos antes, pela teoria do dinamismo, chegou em poucos meses de pesquisa a uma extraordinária solução. Esta era tão simples e elementar que beirava o inacreditável. Ele havia encontrado a resposta de um problema teórico que envolvia a mais perfeita compreensão da mecânica e estabelecia uma relação exata entre duas teorias que aparentemente eram distintas (dinâmica x dinamismo). Nessa época o seu maior feito concretizou-se quando pôde demonstrar claramente como a sua inovadora teoria do dinamismo estava relacionada com a dinâmica newtoniana.

Nessa segunda fase do seu trabalho ele demonstrou a validade das seguintes leis gerais do movimento:

Lei I - *A força externa que atua sobre um corpo é igual ao produto entre sua massa pela aceleração que apresenta.*

Lei II - *A força dinâmica, que resulta da força externa após esta vencer a oposição oferecida pela força de inércia, é igual ao produto entre a constante universal chamada estímulo pela aceleração que o corpo apresenta.*

Lei III - *A força de inércia que a matéria exerce em oposição à alteração do seu estado de repouso é igual à diferença matemática entre a intensidade da força externa pela força dinâmica.*

Lei IV - *A variação de força induzida num corpo no decorrer do tempo, devido a interação da força dinâmica, é igual ao produto entre a intensidade dessa força dinâmica pela variação de tempo.*

Por meio dessas quatro leis, Leandro conseguiu generalizar definitivamente a sua teoria do dinamismo, a qual estava fundamentada na interação de quatro forças básicas: força externa, força dinâmica, força de inércia e força induzida. Essa nova versão do dinamismo possibilitou a unificação da cinemática de Galileu com a dinâmica de Newton num conceito todo único, consistente, lógico e racional, uma tarefa que Newton e muitos outros cientistas tentaram realizar no decorrer dos séculos, mas fracassaram.

Através da teoria do dinamismo foi possível explicar muitos aspectos da mecânica clássica que ainda estavam obscuros, tais como, a razão pela qual a primeira lei de Newton trata o movimento e o repouso como constituindo uma só coisa, quando dinamicamente são fenômenos completamente diferentes; permitiu desvendar o mistério que faz com que um corpo mantenha o seu estado de movimento retilíneo e uniforme ao infinito; também explicou o motivo pelo qual os corpos de diferentes pesos ou massas, em queda livre, apresentem sempre a mesma aceleração; esclareceu como surge a força de impacto num corpo que se choca contra um anteparo qualquer; ou ainda como se processa a inércia da matéria que se opõe à alteração do seu estado de repouso e tantas outras questões interessantes que estavam em aberto na ciência. Também ficou bastante claro que a teoria de Newton representava apenas uma situação restrita ou particular de uma teoria mais geral, que no caso tratava-se da teoria do dinamismo. O interessante é que a força induzida era a grandeza física responsável por todas essas explicações e generalizações alcançadas pela teoria do dinamismo. Diante desses fatos pode-se concluir que o dinamismo é uma ciência muito superior à dinâmica e por isso mesmo veio para substituir definitivamente a teoria newtoniana. Finalmente somos levados a refletir que a ciência não é uma entidade estática ou absoluta e nem mesmo possui a última palavra sobre qualquer assunto, mas é um conjunto de conhecimento constituído por modelos que estão em constante desenvolvimento e aperfeiçoamento. E a razão de tudo está no incessante desejo do homem em querer compreender cada vez mais as verdades que estão ao seu redor.

Ceterum censeo Carthaginem esse delendam.

ARTIGO 91

APÊNDICE I: ISAAC NEWTON O MAIOR CIENTISTA DO SÉCULO XVII

Na maior parte do continente europeu a teoria da Gravitação Universal do físico inglês Isaac Newton (1642-1727) encontrou uma certa resistência por parte dos intelectuais. Isto porque a astronomia cartesiana dos turbilhões criada pelo físico, matemático e filósofo francês René Descartes (1596-1650) prevalecia firmemente na mente dos maiores homens de ciência da época, como Huygens, Leibniz, Jean Bernoulli e outros. Entretanto havia um meio de provar quais das duas teorias estavam corretas, se a teoria de Descartes estava certa, a Terra deveria ser alongada no sentido do seu eixo. Porém, se a teoria de Newton estava certa, ela deveria ser achatada nos pólos e alongada no equador.

Para resolver definitivamente a questão um grupo de cientistas franceses sob a liderança de Pierre Louis Moreau de Maupertuis (1698-1759) da Académie des Sciences de Paris, deram a palavra final sobre o assunto. Em 1736 realizaram uma expedição a Lapônia, com o objetivo de medir a curvatura do arco de meridiano sob o pólo. Lá efetuaram cuidadosa medição do arco do meridiano compreendido entre Tornea e Kittis, obtendo o resultado exigido pela teoria newtoniana. A experiência veio mostra-se fundamental na destruição do prestigio do paradigma cartesiano dos turbilhões e também se mostrou muito importante na abertura ideológica do iluminismo no continente europeu.

Os cientistas franceses haviam verificado que o arco de meridiano medido entre Tornea e Kittis era mais longo em 500 toesas do que o meridiano compreendido entre Paris e Amiens. Embora esse valor tenha sido corrigido posteriormente, os resultados de Maupertuis demonstraram claramente que a terra era achatada nos pólos, o que vinha a comprovar a teoria da Gravitação Universal formulada por Newton em 1678.

Considerando a época em que viveu e a forma de ciência que até então existia, pode-se afirmar que Isaac Newton é verdadeiramente o maior cientista que já existiu sobre a face do planeta. O célebre físico Albert Einstein (1879-1955) disse de Newton: "Ninguém antes de Newton ou mesmo depois abriu verdadeiramente caminhos novos para o pensamento, para a pesquisa, para a formação prática dos homens do Ocidente". Esse genial cientista inglês descobriu e desenvolveu vários ramos fundamentais da Física Clássica, foi um dos criadores da Ótica Física, da Dinâmica, do Cálculo Diferencial e Integral; do Binômio de Newton; é o fundador da Teoria da Gravitação Universal e também foi o inventor do telescópio de reflexão, o qual veio a superar as limitações impostas pelos telescópios de lentes.

As descobertas de Isaac Newton que resultaram em sua reputação universal revolucionaram inteiramente toda a filosofia da Ciência, provando definitivamente que os conceitos fundamentais da Física não podem ser derivados puramente de raciocínios filosóficos, como pensava Aristóteles.

Conforme Newton, as realizações máximas da Teoria da Gravitação Universal consistiu em deduzir a partir de poucos princípios os pormenores dos fenômenos do movimento dos planetas, da lua e de suas perturbações, cálculo da trajetória dos cometas, explicação dos detalhes da precessão dos equinócios, mutação do eixo da terra, o fluxo e o refluxo das marés, a forma da terra e muitos outros fenômenos, tudo expresso e fundamentado dentro de um sistema de extrema coerência lógica.

Sua obra máxima que trata de tais assuntos intitula-se "Princípios Matemáticos da Filosofia Natural".

As extraordinárias concepções provenientes da física newtoniana conduziram de igual forma a modificações fundamentais da metafísica, principalmente na concepção da Filosofia da Natureza, influenciando essencialmente as noções de espaço e de tempo, bem como as de massa e de força, e relacionando de modo tão maravilhoso a ação à distância com a força da gravidade e o movimento, por meio de uma lei fundamental que caracteriza a gravitação universal.

Ao enunciar as três leis do movimento e a lei da gravitação universal, Newton abriu as portas para a concepção de que tanto os fenômenos celestes como os terrestres obedecem as mesmas leis físicas, destruindo a antiga e arraigada concepção medieval dos filósofos aristotélicos, os quais faziam distinção entre as coisas celestes e as coisas terrestres. Newton demonstrou em sua obra que as mesmas causas produzem os mesmos efeitos, tanto faz que seja no céu ou na terra.

Num outro livro extraordinário, intitulado "Óptica" Newton apresentou ao mundo as suas fantásticas descobertas sobre a luz. Nessa obra expõe suas experiências sobre reflexão, refração, dispersão e decomposição da luz no prisma, apresenta a sua teoria do arco-íris, discorre sobre os telescópios catóptricos, sobre a cor dos corpos, sobre os fenômenos das lâminas finas, sobre os anéis de interferência, sobre os fenômenos de interferência e periodicidade, faz analogia entre a cor dos corpos e a irisação das lâminas finas e das bolhas de sabão. Sua obra também trata das franjas de interferência e das inflexões que sofrem os raios luminosos quando passam rente aos ângulos. Verdadeiramente "Óptica" exerceu uma tremenda influência no desenvolvimento da ciência experimental.

Sendo o expoente máximo da Física, Newton foi um filósofo natural. Era dotado de uma profunda intuição, uma mente computadorizada e uma extraordinária capacidade de generalização. Sua obra reflete, à semelhança de uma visão profética, uma nova era que deu origem ao chamado século das luzes, porém sempre equilibrada pelo senso da exatidão dos grandes matemáticos. A sua capacidade de definir novos conceitos e de demonstrá-los atinge o limiar do sublime refletindo a missão suprema dos grandes gênios da humanidade.

Unindo o método matemático e experimental como nenhum outro cientista antes dele, Newton abriu a porta e apontou o caminho para o desenvolvimento de toda e qualquer ciência da natureza.

Com objetivos que ninguém conhece, Newton aproximou-se ardentemente da alquimia, com a qual esteve envolvido durante vários anos. Vasculhou como ninguém antes ou depois dele tudo o que existia sobre o assunto. Leu e tomou notas de seções inteiras de livros de alquimia, passou semanas seguidas no laboratório fazendo experiências em alquimia e escreveu vários artigos sobre o assunto. Sua obra mais completa e avançada nesse campo consiste em um curioso livro intitulado "Praxis". Recentemente foi observada uma certa afinidade entre a visão de Newton sobre as forças e as experiências em alquimia que realizou secretamente em seu laboratório.

Outro tema central que dominou a atenção de Newton até o fim de sua longa vida foi a teologia. Pesquisou e leu exaustivamente sobre o assunto. Tomou uma infinidade de notas e escreveu vários artigos e livros estritamente sobre assuntos religiosos. Alguns deles refletem sua visão sobre a interpretação da doutrina teológica da divindade de Jesus Cristo; outros tratam da interpretação dos livros proféticos da Bíblia, tais como o livro de Daniel e livro do Apocalipse; e ainda outros procuram esclarecer a história da religião pagã e da Igreja. Seu livro mais conhecido sobre assuntos religiosos intitula-se "Observações sobre as Profecias de Daniel e do Apocalipse de São João", o qual foi publicado postumamente.

O fenômeno mais incrível que ocorreu na vida de Newton, ainda mais extraordinário do que a sua incomparável genialidade como cientista e filósofo natural, foi a explosiva admiração quase universal que as suas idéias despertaram depois da publicação de sua obra máxima. Foi festejado por poetas, escritores, por políticos e filósofos e por muitas outras pessoas que pouco ou nada podiam compreender de sua obra. Realmente, ele foi uma das maiores e mais admiradas personalidades intelectuais do século XVII, a qual não encontrou rival à altura. É simplesmente espantoso e mesmo inacreditável que um cientista que escreveu obras de difícil compreensão venha a se tornar uma personalidade fortemente admirada e popular! Poder-se-ia talvez comparar o impacto causado por Newton no século XVII ao que Einstein provocou no século XX, no domínio das ciências da Natureza.

Ao final de sua vida Newton mostrou-se uma pessoa modesta. E ao refletir sobre o que pensava de suas monumentais descobertas, concluiu: "Não sei como os outros me vêem. Mas quanto a mim, vejo-me como um menino que brinca numa praia, divertindo-se de vez em quando por encontrar um seixo mais polido ou uma concha mais bonita que as outras, enquanto o grande oceano da verdade permanece insondável diante de mim".

Ceterum censeo Carthaginem esse delendam.

ARTIGO 92

APÊNDICE II: O PRINCÍPIO DE ROBERT HOOK

O presente ensaio foi escrito com o objetivo de fazer justiça a um homem que para vergonha da memória de Isaac Newton (1642-1727) e de todos os cientistas de sua época, bem como daqueles que vieram depois, por deixarem de reconhecer a paternidade de uma idéia fundamental ao desenvolvimento da mecânica celeste fornecida a Newton em 1679 pelo genial físico inglês Robert Hook (1635-1703), apesar deste solicitar tal reconhecimento com grande veemência. Essa injustiça precisa ser reparada a qualquer custo.

Tudo teve início numa troca de correspondência em 1679, quando Robert Hook disse a Newton ser capaz de explicar as leis de Kepler para o movimento dos planetas mediante a sua hipótese de que os movimentos planetários compunham-se de um movimento tangencial e de um movimento de atração para o corpo central. Ou seja, para Hook o movimento orbital resultaria do contínuo desvio de um corpo de sua trajetória tangencial por uma força direcionada para um centro. Em outra carta endereçada a Newton, Robert Hook abordou explicitamente o problema do movimento orbital, referindo-se a ele nas seguintes palavras: "minha teoria dos movimentos circulares, compostos de um movimento direto e um movimento de atração para um centro". Realmente, Hook foi o primeiro cientista a chegar mais perto do conceito de dinâmica orbital.

Pergunta-se como Hook chegou a tal conceito? Pois era a primeira vez na história que alguém definia limpidamente e corretamente o movimento orbital. A resposta a essa pergunta pode estar numa analogia consciente ou inconsciente que possivelmente Hook tenha feito sobre uma descoberta realizada alguns anos antes por Galileu Galilei (1564-1642).

Galileu havia demonstrado que os projéteis descreviam uma trajetória parabólica, ao admitir que o movimento natural de um corpo (sua queda livre) ocorria independentemente dos movimentos forçados (não naturais) a que era submetido. Mostrou-se que a trajetória parabólica de Galileu derivou-se de uma ação combinada desses dois movimentos (natural e artificial). A afirmação de que dois movimentos podem ocorrer ao mesmo tempo poderia muito bem ter sido usado por Hook numa magistral analogia com o movimento planetário.

Pesquisas realizadas nos papeis deixados de Newton demonstraram que antes dessa troca de correspondência ele não havia chegado a tão sublime conceito de movimento orbital. Na verdade todos os seus papeis e documentos mostram claramente que ele pesquisava os movimentos celestes em termos de um equilíbrio entre duas forças: uma força centrífuga originada pela revolução de um corpo em torno de um centro e a força centrípeta da gravidade.

Finalmente quando Newton escreveu sua obra máxima intitulada "Princípios matemáticos de filosofia natural" em 1687 ele adotou os pressupostos apresentados por Robert Hook em 1679, sem, no entanto, reconhecer-lhe a paternidade da idéia. E quando Hook insistiu no reconhecimento de que lhe fornecera tal conceito, Newton enfurecido se opôs veemente desfilando uma longa ladainha de queixas. Principalmente alegando que havia realizado sozinho os cálculos enfadonhos que viram a comprovar a veracidade da idéia.

Apesar de Hook insistir pelo reconhecimento de que a idéia era sua e até mesmo ter provocado um rebuliço entre os membros da *Royal Society* exigindo que se fizesse justiça, infelizmente nada conseguiu. Pois naquele momento, deslumbrados pela grandiosidade da obra de Newton, na elaboração de uma matemática precisa envolvida na explicação do movimento orbital, e praticamente de todo o universo até então conhecido, os cientistas da época e todos posteriormente parecem ter descartado a idéia de Hook como trivial diante de tão grande monumento. É bem verdade que foi Newton quem deu fundamento matemático a tal conceito. Mas não o teria conseguido com facilidade se Hook não tivesse lhe apresentado a idéia. Realmente, não resta a menor sobra de dúvida, Newton tem uma dívida para com Robert Hook, pelo menos com relação à orientação específica de seu trabalho.

Em resumo. É claro que Newton tinha a obrigação moral de reconhecer a paternidade da idéia criada por Hook, principalmente porque ele não tinha nenhuma compreensão semelhante do movimento orbital antes da carta de Hook. Pois ele sempre tratou o movimento orbital como um estado de equilíbrio entre duas forças iguais e oposta, uma que puxava para longe do centro e outra que atraía para ele.

Robert Hook foi também o primeiro a tratar o movimento orbital em termos de uma tração para o centro, quando ainda tal conceito não tinha germinado ou tomado forma na mente de Newton. Nisso Hook tem a prioridade.

Finalmente poderíamos acrescentar que apesar de Newton ter matematizado a idéia de Hook, isso não lhe dá o direito de tomar posse integral da paternidade do conceito, mas apenas da demonstração do conceito. E o conceito pertence a Robert Hook.

Ceterum censeo Carthaginem esse delendam.

ARTIGO 93

APÊNDICE III: LEANDRO BERTOLDO

Nas últimas décadas do século XX ocorreu uma verdadeira revolução na estrutura da física clássica que veio para modificar a ciência mecânica de uma maneira nunca antes considerada ou imaginada. A teoria do dinamismo de Leandro Bertoldo leva a uma nova compreensão da natureza. Seu impacto é tão profundo e suas conseqüências são tão imprevisíveis quanto foi a teoria dinâmica desenvolvida por Isaac Newton em 1687. Na verdade a nova teoria representa um passo além de Newton. Durante séculos a física tem sido de longe a ciência mais profundamente estudada e compreendida. Porém, apesar disso, Leandro Bertoldo desenvolveu as suas pesquisas examinando qualidades fundamentais por ele descoberto como força externa, força dinâmica, força induzida, força de inércia e movimento, que são facilmente aplicados a todos os domínios do Universo.

A teoria dos quanta de Max Planck e a teoria da relatividade de Albert Einstein representaram uma ruptura com a física clássica no sentido de que estabelecem um limite de validade. Já o dinamismo de Leandro Bertoldo veio para substituir a dinâmica de Isaac Newton, fornecendo aos físicos novas ferramentas, novos conceitos e uma nova visão da natureza.

Leandro é o pai da moderna ciência do dinamismo. Apresentou um sistema coerente e compreensível. Desenvolveu de forma sistemática os conceitos de forças e movimentos. Generalizou os fenômenos cinemáticos e dinâmicos desenvolvidos por Galileu e Newton. Proporcionou ao dinamismo as ferramentas lógicas e progressivas, passando de uma demonstra-

ção matemática à seguinte. Elaborou provas e teoremas fundamentais. E alicerçou tudo isso como uma grandiosa prova da
coerência do Universo.

Esse notável cientista das áreas da física e da matemática é o primogênito do casal José Bertoldo Sobrinho e de Anita
Leandro Bezerra, nasceu a 03 de março de 1.959 na capital de
São Paulo, região Sudeste do Brasil. E em 1960 nasceu o seu
irmão, Francisco Leandro Bertoldo.

Apesar de vir de família pobre, recebeu uma boa instru-
ção escolar. Aos catorze anos de idade veio a revelar uma extraordinária independência de pensamento e espírito, aceitava
somente o que entendia ser correto no pensamento científico,
chegando a ponto de discordar e criticar vários conceitos da
física clássica por suas limitações e inconsistências intelectuais.
Manifestou notável compreensão do método científico. E durante boa parte de sua adolescência passou muito tempo estudando, meditando e examinando os fenômenos físicos, sendo
que suas contribuições na mecânica clássica são extraordinárias.

Leandro veio ao mundo, quando seus pais moravam na
cidade de São Paulo, num pequeno e tosco cômodo de terra ba-
tida e de telhado baixo, localizado no bairro do Belenzinho.
Nasceu forte e cheio de saúde. Uma velha mala de couro serviu
durante muito tempo de berço para a criança que nascera. Seus
pais eram de pouca conversa. Leandro foi criado, praticamente,
sem nenhum contato social, o que o levou a tornar-se uma criança introvertida e pouco comunicativa, porém muito pensativa
e reflexiva. Sua mãe o chamava carinhosamente pelo apelido
de "santo" e o seu pai o chamava de "gordo".

Em sua infância sempre teve que inventar e construir os
seus próprios brinquedos, pois raramente ganhava brinquedos
industrializados. Com forquilhas de galhos de árvores construía
bonecas para brincar. Houve época que tinha toda uma família
de bonecas de forquilhas numa caixa de sapatos. Construía carrinhos com tábuas e carretéis de linha vazios. Fazia bonecos

com legumes, como soldadinhos ou carrinhos de cenouras ou de batatas. Fazia relógios de papelão com os ponteiros fixados por um grande prego. Construía seus próprios estilingues, embora sempre fosse grosso na pontaria. Com um pedaço de plástico cortado em rodela inventou um "instrumento musical" que era colocado entre os dentes e os lábios e emitia uma vibração. Com sete anos ganhou uma bicicleta calói de seu pai. E sem a ajuda de ninguém, usando de muita persistência e determinação, após vários tombos e esfolamentos, conseguiu aprender a equilibrar-se e a andar. Também fazia seus papagaios pipas, embora não fosse muito bom nisso, pois não tinha muita paciência para coisas delicadas e demoradas. Construiu um outro "instrumento musical" com tampinhas de garrafas que furava e atravessava com um fio de cobre grosso. Construiu muitas arapucas, mas nunca pegou nada. Também tinha uma enorme coleção de tampinhas de garrafas. Aos oito anos de idade adquiriu o hábito de visitar uma vez por semana os lixos das pessoas mais abastadas, para procurar algum brinquedo jogado fora. Achou alguns bem interessantes, os quais reformava ou consertava para brincar.

No ano que estava para entrar na escola ganhou de seu pai uma caneta esferográfica escrita fina, de tinta da cor azul e da marca Bic. Também ganhou uma Cartilha "Caminho Suave". Foi uma paixão instantânea. Essas coisas, de alguma forma misteriosa, o fazia regozijar. A partir dessa data nunca mais abandonou o papel ou a caneta. E uma curiosidade; sempre usou caneta escrita fina.

Leandro aprendeu os primeiros rudimentos no Grupo Escolar Professora Leonor de Oliveira Melo localizada no bairro do Mogilar em Mogi das Cruzes. Esse período de 1.966 a 1.971 é marcado pela excessiva timidez e introversão o que foi extremamente prejudicial ao seu estudo e desenvolvimento intelectual. Naquela época sua mãe repetia sempre o mesmo ditado: "Se brigar com alguém e vier para casa chorando vai levar outra surra". Por causa dessas palavras e sendo de natureza extremamente tímida, sofria calado várias provocações de colegas de sala de aula. Mas não contava nada a ninguém, senão apanharia da mãe. Ela também dava outros conselhos, tais como: "nunca pegue nada de ninguém, nem mesmo um palito de fósforo queimado", ou, "não vá trocar o seu juízo com o de uma criança mais nova". Essa filosofia seguiu o resto dos dias de Leandro.

Desde o princípio de sua educação adquiriu uma extrema reverência pelos livros e canetas. Menino solitário, muito apaixonado por motores, maquinas e rádios, além de construir os seus próprios brinquedos, consertava pequenos aparelhos, como isqueiros, lanternas, campainha de bicicletas, despertadores que achava nos lixos do bairro, etc. Mas andava sempre calado, silencioso e cabisbaixo.

Duas professoras marcaram sua vida período do primário: A professora Terezinha Cursino do primeiro ano e a professora Espera do terceiro ano. A primeira era baixa e gorda. A segunda também era baixa, porém magra. A primeira era brava, nervosa, radical e intolerante. Por causa do temperamento dessa professora Leandro teve que ficar esperto. Em certa ocasião ela amarrotou o seu caderno e o jogou no chão, além de gritar com ele e esfregar o seu nariz no quadro negro, e isto na presença de todos os alunos. A segunda professora era muito bondosa e preocupava-se com os sentimentos de seus alunos, conversava amigavelmente, conhecia e compreendia os problemas e a vida intima de cada aluno. Essa professora fazia muitos trabalhos manuais para crianças carentes e deficientes, nos quais os alunos participavam ativamente de livre e espontânea vontade. Devido a afetuosidade da professora Espera, Leandro começou a torna-se um aluno dedicado e estudioso e veio a tornar-se o melhor aluno da classe. E de uma classe de alunos fracos foi promovido para uma classe de alunos fortes. Na nova classe Leandro sentiu o gelo, a distância e a indiferença da professora. Então solicitou que retornasse à classe da professora Espera, com o que a direção da Escola concordou, em benefício do desenvolvimento emocional da criança. O interesse de Leandro pela ciência vem desse período. Em certa ocasião amarrou a extremidade de uma corda no tronco de uma árvore que havia nos fundos de sua casa. A seguir amarou a outra extremidade na perna de seu irmão. Depois, para verificar o que acontecia, mandou seu irmão correr. E ele correu e quando a corda esticou, ele caiu de cara no chão e começou a chorar bem alto; de dentro da casa, sua mãe saiu desesperada pensando que havia acontecido alguma tragédia. Nesse dia Leandro esperava levar uma tremenda surra e por sinal bem merecida, mas sua mãe devia estar de bom humor, pois o máximo que fez foi ralhar com ele. Em seus momentos de folga, em sua casa, ele coloria água com raspa de lápis de cor. Acidentalmente descobriu que a água podia ser tirada de um balde por meio de uma pequena mangueira, quando o bico desta permanecia abaixo do nível da água do balde, após uma breve sucção. Isso o deixou maravilhado. Ao ganhar uma lanterna de sua mãe, passou a fazer experiências com a projeção de sombras ou diminuir a luminosidade da lanterna com diferentes anteparos, ou ainda deixar a lanterna ligada durante muito tempo para ver a duração das pilhas. Ao estudar a lanterna, descobriu como ela funcionava e a partir daí, passou a construir as suas próprias lanternas com latas de óleo tesoura e lâmpada. De forma acidental descobriu que o bombril incendiava-se pelas faíscas produzidas por uma pilha elétrica. Também descobriu que o brombril queimado não era atraído pelos seus ímãs. Desmontou o relógio que ganhou de seu pai para ver como funcionava. Esse relógio nunca mais voltou a funcionar. Durante esse período Leandro leu por várias vezes os seis volumes da "Enciclopédia Juvenil em Cores Ler e Saber", além de centenas de gibis.

Quando estava no quarto ano primário Leandro ficou fascinado por um pequeno motor elétrico que viu com um colega de classe. Por mais que fizesse para adquirir tal motor nada conseguiu. E isso só serviu para aguçar sua curiosidade e imaginação para entender como o motor funcionava. Em outra ocasião seus colegas de classe trouxeram para a sala de aula um brinquedo chamado "cérebro eletrônico", que acendia uma pequena lâmpada indicando a resposta correta de uma dada pergunta, quando os eletrodos eram passados sobre vários pontos metálicos do aparelho. Leandro que já entendia de como funcionava a lanterna, bastou dar uma olhada no brinquedo para entender o funcionamento do mecanismo.

Entre o período de 1.972 a 1.975 freqüentou a Escola Estadual de 1º Grau - Dr. Deodato Wertheimer da Vila Industrial em Mogi das Cruzes, onde aos poucos adquiriu o aspecto característico de sua personalidade: a total independência de pensamento. Ali aprendeu os primeiros elementos de ciências, aritmética e de geometria. Nesse período começou a escrever algumas cadernetas que continham o registro de qualquer idéia que lhe ocorria e que lhe parecia original.

Nesse período realizou muitas experiências físicas nas aulas de ciências, como por exemplo: comprovar a pressão atmosférica, provar a existência do ar, etc. Num trabalho de biologia, em equipe, ele teve que matar uma ratazana para obter um crânio para o laboratório da escola. Nessa época passou a gostar de ler livros biográficos que contavam a vida e a obra dos grandes nomes da ciência. Gostava bastante de Galileu e de Newton. As professoras que marcaram esse período de sua vida foram a professora de língua portuguesa dona Jane, filha da escritora mogiana Botyra Camorim, e a professora de biologia dona Ciolanda. Ambas muito profundas e rigorosas.

Nessa época era um adolescente extremamente revoltado com o mundo e pessimista com a vida. Suas frustrações o tornaram por algum tempo uma pessoa amarga, iracunda, e desconfiada de tudo e de todos. Nessa época sua carga emocional negativa era extremamente grande. E isso o tornava uma pessoa sempre preparada para uma crise nervosa. Seus sonhos e ilusões eram as suas únicas válvulas de escape. Passada a sua

adolescência, muitos desses sintomas emocionais desaparece-
ram. No período de 1.976 a 1.978 estudou na Escola Estadual
de 2º Grau - Francisco Ferreira Lopes, localizada no bairro do
Mogilar. Nessa época adquiriu sua maturidade científica. Seus
interesses, sempre crescentes, eram amplos e variados: mecânica, elasticidade, termologia, termodinâmica, eletricidade, magnetismo, teoria atômica, relatividade, física quântica, matemática, lingüística, poesias, literatura, exegese bíblica... No ano seguinte, (1.979) matriculou-se na Universidade de Mogi das
Cruzes - UMC, a fim de estudar física. Ao entrar para a universidade já se encontrava envolvido em profundos trabalhos de
pesquisas, os quais nunca revelou a ninguém.

No colegial teve dois bons professores de física, o professor Harano e o professor Benê, este último também foi seu
professor na Faculdade de Ciências Exatas e Tecnológicas.

Aos dezesseis anos, quando começava seu estudo no
colégio, fez uma grande descoberta científica. Encontrou uma
possível explicação para a causa da velocidade. Posteriormente
notou que as leis de Newton eram incompletas para explicar
todos os detalhes do movimento. Depois de realizar algumas
observações, desenvolveu os primeiros conceitos da nova ciência do dinamismo.

Em 1980, Leandro fez o seu estágio universitário durante o período noturno na Escola Estadual de Primeiro Grau, Dr.
Deodato Wertheimer - a mesma onde havia estudado anos antes. Nessa escola conheceu uma aluna chamada Francineide
Maciel com quem casou em 1.981, advindo dessa união uma
bela criança que recebeu o nome de Beatriz Maciel Bertoldo.
Entretanto, esse casamento foi tumultuado por brigas, discussões e desconfianças por falta de maturidade do casal. E devido
a tantos problemas o casamento terminou quatro anos depois.

Entre os anos de 1978 a 1985, Leandro pesquisou intensamente e desenvolveu centenas de artigos científicos, principalmente nas áreas da física e da matemática. Tirando o perío-

do de seu trabalho cotidiano que era de quarenta horas semanais, dedicava às suas pesquisas cinqüenta horas semanais. Não tinha diversões ou qualquer tipo de lazer. Sua vida resumia-se ao trabalho e às suas pesquisas. Entre tantos artigos produzidos nesses anos, podemos citar alguns: Elasticidade, Fotodinâmica, Dinamismo, Princípios da Teoria Térmica, Elementos Matemáticos do Núcleo Atômico, Princípios Atômicos, Teoria do Magnetismo Terrestre, Teoria da Gramática Simbólica, Mecânica Elementar, Eletrodinâmica Elementar, Absorciologia, Higrologia, Cálculo Modular, Geometria, Análise Combinatória de Leandro, Função, Progressão Fatorial de Leandro, Distribuição de Combinações e centenas de outros artigos. Toda essa produção durante um período do que poderia muito bem ser chamado dos sete *annus mirabilis* - anos maravilhosos - na vida intelectual de Leandro, quando ele estava no auge de sua criatividade científica. Mais do que em qualquer outra, essa foi uma época em que se preocupava intensamente com os fundamentos da física e da matemática.

Enquanto que uma grande proporção de físicos começam seus trabalhos originais aos 26 anos de idade, com Leandro deu-se ao contrário, aos 26 anos tinha concluído todas as suas obras. Dos 19 aos 26 anos trabalhou com uma pressa febril para conseguir colocar no papel todas as idéias originais que lhe ocorriam. Assim, o mês de julho de 1985 encerrou para Leandro aquele período de consolidação de seu caráter e com isso extinguiu-se aquele período de explosiva criatividade que tanto tem caracterizado a juventude de vários cientistas que trabalham na área das exatas. Nos anos seguintes, seu tempo e energia seriam dedicados ao desenvolvimento de muitas de suas idéias juvenis.

No final do ano de 1987, Leandro conheceu uma bela e meiga jovem chamada Daisy Menezes que o levou ao altar em 1992, a qual o foi um grande estimulo em seus estudos, pesquisas e leitura. Desse casamento adveio um relacionamento de amor, paz e sossego para o cientista.

Mais tarde, ao meditando como fez as suas grandes descobertas, foi levado a reconhecer que a intuição e o rigoroso limite impostos pelo raciocínio lógico e principalmente o método matemático foram os fatores que comandaram a sua criatividade. Esta natureza intuitiva e racional representa as qualidades particulares de sua personalidade. Raciocinando por analogia desenvolveu as mais variadas teses.

Durante boa parte de sua vida, foi uma pessoa tímida, solitária, pensativa, introvertida, introspectiva, concentrada, sem amigos íntimos ou mesmo próximos. Essa situação de isolamento não o deixava triste, muito pelo contrário, ele simplesmente a adorava e procurava a todo custo manter as coisas desse modo. Pois considerava que todo tempo livre era pouco para suas pesquisas. E quando passava um dia sem produzir, considerava aquele dia como totalmente desperdiçado.

E na jornada de sua vida sempre esteve acostumado a impor a sua vontade. Por causa dessa jornada desloca-se a passos largos e rápidos, sempre mirando num sonho, num ideal claro e objetivo. E ao perseguir esse ideal, caminha de forma obstinada, sempre em direção ao alvo que se propôs alcançar. Não admite perda tempo com detalhes que considera irrelevante. Impaciente, interessava-lhe apenas pelo o que é essencial e objetivo. Jamais tolerou delongas e está sempre à procura de soluções rápidas, para não dizer instantânea.

Como foi dito, as origens das grandes realizações de Leandro em ciência datam de 1.976, quando tentou por si mesmo compreender as causas naturais do movimento dos corpos. Em 1.978 concluiu o seu primeiro artigo científico de importância. Com sua notável intuição desenvolveu a hipótese de que as velocidades dos corpos são causadas pela interação do que chamou por "forças induzidas". Em síntese, esse artigo estava fundamentado nas seguintes leis:

Lei I - A variação de velocidade é diretamente proporcional à variação de força induzida.

Lei II - A variação de força induzida é diretamente proporcional à variação de tempo.

Lei III - Na ausência de força induzida um corpo está em repouso, a menos que uma força externa venha a alterar esse estado.

Lei IV - Na presença de força induzida um corpo está em movimento retilíneo e uniforme ao infinito, a menos que uma força externa venha a alterar a força induzida.

Leandro havia descoberto algumas leis fundamentais da natureza, mas precisava dar sentido ao que encontrou. Como não tinha nenhuma teoria e aparentemente sua idéia inicial não se harmonizava com a dinâmica newtoniana, resolveu deixá-la de lado para uma ulterior reflexão. Mesmo porque sua mente no vigor da juventude e cheia de curiosidade fervilhava com novas idéias que o arrebatavam para novos campos e o levava a desenvolver teorias originais nas mais diferentes áreas da Física, Matemática, Química, Lingüística e outras.

Em 1995 ao retornar ao assunto da proporcionalidade da velocidade em função da força induzida foi levado a sintetizar o que denominou por "Teoria Geral do Dinamismo". Essa teoria arrojada veio a generalizar a mecânica clássica mesclando a cinemática e a dinâmica em um único conceito cheio de unidade, harmonia e altamente consistente.

As leis do movimento que foram delineadas na nova teoria do dinamismo são em número de quatro, a saber:

Diz a primeira lei: "A força externa que atua sobre um corpo é igual ao produto da massa desse corpo pela aceleração a que é submetido".

A segunda lei do dinamismo mostra que "a força dinâmica é diretamente proporcional à aceleração que o móvel apresenta. Sendo que a constante de proporcionalidade apresenta um valor universal, sendo denominada por estimulo."

A terceira lei do dinamismo afirma que "a força de inércia de um corpo é igual à diferença existente entre a força externa pela força dinâmica".

A quarta lei do dinamismo estabelece que "a variação da força induzida é igual ao produto entre a força dinâmica pela variação de tempo que atua no móvel".

Estas quatro leis guardam uma relação intrínseca entre si, e não há fenômeno mecânico que as mesmas não possam explicar. Elas representam o elo que faltava na corrente da mecânica newtoniana.

Ciente de que novas idéias dificilmente são aceitas de imediato pela comunidade científica, Leandro, para facilitar o entendimento de suas pesquisas e conciliar suas conclusões procurou desenvolvê-las de uma maneira simples e o mais elementar possível. E embora suas idéias sejam completamente novas, são fáceis de ser incorporada ao conhecimento científico existente. Para popularizar a sua teoria do dinamismo, escreveu uma série de artigos populares.

Seu maior desejo é que a sua vida tenha sempre um propósito bem definido em benefício de toda a humanidade. Isso tem sido a razão de sua existência, sua constante motivação e alegria. E a sua esperança é a seguinte: que seus esforços não tenham sido em vão, mas que resulte em algo de bom para todos e que venha a sobrepujar a sua própria existência. Pois como disse Hans Christian Andersen: "Ser útil no mundo é o único caminho para a felicidade".

Ceterum censeo Carthaginem esse delendam.

ARTIGO 94

APÊNDICE IV: GLOSSÁRIO

O presente glossário apresenta em rápidas pinceladas as explicações e definições de alguns poucos termos técnico-científicos em dinamismo empregados nesta obra. Não apresenta cunho erudito e nem mesmo é exaustivo. Tem unicamente por objetiva fornecer ao leitor não especializado algum subsídio dos conceitos da física, para que possa formar uma idéia do dinamismo.

ACELERAÇÃO - Grandeza cinemática que mede a variação de velocidade no decorrer do tempo. É causada pela interação da força dinâmica quando esta comunica ao móvel uma força induzida que varia no decorrer do tempo.

ACUMULADOR DE FORÇA - Um corpo em movimento é um acumulador ou armazenador de força induzida. Dessa maneira pode-se afirmar que um móvel armazena força induzida.

CETERUM CENSEO CARTHAGINEM ESSE DELENDAM - "E também penso que se deve destruir Cartago". Célebre frase com que Catão, o antigo (234-149 a.c.) encerrava todos os seus discursos no Senado, porque entendia que o luxo dessa próspera cidade poderia corromper Roma.

CINEMÁTICA - Galileu e o moderno fundador da ciência da cinemática. Ela é parte da mecânica clássica que procura classificar e descrever quantitativamente o movimento dos corpos sem preocupar-se em conhecer suas causas.

DINÂMICA - A princípio o termo foi empregado por Leibniz para designar a sua própria ciência do movimento em função do seu conceito de força viva. Hoje esse termo é empregado na mecânica clássica para designar a ciência do movimento desenvolvida por Newton. Em linhas gerais a dinâmica procura estudar o comportamento do movimento dos corpos unicamente em função do conceito de força externa.

DINAMISMO - É a teoria científica que admite a existência de uma interação entre várias modalidades de forças. Sendo a força induzida inerente a todo e qualquer tipo de movimento. E esta força supramaterial é fundamental para a manutenção do movimento; além de ser a origem do movimento também é a causa da velocidade.

DINAMISMO ARISTOTÉLICO - O preceito do dinamismo aristotélico afirma que tudo o que está em movimento está sendo movido por outro. Isto significa que para o movimento ser mantido é necessária a contínua aplicação de uma força externa.

DISSIPAÇÃO DE INDUÇÃO - Num meio resistente a força induzida tende a sofrer um processo de dissipação e não de conservação. Nesse meio ela está sempre pronta a degenera-se.

ESTÁTICA - Ciência desenvolvida na Antigüidade por Arquimedes. Ela procura estudar qualitativamente e quantitativamente o comportamento das alavancas, roldanas, pesos e contrapesos em sistemas em equilíbrio, portanto em repouso.

ESTÍMULO - Uma constante universal que relaciona o estado dinâmico ao estado cinemático de um corpo.

FORÇAS - São grandezas físicas avaliadas pelos efeitos que provocam, tais como deformações, pressões, acelerações, etc.

FORÇA DE ATRITO - Resulta do contato entre superfícies ásperas. É a causa da dissipação da força induzida num móvel e por essa razão ele entra em repouso.

FORÇA DINÂMICA - É a resultante da força externa após esta vencer a oposição oferecida pela força de inércia. Ela é a causa da aceleração dos corpos.

FORÇA DINÂMICA GRAVITACIONAL - A força dinâmica em relação à gravidade é denominada por força dinâmica gravitacional. Seu valor é praticamente constante próximo à superfície do planeta. Esse valor constante significa que um corpo que cai livremente sob a influência da atração gravitacional ganha uma força induzida extra a cada segundo que cai. A força dinâmica gravitacional apresenta o mesmo valor para todos os corpos. Na ausência de resistência do ar, um corpo pesado cai exatamente com a mesma força dinâmica gravitacional de um corpo leve.

FORÇA EXTERNA - No dinamismo é a ação que causa a força dinâmica do sistema. Ela é produzida e aplicada por um agente externo ao corpo analisado. Ela pode ser nula, constante ou variável, sendo que cada uma dessas situações caracteriza diferentes estados cinemáticos.

FORÇA INDUZIDA - É a causa primordial de todo e qualquer movimento. Ela é comunicada ao móvel pela interação da força dinâmica no decorrer do tempo. Está relacionada diretamente com a velocidade do móvel. Pode ser dissipada pela ação de uma força oposta, como por exemplo, a força de atrito.

FORÇA DE INÉRCIA - No dinamismo essa força aparece como resultado da oposição oferecida pela matéria à alteração do seu estado de repouso em relação ao referencial da força externa aplicada sobre o corpo. Em outras palavras a força de inércia aparece como resultado da inércia da massa e da mudança de aceleração no móvel.

IMPACTO - Força resultante do choque mecânico de um móvel contra um anteparo qualquer.

INDUÇÃO MECÂNICA - É a produção de força induzida em num móvel em conseqüência da interação da força dinâmica nesse móvel no decorrer do tempo.

INÉRCIA - A física clássica define a inércia como sendo a tendência de um corpo conservar infinitamente o seu estado de repouso ou de movimento uniforme em linha reta. A inércia também pode ser caracterizada pela oposição que a matéria exerce à alteração do seu estado de repouso ou de movimento. Assim qualquer força aplicada sobre um corpo encontrará uma certa oposição causada pela inércia desse corpo. Para colocar um corpo em movimento exige-se força para vencer a inércia e a diferença entre a força externa pela força dinâmica é conhecida como de força de inércia. Em última análise ela é o resultado de uma interação entre as partículas elementares que constituem a massa de um corpo com as partículas que estão distribuídas ou que constituem a estrutura do espaço.

MASSA - É a quantidade de matéria contida num corpo.

MECÂNICA - A princípio a palavra mecânica servia para designar a parte da ciência que estudava as cinco máquinas simples, quais sejam: alavanca, cunha, parafuso, molinete e roldana. Porém, durante a revolução científica ocorrida entre os séculos XVI e XVIII, a palavra mecânica também passou a abranger o estudo do movimento, das forças e da gravitação.

MÓVEL - É a definição de todo corpo dotado de movimento.

MOVIMENTO - Toda e qualquer alteração de posição de um corpo no decorrer do tempo. Todo e qualquer movimento é causado por uma força induzida no móvel.

MOVIMENTO DE QUEDA LIVRE - movimento de um corpo que está submetido à ação de uma força externa de origem gravitacional. Nesse tipo de movimento a alteração da massa altera simultaneamente a inércia da matéria bem como a força de atração.

MOVIMENTO INERCIAL - movimento com velocidade constante realizada por um corpo que não está submetido à ação de forças externas.

MOVIMENTO LIVRE - movimento realizado por um corpo que está submetido à ação de uma força externa aplicada sobre o corpo. Nesse tipo de movimento a alteração da massa altera somente a inércia da matéria e não têm nenhuma influência sobre a força externa.

MOVIMENTO RETILÍNEO E UNIFORME - Nesse tipo de movimento o móvel percorre distâncias iguais em intervalos de tempos iguais. Tal movimento é causado por uma força induzida constante que permanece conservada no móvel.

MOVIMENTO UNIFORMEMENTE VARIADO - Nesse movimento a aceleração é constante no decorre do tempo. Dinamicamente a força induzida comunicada ao móvel varia uniformemente no decorrer do tempo. Ou seja, o móvel recebe quantidades de forças induzidas iguais em intervalos de tempos iguais.

PESO - O peso não existe na matéria em si. Mas é uma força que resulta de uma interação atrativa entre massas.

POSIÇÃO - É um ponto graduado no qual localiza-se um corpo dentro de uma escala ou trajetória.

REPOUSO - Esse estado do ponto material caracterizado pela ausência de força induzida.

TEMPO - Conceito primitivo e extremamente subjetivo, cuja existência foi inferida pela sensação do "antes", do "agora" e do "depois". É avaliado por qualquer movimento regular numa escala convenientemente padronizada.

TEORIA DO DINAMISMO - A teoria do dinamismo em essência ensina que uma força externa aplicada sobre um corpo ao vencer a oposição oferecida pela força de inércia emerge numa resultante denominada por força dinâmica, que ao interagir no móvel no decorrer do tempo comunica-lhe a chamada força induzida.

TRAJETÓRIA - Caminho percorrido pelo móvel em relação ao referencial considerado.

VELOCIDADE - É a grandeza física que avalia quantitativamente a intensidade do movimento. Assim um movimento será tanto mais intenso quanto maior for a velocidade e tanto menos intenso quanto menor for a velocidade. Também poderia acrescentar que velocidade é uma grandeza cinemática à qual Leandro deu um significado dinâmico admitindo que uma força induzida faz com que um móvel adquiria uma velocidade segunda a lei de Galileu Galilei. Também se pode afirmar que a velocidade é a graduação do movimento numa escala de 0 a $3 \cdot 10^8$ m/s.

Bibliografia

[1] ABELSON, Nathaniel O. e outros colaboradores. *Os Grandes Acontecimentos do Século XX*, uma edição de Seleções do Reader's Digest, 2ª ed. Lisboa - Portugal, Seleções do Reader's Digest, 1979.

[2] ALONSO, Marcelo e FINN, Edward J. *Física: um curso universitário*. Tradução de Mário A. Guimarães, Darwin Bassi, Mituo Uehara e Alvimar A. Bernardes. 2ª ed. São Paulo, Edgard Blücher, 1977.

[3] ANDERY, Maria Amália Pie Abib e outras. *Para compreender a ciência: uma perspectiva histórica.* 6ª ed. Rio de Janeiro, Editora Espaço e Tempo; EDUC - Editora da PUC - SP., 1996.

[4] ARISTÓTELES. *Poética. Organon. Ética a Nicômaco.* Os Pensadores. Tradução e Notas de Pinharanda Gomes, J.B. Morral. São Paulo, Editora Nova Cultural Ltda., 1996.

[5] AVALON, Manville. *Einstein por ele mesmo.* São Paulo, Martin Claret Editores Ltda., 1992.

[6] BARROW, John D. *A origem do universo.* Tradução de Talita M. Rodrigues, Rio de Janeiro, Editora Rocco Ltda., 1995.

[7] BLACKWOOD, Oswald H., HERRON, Wilmer B. e KELLY, William C. *Física na escola secundária.* Tradução de José Leite Lopes e de Jayme Tiomno, 2ª ed., INEP, 1962.

[8] BRODY, David Eliot e BRODY, Arnold R. *As sete maiores descobertas científicas da história e seus autores*. Tradução de Laura Teixeira Motta. São Paulo, Companhia das Letras, 1999.

[9] CANE, Philip. *Gigantes da Ciência*. Tradução e notas de José Reis e ilustração de Samuel Nisenson. Rio de Janeiro, Grupo Ediouro, Editora Tecnoprint S.A.

[10] CASINI, Paolo. *Newton e a consciência européia*. Tradução de Roberto Leal Ferreira, São Paulo, Editora da Universidade Estadual Paulista - UNESP, 1995.

[11] CIVITA, Victor. (Editor e Diretor). *Almanaque Abril*. São Paulo, Editora Abril Ltda., edição de 1983.

[12] DAMPIER, Sir William Cecil. *História da ciência*. Tradução, notas e complemento bibliográfico de José Reis. 2ª ed. São Paulo, Ibrasa, 1986.

[13] DARWIN, Charles. *A Origem das Espécies*. Tradução de Eduardo Fonseca, São Paulo, Hemus - Livraria Editora Ltda., 1979.

[14] DESCARTES, René. *Discurso Do Método. As Paixões da Alma. Meditações. Objeções e Respostas*. Os Pensadores. Tradução de J. Guinsburg e Bento Prado Júnior. Prefácio e notas de Gérard Lebrun, Introdução de Gilles-Gaston Granger. Consultoria de José Américo Motta Pessanha. São Paulo, Editora Nova Cultural Ltda., 1996.

[15] EISBERG, Robert e RESNICK, Robert. *Física quântica: átomos, moléculas, sólidos, núcleos e partículas*. Tradução de Paulo Costa Ribeiro, Enio Frota da Silveira e Marta Feijó Barroso. Rio de Janeiro, Campus, 1979.

[16] EISBERG, Robert M. e LERNER, Lawrence S. *Física Fundamentos e aplicações.* Tradução de Ivan José Albuquerque, Paulo Roberto. Revisão técnica de Paulo Roberto Motejunas e Olivério Delfin Dias Soares. São Paulo, McGraw-Hill do Brasil, 1982.

[17] FEYNMAN, Ricard P. *Física em Seis Lições.* Tradução de Ivo Korytowski; introdução de Paul Davies, Rio de Janeiro, Ediouro, 1999.

[18] GALILEI, Galileu. *O Ensaiador.* Os Pensadores. Tradução e Notas de Helda Barraco. Consultoria de José Américo Motta Pessanha. São Paulo, Editora Nova Cultural Ltda., 1996.

[19] GEYMONAT, Ludovico. *Galileu Galilei.* Tradução de Eliana Aguiar. Rio de Janeiro, Nova Fronteira, 1997.

[20] GLEISER, Marcelo. *A Dança do Universo: dos mitos de Criação ao Big Bang.* 2ª ed., 1ª reimpressão. São Paulo, Companhia das Letras, 1997.

[21] GLEISER, Marcelo. *Retalhos Cósmicos.* São Paulo, Companhia das Letras, 1999.

[22] HAWKING, Stephen William. *Uma breve história do tempo: do Big Bang aos buracos negros.* Tradução de Maria Helena Torres. Rio de Janeiro, Editora Rocco Ltda., 1995.

[23] HELLMAN, Hall. *Grandes debates da ciência: dez das maiores contendas de todos os tempos.* Tradução de José Oscar de Almeida Marques. São Paulo, Editora UNESP, 1999.

[24] HENRY, John. *A revolução científica e as origens da ciência moderna.* Tradução de Maria Luiza X. de A. Borges, re-

visão técnica Henrique Lins de Barros. Rio de Janeiro, Jorge Zahar Editor, 1998.

[25] JUNIOR, Francisco Ramalho, SANTOS, José Ivan Cardoso dos FERRARO, Nicolau Gilberto e SOARES, Paulo Antônio de Toledo. *Os Fundamentos da Física.* 1ª ed. São Paulo, Moderna, 1976.

[26] JUNIOR, Gofredo Telles. *O Direito quântico: ensaio sobre o fundamento da ordem jurídica.* 6ª ed. revista, São Paulo, Editora Max Limonad Ltda., 1985.

[27] JUNIOR, D. S. Halacy. *Os profetas da ciência.* Tradução Carlos Augusto Dantas. 1º ed. Rio de Janeiro, Bloch Editores S. A., 1967.

[28] MACGRAYNE, Sharon Bertsch. *Mulheres que ganharam o Prêmio Nobel em Ciências: suas vidas, lutas e notáveis descobertas.* Tradução de Maiza F. Rocha e Renata Brant de Carvalho. São Paulo, Marco Zero, 1994.

[29] MASTERTON, William L. e SLOWINSKI, Emil J. *Química geral superior.* Tradução de Domingos Cachineiro Dias Neto e Antonio Fernando Rodrigues, 4ª ed. Rio de Janeiro, Interamericana, 1978.

[30] NEWTON, Sir Isaac. *Princípios Matemáticos da Filosofia Natural.* Os Pensadores. Tradução de Carlos Lopes de Mattos, Pablo Rubén Mariconda e Luiz Possas. Consultoria de Hugh Mattew Lacey. São Paulo, Editora Nova Cultural Ltda. 1996.

[31] OSSERMAN, Robert. *A magia dos números no universo.* Tradução de Júlia Bárány, São Paulo, Editora Mercuryo Ltda., 1997.

[32] RESNICK, Robert e HALLIDAY, David. *Física*. Tradução de Antonio Maximo R. Luz, Beatriz Alvarenga Alvarez, Jésus de Oliveira e Marcio Quintão Moreno, 2ª ed. Rio de Janeiro, Livros Técnicos e Científicos, 1979.

[33] REVISTA GALILEU número 86, ano 8, Rio de Janeiro, Editora Globo, 1998.

[34] REVISTA GLOBO CIÊNCIA, número 62 e 63, ano 6, Setembro e Outubro, Rio de Janeiro, Editora Globo, 1996.

[35] REVISTA GLOBO CIÊNCIA, número 47 a 49, ano 4, junho a agosto, Rio de Janeiro, Editora Globo, 1995.

[36] REVISTA SUPERINTERESSANTE ESPECIAL, *O Século da Ciência*. Fascículos 1 ao 4, São Paulo, Editora Abril, 1999.

[37] REVISTA SUPER INTERESSANTE ESPECIAL, *Gênios da Ciência do século XX*. Editora Abril, São Paulo, 1998.

[38] RICIERI, Aguinaldo Prandini. *Matemático e louco todos somos um pouco*. São Paulo, Prandiano, 1989.

[39] RONAN, Colin A. *História Ilustrada da Ciência*. Tradução de Jorge Enéas Fortes, São Paulo, Jorge Zahar Editor, 1987.

[40] SINGH, Simon. *O Último Teorema de Fermat: a história do enigma que confundiu as maiores mentes do mundo durante 358 anos*. Tradução de Jorge Luiz Calife, 2ª ed. Rio de Janeiro, Record, 1998.

[41] SPEYER, Edward. *Seis caminhos a partir de Newton: as grandes descobertas na física.* Tradução de Ivo Korytowski, Rio de Janeiro, Editora Campus Ltda., 1995.

[42] TASHIBANA, Armando T., FERREIRA, Gil M., ARRUDA, Miguel. *Novíssimo Curso Vestibular, Física I e II.* São Paulo, Editora Nova Cultural Ltda., 1991.

[43] TIPLER, Paul A. *Física.* Tradução de Horacio Macedo. Rio de Janeiro, Guanabara Dois, 1978.

[44] WESTFALL, Richard S. *A vida de Isaac Newton.* Tradução de Vera Ribeiro, Rio de Janeiro, Nova Fronteira, 1995.